公元787年，唐封疆大吏马总集诸子精华，编著成《意林》一书6卷，流传至今
意林：始于公元787年，距今1200余年

一则故事　改变一生

意林青年励志馆

只要还有明天，今天永远都是起点

《意林》图书部　编

图书在版编目（CIP）数据

只要还有明天，今天永远都是起点 /《意林》图书部编. — 长春：吉林摄影出版社，2024.5
（意林青年励志馆）
ISBN 978-7-5498-6174-3

Ⅰ.①只… Ⅱ.①意… Ⅲ.①成功心理－青年读物Ⅳ.①B848.4-49

中国国家版本馆CIP数据核字(2024)第075407号

只要还有明天，今天永远都是起点
ZHIYAO HAIYOU MINGTIAN, JINTIAN YONGYUAN DOU SHI QIDIAN

出 版 人	车　强
主　　编	杜普洲
责任编辑	吴　晶
总 策 划	徐　晶
策划编辑	张　娟
封面设计	资　源
封面供图	张旭加
美术编辑	刘海燕
开　　本	889mm×1194mm 1/16
字　　数	350千字
印　　张	11
版　　次	2024年5月第1版
印　　次	2024年5月第1次印刷

出　　版	吉林摄影出版社
发　　行	吉林摄影出版社
地　　址	长春市净月高新技术开发区福祉大路5788号
	邮　编：130118
电　　话	总编办：0431-81629821
	发行科：0431-81629829
网　　址	www.jlsycbs.net
经　　销	全国各地新华书店
印　　刷	天津中印联印务有限公司

书　　号	ISBN 978-7-5498-6174-3	定价	36.00元

启　事

本书编选时参阅了部分报刊和著作，我们未能与部分作品的文字作者、漫画作者以及插画作者取得联系，在此深表歉意。请各位作者见到本书后及时与我们联系，以便按国家相关规定支付稿酬及赠送样书。

地址：北京市朝阳区南磨房路37号华腾北搪商务大厦1501室《意林》图书部（100022）

电话：010-51908630转8013

版权所有翻印必究

（如发现印装质量问题，请与承印厂联系退换）

目 录
CONTENTS

第一章
世间感动

天地英雄气，千秋尚凛然；
幸而有你，山河无恙

002 | "填坑爸爸"的"马拉松"　胡征和
003 | 最后一个烤红薯　鲍海英
004 | 莫高窟相守，北大恋人
　　　用58年书写旷世奇缘　笑傲江湖
005 | 欠　夸　静　水
006 | 他花费十几年，只为地震提前预警　度公子
007 | 中　点　黄　鹤
008 | 海拔最高舞台上的"朗读者"　夏福琴
009 | 别偷走父母的快乐　马亚伟
010 | BBC触犯行规拍下的神作　RORO
011 | 痛失亲人后，我被一通电话治愈了　佚　名
012 | 蜘蛛的故事　尤　今
013 | 脑洞大开的人类，
　　　为鱼安了"门铃"　刘　琦
014 | 你的论文什么时候交　佚　名
015 | 碎　暖　包利民

016 | 从此，你的幸福都与我有关　国永梅
017 | 花香即语　程　刚
018 | 92岁母亲的"遗产"：
　　　每对母子，都是生死之交　花　生
019 | 孝而不顺　尤　今
020 | 约翰肉铺卖的是温情　杨　扬
021 | 神奇的小摊　高　莉
022 | 成吉思汗的八匹骏马　克　明
023 | 驻守荒原　明前茶
024 | 这世上唯一等你的人　刘继荣
025 | 等　待　王长元
026 | 生命摆渡人　黄淑芬
027 | 布朗太太的房子　王若冰
028 | 西坡女王　谭幼今

第二章
大城小爱

愿成长的脚步可以一路生花,
为父母抵挡岁月的风沙,
将他们护在羽翼下

- 030 | 冷暖人间,他是盖世英雄　夏知凉
- 031 | 盲　人　阎连科
- 032 | 我从来不曾想念你　张远芳
- 033 | 慢一秒　杨仲凯
- 034 | 每一个来自父母的包裹都是催泪弹　杨晓阳
- 035 | 别局限于一口井　禹正平
- 036 | 不同情,往往是大智慧　旧时锦
- 037 | 肉包和香蕉　睿雪
- 038 | 巴掌下的另一种可能　李尝
- 039 | 最动人的情话　布图克马
- 040 | 没几个像样的秘密,
　　　　就称不上父与子　三秋树
- 041 | 父母不欠你一句"对不起"　李月亮
- 042 | 爱在伸手之间　鲁小莫
- 043 | 特殊的情书　卡西
- 044 | 真爱就是体谅你的"不正确"　闫红
- 045 | 奶奶的玉簪子　王秋珍

- 046 | 还不清的"账"　程存孝
- 047 | 背向大地的爱　纳兰泽芸
- 048 | 父母这么懂事,你不愧疚吗　周冲
- 049 | "U盘化生存"的西红柿　宿亮
- 050 | 5000只鸟儿说爱你　汤小小
- 051 | 喜欢你,
　　　　是我这辈子所做的最好的事　佚名
- 052 | 这个男孩曾经被你原谅过一千次　佚名
- 053 | 是谁爱着你的背影　邓迎雪
- 054 | 爱是山长水阔,最后是你　梅影
- 055 | 最浪漫的小事　路名
- 056 | 你也温暖了我的青春　阮文星

第三章 成长视窗

漫漫修远路，拳拳求索心；
我辈青年，当以青春之火，
发生命之光

058 | 因为喜欢，
　　　所以要让自己变得更加优秀　柒先生
059 | 别人家的孩子　金陵小岱
060 | 读懂"土豪"老爸的爱　耶雅忆
061 | 热爱的厚度　玖　玖
062 | 一封"托管"五年的情书　陈修平
063 | 在秦朝考"驾驶证"需要几步　孙琬璐
064 | 情绪垃圾桶　范潇宇
065 | 战马不能总转圈　齐欣远
066 | 大学，
　　　是一场最精彩的"变形"记　林夏萨摩
067 | 幸福的能力　吴伯凡
068 | 那些梦中回廊里白衣翩然的岁月　潘云贵
069 | 语言里的沙砾　尤　今
070 | 冻梨，我吃过最悲壮的水果　小　伟
071 | 如何快速区分认真与马虎　岑　嵘
072 | "短视"的乐趣　张　恒

073 | 都听网友的，生活会变成什么样　佚　名
074 | 小时候骗爸妈说没钱了，
　　　现在却总骗爸妈说有钱　陈毛毛
075 | 卫生间里的奥斯卡小金人　流念珠
076 | 你有"提前症"吗　欧阳晨煜
077 | 时间开窍　丁菱娟
078 | 胖女孩的人生哲学　流　沙
079 | 陪爸妈好好说说话　Fine
080 | 如何利用"鸟笼效应"　徐思琦
081 | 奶奶的义利观　黄小平
082 | 断舍离　岭溪大队长
083 | 名将白起的"牛肉令"　彭春霞
084 | 一个鸽群，飞过的黄昏　付　炜
085 | 孤独者的黄昏　依柳望月
086 | 毛毛虫效应　叶　舟

088	跟黛玉学做人，跟宝钗学做事	刘万祥
089	拒绝人	叶特生
089	多说一句，好吗	张亚凌
090	闺蜜有一个就足够了	沈玉藻
091	爱是流动，不是偿还	淡淡淡蓝
092	"学人精"也有春天	梨饭饭
093	谢谢，冬	陈文茜
094	点赞之交	孙 欣
095	你要勇于优秀	顾晓蕊
096	匿名寄出桂花糕	猪小浅
097	愿你学会笑着低头	李月亮
098	成功的机遇	青 丝
099	体谅对方的小虚荣	痴情小木子
100	中国父母的必修课	林宛央
101	世界上最难吃的鱼	曾 颖
102	与大少爷的相爱相杀	杜克拉草
103	这是我的花园 编译/	邓 迪
104	在父母面前装装傻，就是一种孝顺	炉 叔

第四章 社交锦囊

没有人是一座孤岛，可以自全。独处时请享受，交际时请尽欢

105	年轻人选择"重置人际关系"	小 e
106	长大后的你， 几乎每天都会失去一个朋友	薯泥沙拉
107	三瓢冷水	冯 磊
108	精神长相	张冬青
109	爱的尊严	梁小雨
110	你退场的姿态，就是你的格局	陶瓷兔子
111	像核桃那样见缝插针地成长 [美]哈维·麦凯	译/陈荣生
112	真正的高手都是悄无声息的摆渡人	莜麦面
113	姑娘， 生活中没那么多"女士优先"	花绚水静
114	浪 漫	蔡要要不吃药
114	手的影子不一定是手	黄小平
115	苦而不言，喜而不语	木 舟
115	蝴 蝶	左 右
116	共生力，超能力	连 岳

第五章
家有萌宠

物质上我养它，精神上它养我。参与一个生命，有幸共同成长

- 118 | 一只中国流浪狗的逆袭史　滚妹本妹
- 119 | 炊烟升起来了　Anly
- 120 | 他去世后，收养的21头大象结队悼念　青草令
- 121 | 有而不执　[印度]安东尼·德·梅勒　译/佚　名
- 122 | 癞马传奇　申　平
- 123 | 为猫痴狂　周云龙
- 124 | 我愿一生孤独，只为爱你如初　王狮狮
- 125 | 枯木之恋　余　海
- 126 | 每个村庄都有一个小黄　郭震海
- 127 | 橘猫送葬师，3年参加了100多场葬礼　英国那些事儿
- 128 | 悍　鸡　巩孺萍
- 129 | 我的动物"邻居"　音乐水果

- 130 | 越狱的螃蟹　李文浩
- 131 | 一只老羊的告别　王　炬
- 132 | 大咪、二咪和小花　王食欲
- 133 | 长牙野猪的成长　程　刚
- 134 | 迁徙季的燕子　项丽敏
- 135 | 胡　鼠　程　刚
- 136 | 我的盖世英雄，是一只狗　不　一
- 137 | 创造历史的100只猫　贝小戎
- 138 | 这世上的门　潘玉婷
- 139 | 顶级的情商，是懂得他人说不出口的话　韩大爷的杂货铺
- 140 | 流浪猫鲍勃与铲屎官　英国那些事儿
- 141 | 人生流转　翟永明
- 142 | 乌鸦抚养被弃小黑猫　学　哥

第六章
心灵治愈

愿以温柔待花开,愿以慈悲等风来;倘若南风知我意,莫将晚霞落黄昏

144 | 我要做一个粉蒸肉女孩　溪梦鱼
145 | 温　暖　蔡要要不吃药
146 | 饮食里的爱情流派　叶轻驰
147 | 最好的样子,是被爱出来的　陶瓷兔子
148 | 我不支持你,但我依旧会陪你　巫小诗
149 | 你吃你的苦,我吃我的苦　吴晓波
150 | 受伤的树　青弋
151 | 妈妈的符号　张君燕
152 | 孩子也是父母的人生导师　赖佩霞
153 | 爱自己,才是一生的罗曼史　你看起来很美味
154 | 喜欢一个人,不需要那么多废话　尹惟楚
155 | 树一直在长　赵宽宏
156 | 父亲是个"爱哭鬼"　李兴慧

157 | 你是我羽翼下的风
　　　[韩] 宋贞渊　译/赵杨
158 | 幸得冰叔慰平生　人之初
159 | 鞋里的小石子　米哈
160 | 真诚的赞美　贾小凡
161 | 手掌里的清凉　段奇清
162 | 一位女医生眼里的爱情　李懿慈
163 | 跳伞的盲人　[美] 欧恩·乔　译/李安章
164 | 硕士擦鞋　文嵘
165 | 瞬间的意义　韩浩月
166 | 妈,此生有你,我很幸运　李月亮
167 | 用心良甜　辉姑娘

第一章 世间感动

天地英雄气，千秋尚凛然；
幸而有你，山河无恙

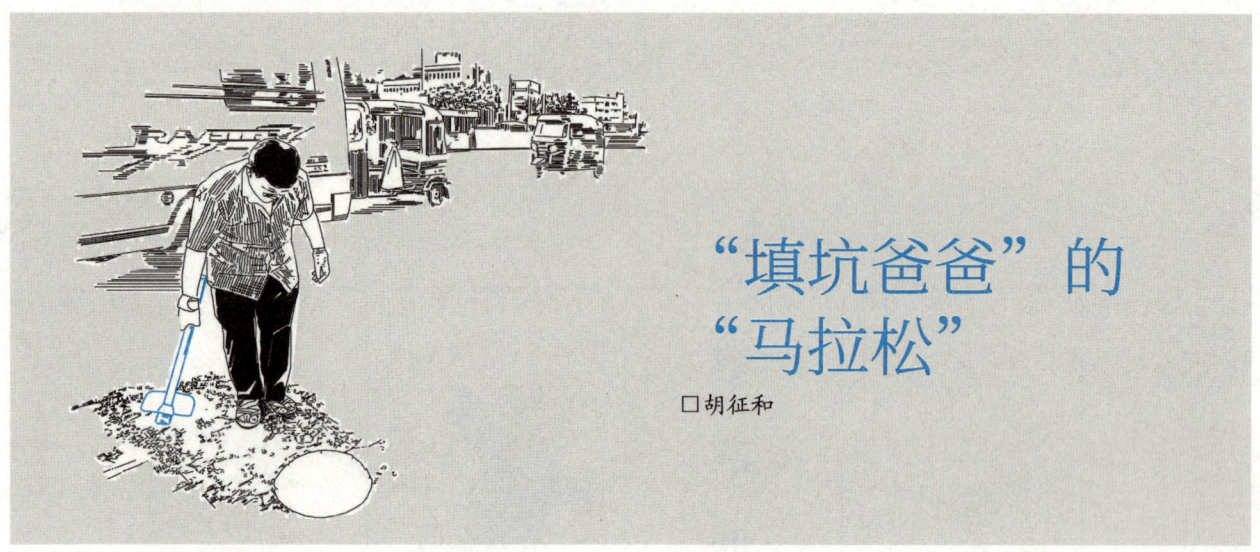

"填坑爸爸"的"马拉松"

□ 胡征和

在印度孟买，从2015年至今，人们经常看见一位中年男子蹲在公路上，认真地填充坑洼的路面。这个男人名叫达达劳·比尔赫，是印度孟买一家杂货店的老板，主营蔬菜、水果、零食等，但现在只要提起他，人们都尊称他为"填坑爸爸"。

2012年夏天，孟买进入雨季，很多道路被雨水冲刷得坑坑洼洼，路面上大坑小洞一个连着一个。

就是在这样的路上，达达劳16岁的儿子骑着摩托车小心翼翼地前进，突然陷入一个半米深的坑，坑里有着浑浊的积水，他的儿子被甩出三米多远，伤势严重，在送往医院的路上，少年的生命从此定格。痛失爱子，达达劳在悲伤中反思，那条多坑的道路才是罪魁祸首，他对妻子说他要把那些杀人的坑填起来，不能让自己的家庭悲剧再次发生。妻子紧紧抱着丈夫说："去吧，填吧，但愿孟买不再有像你一样悲痛的爸爸。"

从那之后，达达劳开启了一场为公路填坑的马拉松，达达劳把家中用于运货的车子进行了简单的改造，挂上"路坑急救"的牌子，然后开车上路了，去寻找一个又一个路坑，不辞辛劳地填上。填坑的原料，大都来源于建筑工地废弃的瓦砾、碎石、砖头和沙子。

只要出门，达达劳就会随身携带尼龙编织袋，看到可以利用的瓦砾、碎石，就如获至宝地装进口袋里，日积月累，装了一袋又一袋。

每次铺路的时候，为了安全，达达劳会在路边插一根木棍，上面挂着一块三角形的红布，提示来往的车辆和行人这里正在施工。杂货店生意冷清的时候，他的妻子也会来做帮手。

在填儿子出事的那个路坑时，达达劳情不自禁地落泪了，手变得沉重起来，动作慢了许多。填好坑，放下铲子后，他仰望天空，双手合十为儿子祈祷，寄托对儿子的思念。

长年累月地蹲在公路上填坑，达达劳赢得了许多过路司机的点赞与尊敬。有的已经成了熟人，还会和他聊聊家常，夸他真是个为人着想的热心人。而达达劳总爱说那句话："我不想有人重复我儿子的命运，我所做的事是为了给我儿子一份悼念，一份告慰。"

三年的时间，达达劳在孟买的市中心和郊区公路共填了556个坑，许多人得知达达劳的事迹深受感动，主动加入他的队伍，一起义务填坑。经常有陌生人停下来帮忙搬碎石沙子，或用小铲子拍打路面。印度电视台曾多次报道达达劳的事迹，称他是真正的印度英雄。他被授予第3届印度骑士，还登上了很多媒体的头条。不少明星来到公路边，与他一起填坑；政府官员也来慰问他，与他亲切握手。

据统计，印度各地2017年因道路坑洼而死亡的竟高达3597人，还有上万人受伤，因此，面对荣誉他并不在意，他在意的是这些杀人的坑能被早日全部填好，希望有更多的人来填这些坑，他自己更是一直在努力。在填坑的同时，他还开发了一款名为发现坑洞的手机应用，任何人发现路上有坑，都可以通过这个应用定位，以便及时填平。

令他欣慰的是，2019年年初，当地的社会组织也加入了他的行动中，开始和他一起填补公路坑洞。

"公路坑洞是填不完的，旧坑填好了，还会有新坑再生，你准备填到什么时候？"面对质疑，达达劳说：

"现在，无论我走到哪里，我都觉得儿子依然站在我身边，只要我还活着，能走路，就会继续填坑。"

"填坑爸爸"的"马拉松"仍在路上，他心甘情愿地坚持着，挥洒着心中的爱与善意。

最后一个烤红薯

□ 鲍海英

冬天的夜晚格外寒冷，儿子正上高三，晚上十点半，我急急忙忙骑着电动车去学校门口接儿子。

快到学校门口时，在拐角处，就着昏黄的路灯，我远远望去，隐隐约约还有一个摊子守在寒风中。

我把车子停在离学校门口有两百米的路旁，突然，从学校门口的长廊里，闪出一位六十多岁的老人！他走到我的面前，神态忸怩，似乎想要和我说话。

对这位突然而至的老人，我心中带着不快，正准备逃离，谁知他却伸手拦住我的车子，吞吞吐吐地说："不好意思，朋友，我想请你帮个小忙，行吗？"

这个年代，坏人太多了，我警惕地停下了脚步，用审视的目光，把这位老人从头到脚重新扫视了一遍。

见我停下脚步，老人赶紧拿出一张五元的纸币，在我面前晃了晃，然后对我小声说："你看，在那学校门口的拐角处，有一个老太婆在那卖烤红薯，你可不可以帮我一下，去那里买一个烤红薯？"

顺着老人手指的方向，我才看清，那个摊子原来在卖烤红薯。

"帮你去那儿买一个烤红薯？难道你自己不会去吗？"我感到十分意外。

"是的，请你帮我去那买一个烤红薯。我自己去买不方便，因为我怕那个卖烤红薯的老太婆会认出我。"说完，老人就要将一张五元的钞票塞进我的手里。

离儿子放学还有一会儿，对我来说，帮这位老人去买一个烤红薯并不难，可我心里仍十分疑惑。

见我仍不应答，老人继续说："那个老太婆是我的老伴，我刚才给她送饭，见她还有一个烤红薯没有卖掉。这个犟老太婆，她患有风湿性关节炎，这大冬天的，外面多冷呀，烤红薯不卖完，我怎么劝，她也不肯回家。"

想不到，两位老人原来是一对夫妻。难能可贵的是，因为心疼老太婆，在这样寒冷的夜晚，这位老人竟然想出了一个请我帮他去买一个烤红薯的办法。顿时，我心里涌起了一股暖流。

看这位老人如此心疼老婆，我赶紧去老太婆的摊位，买走了最后一个烤红薯。

学校下晚自习的铃声终于响了，儿子出来了，我手握一个烤红薯，感到温暖无比。借着街上的路灯，我一眼望去，收摊儿的老太婆已经走远了，可那位请我买红薯的老人，还在不远处，向我挥手致意。

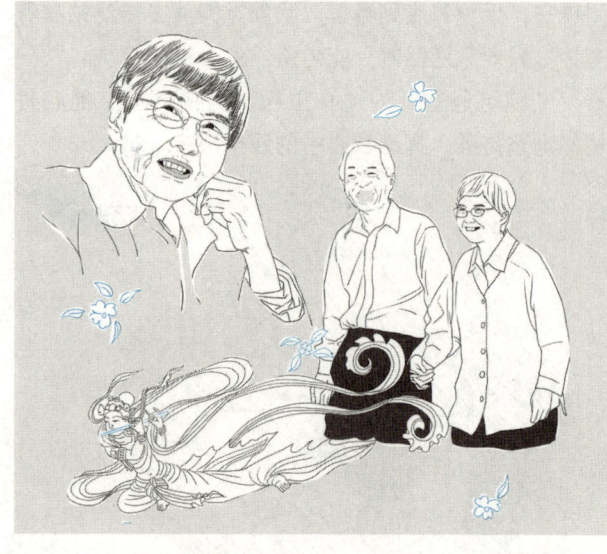

莫高窟相守，北大恋人用58年书写旷世奇缘

□ 笑傲江湖

故事的女主角有一个好听的名字——"敦煌的女儿"，毕业于北京大学历史系考古专业的她，25岁便扎根敦煌，潜心从事敦煌文物研究、保护和利用工作，这一干，就是50年。她就是继常书鸿、段文杰之后的第三任"敦煌守护神"——樊锦诗。

而男主角既是她的同窗亦是她的伴侣，武汉大学历史系考古专业的创建者彭金章先生，他为她也来到了敦煌，并且在考古发掘和文物保护工作中建功卓著。

2014年3月4日，75岁高龄的敦煌研究院院长樊锦诗，在北京代表她和她的丈夫彭金章领回一个奖。颁奖典礼结束后，她特意给身在敦煌的老伴儿打了个电话："老彭啊，奖牌我替你领回来了，上面写着：樊锦诗、彭金章当选第三届'和谐家庭·幸福榜样'。"电话那头，老彭乐呵呵地笑个不停。

尽管在事业上他们都是大名鼎鼎的人物，可是家庭类奖项，老夫妇俩还是第一次得到。樊锦诗惯常听到的都是人们说她"只顾事业不顾家"，可谁又能理解一对为了国家需要，两地生活长达19年的夫妻之间的爱情呢？

1958年，身材娇小的20岁姑娘樊锦诗，从上海考入北大。大学时代的樊锦诗，最喜欢的是图书馆。不知从什么时候开始，那个叫彭金章的男同学总是会比她早到，并且在身边给她占一个位子。爱情，就从这默默无言的关心中开始了。

彭金章生长在河北农村，为人淳朴。他是考古专业的生活委员，细致地关怀、照顾人，这正是生活上马马虎虎的樊锦诗不具备的。从年轻的时候起，彭金章就被同学、同事称作"老彭"，樊锦诗呢，却始终被人唤作"小樊"。"小樊"说，她对"老彭"的感觉，自始至终没有变过，就是两个字——可信。

如果问：除了老彭以外，樊锦诗还把自己的心交给过谁？那必定是敦煌。1962年，24岁的她和另外3名同学一起，因实习来到敦煌。当中学课文和美术展览中的敦煌艺术呈现在眼前时，樊锦诗和同学们都被震撼了。鸣沙山和三危山的怀抱中是密密层层的洞窟，大大小小的佛像雕塑成千上万，壁画更是"天衣飞扬，满壁风动"，精美绝伦。

然而，与洞内的神仙世界、艺术宫殿形成鲜明反差的是，洞外的生活苦恶异常。莫高窟位于甘肃省最西端，气候干燥，黄沙漫天，与世隔绝，渺无人烟。

吃的是白面条，配菜是一碟盐、一碟醋。每天，樊锦诗都要跟先生们爬蜈蚣梯进洞去做研究。城市里的人根本没见过那种梯子：一条绳子直上直下地吊着，沿绳一左一右插着脚蹬子。因为害怕爬蜈蚣梯，樊锦诗改了早起喝水的习惯，这样整个上午都不用上厕所。

樊锦诗从小体弱多病，因为水土不服，她的实习期提前结束了。满足了探秘敦煌的好奇心，这个城市姑娘也没想过再回去。何况，城市里还有默默关心着她的恋人彭金章。

时间到了1963年，樊锦诗和彭金章面临毕业分配。听说敦煌写信来跟北大要人，名单里有到敦煌实习过的樊锦诗。父亲从上海写信来向学校"求情",樊锦诗却把"求情信"扣下,没有转交。

那一年,国家正在提倡学雷锋,樊锦诗和同学们刚在学习活动上宣过誓:国家的需要就是我们个人的志愿。就是这么一个单纯的想法,让她的命运一辈子和敦煌连在了一起。与此同时,老彭被分配到了武汉大学。

1967年1月,樊锦诗与彭金章在武汉大学的宿舍里举行了简单的婚礼,此后便是长达19年的分离。每隔一两年,樊锦诗才能得到20天左右的探亲假,到武汉与丈夫团聚。

1968年11月,樊锦诗与彭金章的第一个孩子在敦煌出生。身边没有一个亲人,她就在生着煤炉、布满烟尘的简陋病房里,生下了大儿子。

得到儿子出生的电报,彭金章挑着小孩衣服、鸡蛋等物资,历尽颠簸赶到敦煌,已是一周以后。樊锦诗第一眼看到风尘仆仆、挑着扁担的丈夫,感动和酸楚一齐涌上心头。

1973年,樊锦诗和彭金章的第二个儿子出生。老大被送到武汉,彭金章成了一个人带孩子的"超级奶爸"。他既要讲课,又要出差。出差时就只好把儿子交给同事照看。

小儿子跟随樊锦诗来到敦煌。可是,莫高窟离敦煌市还有25公里,孩子无法接受正规的教育。

无奈之下,延续了两年的母子生活又被迫中断。这一次,又是老彭没有一点埋怨地把小儿子接到身边,默默承担起照顾两个调皮男孩的责任。对这个聚少离多的四口之家来说,最奢侈也最美好的事,就是短暂的相见。

然而,因为不稳定的童年生活,两个孩子的学习和成长都受到了很大影响,大儿子当时成绩糟糕,已经面临考不上大学的情况。为了改变这种不正常的家庭局面,1986年,又是彭金章,做出了最艰难的决定——放弃武汉大学的一切,奔赴敦煌。

那时,他已经快50岁了,是武汉大学历史系副主任、考古教研室主任。彭金章没有对妻子说过一句抱怨的话,他对妻子的理解和包容,总是化入无言的行动。

来到敦煌的彭金章,从零开始建立事业,主持多项考古发掘。特别是主持了一直被学界轻视的莫高窟北区的考古发掘,使莫高窟现存洞窟数量从400多个增加到700多个,为世界瞩目。1998年,60岁的樊锦诗成为敦煌研究院院长,开始满世界出差。老彭退休后生了一场大病,自此专心在家休养。

樊锦诗和老伴儿相互扶持,走过了一辈子,然而真正在一起的时间却屈指可数。他们甚至不会频繁地打电话,或者对对方道一声"不舍""相思"。她只会在每一次火车开动或飞机降落的时候,给老伴儿报个平安,他会在她回到家里的时候把饭菜做好,无论他什么时候问,她都说"好吃"。

2017年7月29日,彭金章离世。在他去世的前一晚,首届飞天摇滚音乐节在敦煌举办,火树银花不夜天。那一晚,绚烂的烟火照亮了整个沙漠,似乎是对他一生成果的肯定,也似乎是在预示着这场告别。彭金章在樊锦诗背后低调了一辈子,这一次他依然选择低调。遵其生前遗愿:一切从简,敦煌研究院未发讣告。

这就是樊锦诗和彭金章之间跨越半个世纪的无言之爱,也是他们那一代人爱的方式。

他们携手走过了人生的58年,不仅成就了一段旷世奇恋,还用生命守护了中华民族的千年敦煌。他们的爱情是生活中的一蔬一饭,是异地时的问候和思念,是艰难时的包容和守护,是牵了你的手,从此再没有放开!

欠夸

□静 水

有人要买齐白石的画,润格已说好。买家来取画,喝了很长时间的茶,最终没拿到之前说好的画。后来,齐白石说出原因:"那家伙没有夸我。"——颇有些孩子气吧?但是,要夸一位大画家该怎么夸?也许,买家只知道画价,却不知道画好在哪里。如此一想,老人的回答就不那么简单了。

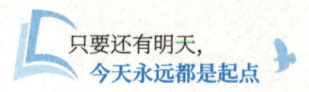

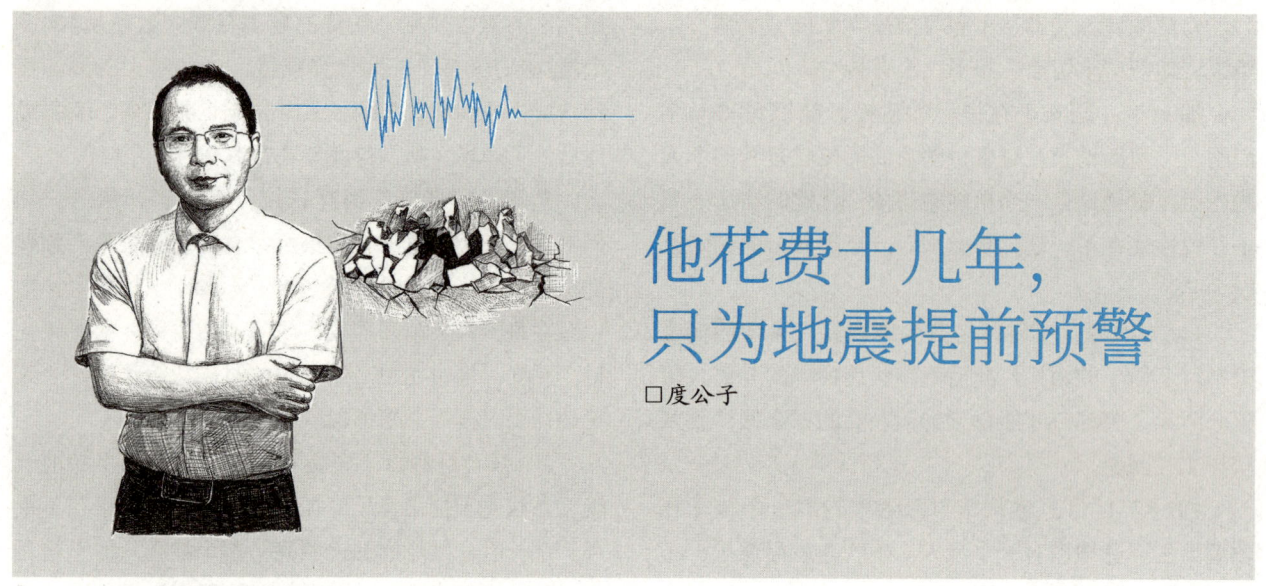

他花费十几年，只为地震提前预警

□ 度公子

2008年汶川地震后，远在奥地利科学院，从事理论物理博士后研究的王暾，痛心疾首。

他要做国内与地震波赛跑第一人。他将建立我国第一套地震预警系统。他会改变我国地震预警领域一片空白的现状。

11年后，王暾团队终于不再默默无闻。地震波来临前6秒，宜宾地区广播、电视、安装预警App（软件）的居民手机同时弹出地震倒计时。

可以说这次地震中，ICL预警系统发挥的作用不容小觑。然而2008年，王暾还是一个门外汉。

汶川地震一个月后，他离开奥地利科学院，回国研发地震预警系统。手中的中国科学院力学研究所博士学位、美国康涅狄格大学物理学博士学位，一个也帮不上忙。回来第一件事就是借钱。研发需要大量资金投入，东拼西凑了300万元后，便有底气招徕人才共同研发了。攥着这笔启动资金，王暾直奔人才市场。最终挑了7名干将，开始"闭门造车"。

没有官方背书，没有研发经费，要做出国内第一套预警系统，他孤注一掷。当时周围很多人都不理解他，给他取了个外号"王大胆"。

"以我的知识结构和知识积累来看，我认为地震预警可以实现。日本已经实现了，我们为什么不行？"

2009年，成都高新减灾研究所成立。2010年，ICL预警系统雏形面世。王暾没有说大话，他不是站在风口逐利的"秃鹫"，而是脚踏实地的科研人。

ICL预警系统，全称Institute of Care-Life，翻译过来是关爱生命机构。

不贪慕名利，只为救灾救命，这是王暾的初衷。然而，那段时间最困扰他的，却是他最不在乎的钱。系统面世后，下一步需要实验检测精准度。彼时，汶川地震区余震不断，入选最佳试验地。

第一批仪器进汶川时，他带着团队驱车前往。路上车没油了，他连几百块的油钱都掏不出来。300万元启动资金早已用尽，整个团队倾囊相助。有人掏空积蓄，有人支取信用卡，有人带头向成都高新区申请20万元的扶持资金……团队里没有一个人放弃希望。做正确的事，哪怕没名没利。

"当初回国就打算干个两三年，搞出地震预警技术服务国家，然后继续出国深造。"

王暾没有再出国深造，ICL需要他，整个地震预警系统需要他。

王暾团队的ICL系统，第一次饱受关注还要追溯到2013年2月，云南巧家发生4.9级地震。ICL实现国内首次对破坏性地震的成功预警。

两个月后的一个清晨，王暾正在家中睡觉。安装了预警App的手机，忽然响起警报。这声音再熟悉不过了。屏幕显示还有27秒，地震横波将会到达。王暾翻身起床，到安全的角落藏好。倒计时结束时，房屋开始摇晃。几分钟后，中国地震台网宣布：当天8时2分48秒，四川芦山发生7.0级地震。而ICL为成都提前28秒预警，赢得了28秒的逃生时间。

两次准确的预警，为ICL的科普提供了良好机遇。原本全国只建立了1000余个地震预警台站。

截至2014年10月，王暾团队跟各地防震减灾部门合作，已铺设5000余个预警台站。这个数目已远超日本所有预警台站的总和。意味着更多地震高发区居民，有了一道保命屏障。也意味着王暾以一己之力，扫清了国内预警这片盲区。

更大的曝光，也引来了蜂拥的质疑。地震预警存在自身的局限性。譬如受损最严重的震中地区，获得预警时间极短。或者根本来不及预警，成为盲区。而震中几百千米开外，破坏并不严重的地区，预警意义也不大。

对此，只能做策略性调整。宁可多预警，不可不预警。

在以往没有预警时，从地震发生起，毫无准备的普通人要经历五重思考，才最终避险。而有了预警系统，加上一定的演习培训后，警报一响，避险成为条件反射，极大地提高了生存概率。

ICL在2014年的云南昭通鲁甸6.5级地震及2017年的九寨沟7.0级地震中都做到了成功预警。

自启用以来，王暾团队研发的这个地震预警系统在先后几十次，甚至上百次的破坏性地震中，无一漏报、误报。这个跟地震波赛跑的科研人，守住了承诺。

王暾醉心学术。以他的学历背景，诚然可以一心只读圣贤书。然而，因为一次地震，他漂洋过海，投身一个前途未卜的项目。

为千千万万素不相识的人，在地震面前，与死神争夺时间。在他身上能看到老一代知识分子，兼济天下的影子。被质疑，被责难，被嘲笑，却从未停止探索前路。

"不考虑个人利益，科研是一种精神力量。"

有人活着是为了填满自己欲望的口袋，有人活着是为了确保他人的安危。

尔曹身与名俱灭，不废江河万古流。千百年后，争浮名的，终会散成云烟。而王暾的名字，将会被镌刻在我国地震预警史上。

中　点

□黄　鹤

上小学，学成语，听老师讲过"行百里者半九十"的故事。相传秦王嬴政即将统一六国之际，骄奢淫逸起来。某天，一位老农求见，说自己走了百里来到京城。前十天走了九十里，后十天走了十里。秦王不解为何后十天走得这么慢。老农说前十天精力充沛，走得轻松；后十天筋疲力尽，举步维艰……秦王听懂了他的劝谏。

一晃四十多年过去了，我又想起了这个成语。今年家里的老狗爬不上楼了，每次遛完狗，我都得抱它上去。五六十斤，颇费气力，起初我一口气抱它到三楼半，放下歇一歇，再抱上七楼，结果后半程几乎难以完成。后来，我改成咬牙一口气抱到五楼，休息片刻，再抱它到七楼，感觉就好多了。折算一下体能分配，假如要步行百里，真得将"中点"设为九十里了。

一个成语，从字面上理解，几分钟就够了。真正感同身受地理解，有时要等上许多年。

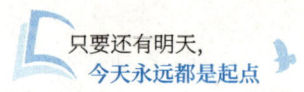

海拔最高舞台上的"朗读者"

□ 夏福琴

十几年来，他穿行在海拔最高行政乡的邮路上，自行车换成摩托车，再换成小货车，他也从浓密黑发的小年轻变成了头发稀疏的"大叔"，而且患上严重的心脏病、高血压等高原病。他就是西藏普玛江塘乡的邮递员、藏族汉子次仁曲巴。

那年，19岁的他成了普玛江塘乡的一名邮递员，这里海拔5373米，让很多人望而生畏，他是第一个来此地工作的邮递员。第一次从海拔4500米的西藏自治区山南市浪卡子县出发进山，次仁曲巴骑着自行车行驶在崎岖的山路上，刚开始兴奋的他渐渐有些吃力，越往前行，道路越难走，很多时候只能推着车走。一路上，别说人，连只动物都难碰见，只有呼呼的风声从耳旁掠过。越往高处越吃力。到达乡政府时，他早已累得直喘粗气，胸口像压了块石头一样难受，头痛欲裂。原来，这里海拔5373米，比珠穆朗玛峰大本营还要高出近200米，稀薄的氧气让人非常难受。尽管第一次行程就给他来了个下马威，但是，次仁曲巴并没有妥协，他决不会半途而废。

让他自豪的是，他既是普玛江塘乡第一个邮递员，也是本乡联结外界的纽带。兜兜转转，他终于顺利送完了几封信，并熟悉了乡里6个村子的大概路况。自此，次仁曲巴开始奔波在这条邮路上，每次他都是一大早出发，直到很晚甚至第二天凌晨才能到达山上。尽管路途遥远、行程辛苦，可是，每当他把信件送到乡民手中，看到乡民们期盼的眼神，他心里就像石头落地一样轻松。2007年夏天，为了送一封西藏农学院的录取通知书，他飞快地骑车，恨不得立马到达目的地，可是那位被录取学生的家在海拔7000多米的高山上，路况艰难，他硬是凭着顽强的意志力，咬牙推车一步一步往上走，等爬上山顶，把录取通知书送到时，已经是凌晨了，看着累瘫的他，学生一家人特别感动，再三道谢。

2010年以后，为了不让乡民坐长途汽车往返浪卡子县购物，次仁曲巴慢慢为他们引进了淘宝。这样一来，乡民们购物方便了，但是次仁曲巴的工作量加大了。这个全球海拔最高乡，开始收到来自全国各地的包裹，为了运送包裹，次仁曲巴的自行车换成了摩托车，慢慢地，这个闭塞的乡村也变得开放起来。随着大家生活的日益改善，网上购物的步伐也加快了，为了满足送货需求，次仁曲巴的摩托车又换成了小货车。

如今十几年过去了，普玛江塘乡很多青年走出大山，去条件优越的外地务工，可是次仁曲巴仍然坚守在这里。这个三十多岁的汉子看起来比实际年龄苍老许多，更重要的是，多年在海拔高的邮路上辛苦奔波，他得了严重的高原疾病。尽管现在有更年轻的小伙接替了他在乡村投递的工作，但他不忍离去，依然坚守在这场邮路接力跑中重要的一环，负责从县到乡的投递工作。

十几年的高海拔邮路生涯，次仁曲巴从没丢过一封信、一个包裹，他走过的邮路共计20多万公里，想想自己以前把信件送到时，乡民们经常让他大声朗读信件的情景，幸福感油然而生。尽管工作很平凡，但让他自豪的是，他曾经做过这世界上海拔最高舞台上的"朗读者"。

别偷走父母的快乐

□ 马亚伟

主持人马东讲起这样一件事：他的母亲喜欢看电视购物，她买了一款"欧洲皇室定制"的包包，说是原价近两万块钱，她只花了九百多块就买下了，觉得捡了个大便宜，非常高兴。马东知道母亲上当了，却对母亲说："这包真漂亮！"

马东清楚，母亲一个人生活，除了看电视，几乎没别的事可做，买个包包，对她来说是件快乐的事，所以他不想轻易偷走母亲的快乐。

看到这里，我不禁汗颜。记得不久前，母亲花100块钱买了个按摩仪。我见了第一句话就是："妈，你怎么还上这种当？这根本就是个儿童玩具，就是蒙骗你们这些老年人的。这样的当，你上了不是一次两次了吧，怎么就不长点心呢？"母亲听了我的话，又尴尬又气愤，她气呼呼地说："我这老糊涂的毛病就是改不了！明知道是些坑人的玩意，见人家买也跟着买。现在想想，说不定当时那些争着买的人就是托儿呢！"

一连几天，母亲都闷闷不乐，损失了一百块钱让她心疼，干糊涂事让她懊恼，都上火了。

母亲花钱买了东西，本来自己很满意，让我几大盆冷水弄得从头凉到脚。其实我完全可以像马东一样，开玩笑说："妈，这东西不错，即使用着没什么效果，就当个玩具算了。"然后，再委婉地提醒她尽量不要上当。

我之所以把母亲的快乐偷走，是因为没站在她的角度思考问题。换位思考一下，老人的快乐被儿女无情偷走，他们该有多郁闷。

上次回家，我看到母亲正在用废旧的塑料瓶、报纸和纸箱之类的东西做生活日用品，废物利用让她很有成就感。如果是以往，我会毫不顾忌地说："妈，做这些干啥？费力劳神的。超市里啥都有卖的，比你做的这些好看多了。"这次，我凑过去认真地看了看母亲做的东西，由衷地说："妈，你的手真巧，做出来的东西真好看，这可是世界上独一无二的艺术品呢，想买第二件都没地儿买！"母亲笑眯眯地说："我就是喜欢动动手！"我看到母亲脸上洋溢着快乐和幸福。

我家院子里有块空地，父亲打理着一个小菜园。每次回家，父亲都会在小菜园里就地取材，用最新鲜的蔬菜做几样小菜给我吃。我明白了父亲种菜有种"钓胜于鱼"的心理，他种的是一份快乐。只要赚到了快乐，就是最划算的事。想到这些，我对父亲说："爸，还是你种的绿色蔬菜最新鲜，纯天然，无污染，全家都喜欢！"

父亲哈哈大笑。看着父亲开心的样子，我暗暗对自己说，以后对父母说话，一定不要太随意，多换位思考，别轻易偷走他们的快乐。

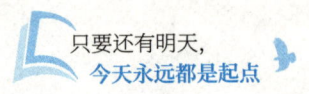

BBC 触犯行规拍下的神作

□ RORO

在向来严苛的豆瓣电影上，曾有两部纪录片，拿下过9.9的最高分。一部是2016年的《地球脉动Ⅱ》，一部是2017年的《蓝色星球Ⅱ》。巧的是，它们属于同一个团队——BBC，也属于同一个制片人——David Attenborough。

2018年11月，David Attenborough又给我们送来了一部年度大片——Dynasties（《王朝》）。

这是一部非典型的纪录片，连拍纪录片"绝对旁观"、不能出手干预自然的行规，都被打破。几亿观众却因为感动而谅解，甚至打出9.7的高分。这一切，还要从万里冰封的南极讲起。

在一片白茫茫的冰原上，帝企鹅要从海边迁徙20公里，来到结了厚冰层的地带结婚生子，每年产下一只小企鹅。帝企鹅选择的繁衍地，其实是气候条件极度恶劣的地带。那里风雪漫天，气温一度降到零下60摄氏度。

企鹅妈妈不得不时刻用脚背，隔离蛋和地面，用厚厚的绒毛遮盖住蛋。一旦暴露，恐怖的低温会立刻夺去未出世宝宝的生命。

在残酷的大自然面前，弱小的生命，竭尽全力保护着新生命。当企鹅蛋被产出后，饿了一个多月的企鹅妈妈，会摇摇晃晃地去20公里外的海边采集食物。

此时，所有的企鹅爸爸都会把蛋接过来，小心翼翼地藏在肚子底下。在长达数月的极夜里，暴风雪肆虐拷打着整个族群。唯有熬过这场严寒，企鹅王朝才能得以延续。

它们无数次滑倒、冻僵、虚脱，却为了种族的延续，强撑着履行使命。

许多企鹅爸爸和脆弱的企鹅蛋，都在这场危机中丧生，年年如此。

但是看到太阳升起那一刻，希望就来了。企鹅妈妈成群结队地回归，妈妈回家的第一件事，就是紧紧地把孩子拥入怀中。暴风雪却仍未停止，甚至将许多企鹅困在了沟壑里。

它们爬两步滑三步，急得原地打转。这个饥寒交迫的时刻，小企鹅成了累赘，夹着宝宝的企鹅妈妈，无法攀爬到安全的峰顶，它们不得不忍痛抛弃孩子，否则只能和孩子一起迎接死亡。

但总有至少一位母亲，不愿意放弃！它的双腿没了力气，就用嘴咬着路面，努力向上攀登，它不忍抛下孩子，不信命地拼着。

这一刻，不同族群之间的悲欢倏然相通。摄制组再也无法坐视不理。他们含着热泪，为企鹅们做了一件事：铲出一条通往山峰的冰雪阶梯！

要知道拍摄纪录片的原则就是不干涉。人类在自然规则面前何其渺小，又怎能私自改变企鹅的命运？可是人之所以为人，不也正是因为这份发光的"人性"吗？

摄制组的每一个人都在这一刻酸了鼻子。在零下50摄氏度的暴风雪中，和企鹅一起承受为期半年的灾难。比随时冻死更可怕的，则是荒莽天地里的孤独。

每一个故事，都感人至深，超越了自然，照见万物共有的精神：生命在面对困苦时，最本能的反应不是逃避或放弃，而是斗争。

摄制组每天凌晨4点起床，扛着160斤器械徒步24公里。在40摄氏度高温里拍过火海，也在零下60摄氏度极寒里拍过极光。

四年千辛万苦的摄制，只凝结成5集300分钟的画面。每一帧都华美到可以当壁纸。

人们总说纪录片无聊，《王朝》却突破桎梏，有了故事、有了情感、有了精神。让我们看见地球另一端，其他生命也在高贵精彩地活着。

自然越是残酷，生命越是坚韧。自然值得敬畏，生命值得歌颂。

痛失亲人后，我被一通电话治愈了

□佚 名

1985年8月12日，日航123号航班，520人罹难。这当中有一位年仅9岁的小男孩是第一次独自乘坐飞机。

在他遇难后，母亲长期被自责的情绪折磨，因为她无法想象：年幼的孩子是如何走完生命最后的恐惧时刻。直到有一天，她接到一通来自陌生人的电话……

这位母亲向Lens讲述了这段往事，还原了她的苦厄与救赎。为了看一场棒球决赛，9岁的健独自坐上东京飞往大阪的飞机。这是他出生后第一次独自远行。把他送到机场后，母亲美谷岛邦子刚回到家，就看到了那架航班出事的消息。她立刻返回机场，并随着急救人员上了山——飞机坠毁在距离东京约100公里的高天原山中。一路上，美谷岛都在心中默念："不是真的、不是……"但这种信念在来到惨烈的现场后粉碎了：509名乘客和15名机组人员中，仅4人生还。

她的丈夫在一旁不停地给儿子道歉，他们不得不痛苦地接受现实："已经不会回来了呢……"

健的葬礼结束后，美谷岛每天在沉重的负罪感中以泪洗面。"是我的错。我没能保护好他。"她无法想象9岁的孩子在飞机坠毁前的那段时间是怎样的场景。自责到深处，她甚至动了自杀的念头。

直到有一天，美谷岛接到一通来自四国岛的电话。电话的那头，是一位中年女性的声音。她告诉美谷岛，自己的女儿也在那架飞机上，当时就坐在健的旁边。

"我女儿生前是一个很温柔的人，也很喜欢孩子，在最后的时刻，她一定会紧紧握住您孩子的双手，您的儿子不是孤单一人。"

时至今日，美谷岛清晰地记得那位母亲对她说的每个字。这段话是她的救命稻草。"从接到电话的那天开始，我四分五裂的心开始一点一点地愈合。曾经刺穿我的悲伤得到了缓解。"

蜘蛛的故事

□尤 今

我认识艾赫狄的时候，他才25岁，脸颊瘦削，一双黑黑大大的眸子，老是泛着闪闪发亮的笑意；两片薄薄的嘴唇，老是藏着说不尽的故事。

他的祖父拥有广袤的棕榈园和黄梨园，难得的是，家业殷实的老祖父，常常把价值观不动声色地藏在童话里，传授给儿孙。年幼时，艾赫狄最享受的，便是晚饭过后大家围绕着祖父盘膝而坐，听故事。

艾赫狄告诉我，洛美人都把蜘蛛当作智慧的象征，他兴致勃勃地向我忆述了其中两则有关蜘蛛的故事。

一

有只体形庞大而浑身赤红的蜘蛛，是村中的智者。上至天文、下至地理，无所不通、无所不晓；就算是医学上的各种疑难杂症，也难不倒它。它不想和村民分享这些丰富的知识，却想将之传授给自己的后代子孙。

于是，它闭门谢客，历时很多年写成了一部百科全书。写完之后，它在丛林里找到一棵树干高耸、树叶茂密的大树，决定把书藏在树顶。那天早上，天微微亮，它抱着那本百科全书便偷偷地潜入丛林。它最钟爱的孙女，因为好奇而悄悄地尾随着它。红蜘蛛怀抱百科全书，奋力攀爬。但是，爬行不久，便因承受不了怀里的重量而狼狈地跌落。它屡试屡败，始终无法将那本百科全书送上树顶。

这时，一直躲在暗处偷看的孙女忍不住现身了，它说："爷爷啊，您试着把百科全书驮在背上，我保证您能顺利把它送上树顶。"红蜘蛛依言而行，让背部承受所有的重量，果不其然，不费吹灰之力，便把百科全书送到了树顶，真可谓"智者千虑，必有一失"啊！

红蜘蛛坐在树顶，沉思半晌，突然大彻大悟——众人拾柴火焰高，唯有集思广益，集腋成裘，才能形成百川归海的浩瀚磅礴。想通之后，它把百科全书用力朝树下砸去，脱落的书页散落一地，书里的学问却如同长了翅膀，飞向世界各地。

艾赫狄诙谐地说道："我爷爷说啊，这就是现今互联网的起源了。"我哈哈大笑，睿智的洛美人不但通过奇思妙想把科技与童话紧密结合，还往故事里灌注了必要的价值观。

二

皇帝要招驸马，禽鸟虫兽全都前来应征。为了测试未来驸马的忍耐能力，皇帝找来了全世界最为辛辣的辣椒，要求应征者在咀嚼辣椒时，不准发出任何声音，只能默默吞咽。辣椒一入口，便如火燎平原，应征者无一不发出痛苦的叫声，一时"嘘嘘""哎呀""天哪"等叫声不绝于耳，当然也就一一被淘汰了。轮到蜘蛛时，只轻轻一嚼，它便辣得飙泪，大声呼叫："大王万岁！"结果，龙颜大悦，蜘蛛也成了驸马。

艾赫狄笑嘻嘻地说道："同样是开口喊叫，但是效果天差地别。我们在开口之前，能不三思吗？"

我觉得艾赫狄是个幸福的人，因为他亲爱的祖父在他成长的过程中，持续不断地以寓意良善的童话故事熏陶出他今日的好修养。

第一章 世间感动

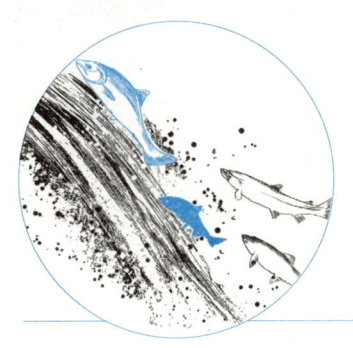

脑洞大开的人类，为鱼安了"门铃"

□ 刘 琦

"叮咚！"在荷兰中部城市乌得勒支，一间古运河上的值班室里响起门铃声。听到声音，帕特里克走到户外，转动起巨大的阀门。从某种程度上说，是鱼"按"响了"门铃"。水闸被打开后，几十条鱼儿越过船闸，一路奔赴运河上游连接的莱茵河。

没有手指的鱼类怎么按动门铃？门铃按钮又是如何被安装于运河之下的呢？这一切都源于一个帮助鱼类繁衍生息的小项目。

众所周知，有些鱼有迁徙习性。比如生活在荷兰水系的鱼类，会在冬天前往温度更高的深水，在夏季游到浅水进行繁殖。贯穿乌得勒支南北的古运河自然成为鱼类迁徙的捷径，只是每次游到古运河与费赫特河交界处时，它们便会被一道水闸拦住。

鱼儿不知道阻挡它们前路的是人造水闸，便固执地在原地等待一个永远不会发生的洄游机会，消耗不少能量。众多鱼类拥挤在狭窄的河道里，水鸟成为最大的受益者。捕食者的频繁攻击加之体力消耗，洄游鱼类生存率大幅降低，最终引起了乌得勒支有关部门的注意。

寻找解决方案的过程中，守闸人帕特里克表示有心无力，"给鱼开门对我来说不成问题，因为我就住在附近，但问题是，我不知道什么时候鱼才会出现在那里"。

帕特里克的困扰给荷兰生态学家马克·凡·霍伊克鲁姆带来灵感，他想出一个方案，那就是在河底安装摄像头，民众可以通过一个网站观看河底的实时画面，如果发现有鱼被水闸挡住去路，便可按下一个虚拟门铃通知帕特里克。门铃被按响后，系统会将截图发到帕特里克的电脑上，供他参考。

目前有两种方式可以观看水下直播：一是直接扫描水闸旁的二维码；二是登录运河官方网站。网站直播窗口下方，工作人员列出了10种乌得勒支古运河中常见的鱼类，还有一些观鱼提示，比如"如果想看到更多的鱼，那就4月中旬来，鱼类会在这时正式开始迁徙"。

2021年3月，"鱼门铃"正式启用，网站在最初的两周迎来73.5万次访问，门铃被按响超过3.2万次。一度，由于门铃响得太频繁，帕特里克养成了早晚各开一次闸门的习惯。有时，如果等待过闸的鱼太多，他也会网开一面，临时打开一次。帕特里克只有在夏天才能松口气，因为夏天运河迎来旅游季，闸门时不时就要为游船通航打开，"鱼门铃"也会在这段时间暂时关闭，待到秋季迁徙开始重新上线。

不过也有人发问，与其让帕特里克跑来跑去，为何不直接在河底安装一道感应装置自动控制闸门？对此，霍伊克鲁姆回应，除了异物干扰等技术因素，"鱼门铃"的优势在于娱乐性强。"我现在每天睡前都会看一会儿水底直播，有时捕捉到龙虾或鳗鱼等罕见物种，会十分兴奋。"

更重要的是，"鱼门铃"让乌得勒支的居民意识到古运河不仅是供船只通行的航道，还有很多生物生活在那里，水中存在巨大的生态系统。

这样看来，帕特里克值班室里的"叮咚"声不仅是门铃声，还是一曲人与自然共同演奏的和谐乐章。

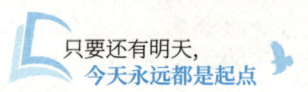

你的论文什么时候交

□ 佚 名

本文的男主角名字叫Firas Jumaah。他是隆德大学的一名博士生，伊拉克雅兹迪人。隆德大学始创于1666年，是瑞典的一所著名大学，世界百强名校。2014年，他还在攻读博士学位，一天他回到老家，准备和自己的妻子、孩子一起参加一场婚礼。没想到，恰巧遇到了恐怖组织的一场闪电突袭，死伤无数，他和家人被迫逃离现场。因为恐怖组织四处搜捕漏网之鱼，他们每天都能听到枪声、爆炸声和惨叫声。他们全家都躲了起来，惶惶不可终日。

什么时候结束？不知道。

自己能不能活下去？不知道。

绝望中的他给自己的导师发了一条短信，简单地说了一下情况，很难过地表示："老师，可能我以后都没机会继续研究和完成论文了。眼看请假的时间要到了，如果我一周后还没回去，老师，请把我的名字划去吧，再见了老师。"

他的老师Charlotta Turner，分析化学的教授，收到短信后非常吃惊。相信任何一位女老师看到学生如此的短信肯定会心碎，甚至痛哭难受吧。

可是她没有，她的反应是什么？

勃然大怒！你没看错，她没有伤心或者哭泣，她愤怒无比。

"竟然有人敢阻止我的学生继续研究？"

"不，你别想逃掉你的论文。"

她愤怒地说："我不允许如此不公平的事情发生，他必须回来完成我布置的功课。"

她接下来的举动震惊了全世界，换作你会怎么做？学生在异国他乡，而她则在瑞典，这件事情怎么办？向媒体求助？

不，她从事的是分析专业，思路无比清晰。

她首先明确了学生的位置和大致方向。然后分析了恐怖组织的战斗力。她明白此事不能张扬，因为对方在大面积搜索，如果诉诸媒体可能引发更多的矛盾。最后，她制定了简单的救援纲要。

你依然没有看错，救援，她要去救援！

你可能会想，她是疯了吧！她一个文弱的女性能干吗？事实上，她的能量非常大。

她知道单靠自己无法完成，她去找了学校的安保主管，安保主管听到这件事情惊呆了。

从来没有任何一所大学做过这种事情，一般顶多就是求助当地官方机构帮忙之类的，而她的要求是：我们自己去救。大家都知道这个要求的难度，安保主管开始是婉拒的，的确，学校也没有类似的制度可以参考。但是他很快屈服于她的眼神。"她的愤怒震撼了我。"

虽然说服了安保主管，但是靠他一个人也是没有办法完成的。所幸学校在全球都有安全运输协议，和很多机场、汽车租赁公司等都有合作协议。

安保主管也不是一般人，他是从部队退役的，他找到了老战友开的一家安保公司。安保公司也被吓了一大跳。但既然是正式委托，他们高度重视起来。根据当时的情况，和教授一起制订了相应的计划。

最终，他们奇迹般地把Firas Jumaah和他的妻儿救了出来！

在营救现场Firas Jumaah云里雾里地不知道是怎么回事，问了雇佣兵才知道是他的老师派人来救的他！"雇佣兵对我说，你的老师派我们来救你回去完成作业。"

最终，他在老师的监督下完成了毕业论文。

"没有人可以不交作业，不完成论文，无论你发生了什么，我也必须让你完成论文，没有人可以破坏我的研究工作。"

全世界都呆了，这样的老师世所罕见。

他至今都无法忘记老师看到他时对他说的第一句话："你的论文什么时候交？"

碎 暖

□ 包利民

一个午后，阳光透窗而入，照在一地的书上。我一边整理杂乱的书，一边随着每一本书的入目而在心里生长着往事。忽然，从一本书里落下一张字条，字条已经泛黄，蓝色的字迹已经极淡，"老师，我很喜欢听你讲课！"这温暖的字句，一下子撞开了岁月深处的一扇门。那时候，我刚刚到一个小镇的初中当语文老师。第一堂课讲得紧张无比，有些语无伦次。下课时我简直羞愧难当，有一种巨大的挫败感。这时候，一个女生走到我身边，把一张字条递给我。我仿佛瞬间春暖花开，心中涌动着感动，还有希望在生生不息。

我刚读初中的时候，班主任是一位很年轻的男老师。一天下午上课，他在前面板书时，我写了张字条给前面一个好友："放学踢球，多叫几个人！"好友接过后，便回了一个给我："你再问问别人，看有多少人去！"于是，我又写了多张字条，四处抛飞。谁知很不巧，向最前排抛去的那个纸团由于用力过猛，落在了讲台上，恰好老师转过身来，他很好奇地打开字条看了看，没说什么，继续讲课。过了一会儿，忽然发现老师走到我身边，把一张字条放在我桌上，上面写着："我也去踢球，放学后记得叫上我。"一瞬间，心里有一种说不出的感受。老师让我

们明白，一位老师也完全可以不用绷着脸就能让学生从心里敬服。

我坐在一堆书中间，沐浴着暖暖的阳光，任思绪飘飞于一张又一张字条的往事之中。我的一个朋友被亲生父母抛弃，她却从不悲伤，她说她也有亲情，她同样在母亲的爱中成长。有一天在她家里，她小心地拿出一张字条，已经被塑封，急促的字迹，仿佛是临时匆匆写的。开始是一串年月日，估计是她的生日，后面有几句话："妈妈会心痛一生，会爱你一生，你永远是妈妈最珍贵的宝贝……"妈妈的表白，将会让她温暖一生。

记得一位高中同学跟我讲过，有一次他和家人怄气，选择了离家出走，及至另一座城市，走投无路时，他不经意间在衣服最里面的一个口袋里，发现一些钱和一张字条，是母亲的笔迹："走够了就回家吧。"短短几个字，瞬间消融了心里的坚冰，流淌着暖暖的感动。

我常常流连于那些让人难忘的只言片语。那样的时刻，仿佛时光都走得那么轻缓。那些点点滴滴的暖，汇聚成爱的海洋，无时无刻不在包围着我们。这样，生命才会在磨砺中温暖而多姿，生活才会在坎坷中多情而美好。

从此，你的幸福都与我有关

□ 国永梅

川航3U8633事件：驾驶舱风挡玻璃突然碎裂，机长在失温失压的情况下，他手动把飞机成功备降在成都双流机场，灾难面前，我们认识了一位真正的英雄机长。

那么，当时飞机上那些普通的恋人和夫妻，他们做了什么？

1

23岁的自由职业者小周，飞拉萨，是和女朋友一起去纳木错看星空。"砰"一声，在指示灯、照明灯和所有电子设备全都失灵的情况下，他的第一反应，就是赶紧抱住女朋友，将她紧紧抱在怀里，跟她说："不要怕，有我在！"

吓得发抖的女朋友也紧紧抱住他，轻声说："不怕！"他们就拉着手紧紧依偎在一起。这个时候，他顾不上看窗外的情况，想的是，如果飞机垂直落下，那肯定就是机毁人亡、粉身碎骨，那得多疼！或许，他更多想到的疼，是女朋友会有多疼！

下飞机后，牵着女友的手，望着女友的脸，感觉彼此真实的拥有，是多么宝贵，他给了女友一个大大的拥抱，女友也回赠他一个大大的拥抱。

他们还是想去看星空，于是改签了航班，依旧去了拉萨。在拉萨，他们依偎在一起，看到了银河系，很美。

比拉萨的星空更美的是，女朋友在他身边，他还能看到她，坐在吊椅上转圈圈，对着他眯着眼睛笑。

2

34岁的艾女士和丈夫是农民工，他们是去拉萨找活干。这是艾女士第一次坐飞机，平时坐电梯都怕的她，特紧张。丈夫坐在她的后座位，一直安慰她。事故发生时，她蒙了，脑子里一片空白。看到别人都把氧气罩戴上了，心里很慌。第一次坐飞机，压根不知道怎么捣鼓这东西，她使劲扯了几次都没扯下来。她的丈夫先是费力地伸手想帮她扯，可是够不到，没有任何犹豫，丈夫就把自己的安全带解开，过来给她戴氧气罩。结果，刚给她戴好，他就被弹飞到过道里，撞伤了腰。

降落后，艾女士整个人瘫软了，呕吐，坐都坐不住，在医院待了好久都张不开嘴吃不下饭。她的丈夫逗她："你就像咬我时那样嘛，张大嘴！"结果，她一下子张嘴笑了。

过后，有人问她的丈夫当时第一反应是解开自己的安全带，心里是怎么想的？他憨厚地笑："哪来时间想，这完全是自然反应嘛，她是我老婆啊！她是我最亲的人！"

事件发生后，他却告诫大家，如果遇到类似的危险，千万不要轻易解开安全带，的确很危险。可是，在很危险的时候，他却为了自己的妻子解开了自己的安全带。

艾女士和丈夫是再婚，结婚才半年。"生死关头，他最先想到我的安全，忘了他自己的，现在我们更恩爱了。"

川航3U8633上的乘客是幸运的，他们能够逃脱死亡之神的掌心，安然活下来。或许，飞机上的那些情侣和夫妻，他们更多了一份幸运，因为，他们比常人更懂得，拥有彼此才是活着最幸福的事。

3

听朋友讲过她父亲的故事。

那年春天，她的母亲查出肺癌，虽南来北去，想各种法子治疗，终没有阻挡住母亲远行的脚步，到了冬天，母亲就撒手而去。

母亲活着的时候，父亲最喜欢吃母亲做的水煎包。几乎每个星期，母亲都会做上一锅，焦黄焦黄的皮，一咬就冒油的馅儿，每次，父亲总是吃得特别过瘾，特别满足。后来，母亲生病了但还是坚持每周做一次水煎包，给父亲解馋。父亲也变得越来越能吃，好像怕被别人抢了去似的。

母亲去世那天，父亲拉着母亲的手，泪水涟涟："你咋就要走了呢？以后谁给我做水煎包呢？"

母亲走后，父亲日渐消瘦。朋友和妹妹很着急，就学着母亲，很用心地给父亲做了一顿水煎包。端上桌子后，父亲夹起一个，咬了一口，便放下筷子，不再说话，进了卧室不出来。姐妹俩也不敢问，只能自忖，是不是她们做的水煎包没有妈妈做的好吃？

过了几天，朋友听说一家大饭店的水煎包特别好吃，特地去买了来，给父亲送去，希冀着父亲能够喜欢吃，父亲尝了尝，眼里有了泪花："难为你们了，闺女。不是包子不好吃，而是给我做水煎包的人没了！我稀罕的是那个人……"

有你的世界，水煎包，才是美味。没你的世界，再美味的水煎包，也寡淡。

花香即语

口 程 刚

这一天，将军回京述职，在庙里借宿。在与住持闲聊时，说前线战事紧，需要一个帮手。住持说，他的两个徒弟可以从中选一个。将军很高兴，表示这几天考察一下。

几天过去了，他发现大徒弟非常好客，而且口才十分好，天天与将军研讨兵法，讲述自己对前线战事的看法。而二徒弟相对来说有点木讷，不善言谈，将军和他谈事，问一句说一句，显得很死板。

这一天，朝廷派人来接将军，到山下了。将军决定最后考察一下他们，选其中一位带走，便对二人说："朝廷接我的人马上就到了，你们现在该想一想怎么办。"

大徒弟想了想，立即对将军说："朝廷来的都是命官，一定要隆重不失礼节，我想这样安排……"

二徒弟这时不见人影。过了一会儿，却领着朝廷的人进来了，然后便退了出去。

下午，住持陪将军在花园里赏花，将军表明想带大徒弟下山，可住持一笑，却希望他带二徒弟下山，将军不解。住持指着花儿对将军说："将军，花儿不语，但它的花香告诉我们，它经过努力，最终实现了绽放。"将军若有所思，但还是不明白住持何意。

住持看出了将军的疑惑，解释说："今天朝廷来人，你我都没安排，但二徒弟却把客人接了上来，安排吃饭、住宿井井有条，这样的人值得信赖。"

将军顿悟。

92岁母亲的"遗产"：
每对母子，
都是生死之交

□ 花 生

曾经在网上看到一则新闻，被里面的故事感动得泪流满面，久久不能释怀。

在湖北省通山县孟垅村，生活着一位92岁的老人，名叫孟阿香。因为基因的问题，孟阿香在婚后生了3个有智力障碍的儿子。

孟阿香和丈夫辛勤"抚养"着儿子们，直到1997年丈夫去世，照顾儿子的重担就落在了孟阿香一人肩上，而那时的她，也已年逾70岁。

也许是无法放下自己的孩子，孟阿香又独自照顾了儿子们20多年。

20多年来，孟阿香像一只瘦弱又坚强的老母鸡一样，保护着她的小鸡崽们。

她说："我可不能死，我死了，我的儿子们可怎么办？"

而在2018年年初，92岁的孟阿香还是病倒了，也在不久后离开了人世。

让人意想不到的是，有人来家里料理后事，在他们家的阁楼上，发现了孟阿香的一个惊天秘密。原来，早在多年前，孟阿香就知道自己终有一天会撒手人寰，而眼前这3个"傻"儿子，是她最大的牵挂。

于是，她便在近90岁时，还坚持耕种着家里的两亩地，更是在十几年前就开始，偷偷给儿子们"囤积粮食"。

在家里的阁楼上，藏着6口大木缸，孟阿香在每年收成后，留够儿子们的口粮，自己只吃地瓜干，将省出来的稻谷，一粒一粒藏进大木缸。十几年下来，

木缸被装得满满当当，算下来，总共有上千斤，够三个儿子吃上很多年。在场的人，无不被孟阿香的这个"秘密"感动到落泪。

人们常说，一生中最爱你的人，可能是爱人，甚至是你的孩子，但很多人都错了。其实，一生中最爱你的人，是母亲。

老母九十九，常忧七十儿。无论孩子走到哪儿，无论子女长多大，在天下所有母亲眼里，孩子永远都是孩子，是应该永远被保护，永远被照顾的手心里的宝。

今年五一，我把年过半百的父亲接来北京游玩。

几天假期，我带父亲游玩了北京几乎所有的知名景点。

就在旅行的最后一天，我带父亲去了医院，诊治他那个拖延了30年的，右手肌肉萎缩的旧病。因为网上号被挂满，大清早赶到医院也没挂上号，和父亲坐在医院长长的走廊里，两个人沉默无语。父亲更像是个做了天大错事的孩子，低着头不敢说话。

而就在此时，老家年迈的奶奶打来电话，她没有问我们都去哪里游玩了，没有问我们吃了什么美食，而是一上来就问道："去北京大医院看手了吗？"

我们还没解释原因，奶奶接着说："小体（我爸的小名），这次没看上就算了，等我跟你大（爸）过段时间不干了，我们再带着你去医院看。"那一刻，我潸然泪下，又无地自容。

前一天我还在为孝敬了父亲而沾沾自喜，前一

秒我还因心情烦躁给了父亲冷脸。

听完奶奶的话,我才发现,自己对父亲的爱,相比于奶奶对父亲的爱,卑微得根本不值一提。

知乎上有个热门话题:母亲对孩子的爱,到底有多深?

点赞最高的回答是:最能衡量母爱的,并不是发生某件事时,母亲做了什么决定;而是在我们绵延不息的一生当中,母亲的爱一直都在,无论孩子10岁、30岁、50岁,还是70岁、90岁……

母亲的爱沉默无言,却又充沛强大。它能使人甘愿牺牲自己,去穿透所有的黑暗和苦难,把温暖送到孩子身边。

每一对母子,都是生死之交。

孝而不顺

口尤 今

跟A聊天时聊及好友B,她评价道:"她是一个孝而不顺的孩子。"

"孝而不顺",真是可圈可点的形容词啊!

根据中国的传统,所谓的"孝道",便是孩子对父母"千依百顺地俯首称是"。为人儿女者,为求尽孝,纵然觉得父母的要求不合理、做法不近情理,或是有违自己的意愿,都不敢拂逆;有时,当父母的要求远远超过自己的能力,或者做法大大地逾越了自己忍耐的极限,悲剧便难以避免地发生了。

在我过去的执教生涯里,便发生过两起人为的悲剧。

女生阿娟,母亲早逝,由父亲一手抚养成人。她对读书没有兴趣,独独钟情于女红。两根织衣棒落入她手里,立刻便有了出神入化的生命力。父亲一心要她上大学,然而,他却忽略了她的资质与兴趣;而她呢,深爱父亲,明明知道自己不行,却为了尽孝而硬撑。当我发现她精神濒于崩溃的边缘时,曾多次约见她父亲,请求他考虑她的精神状况而让她停学,他执意不肯,口口声声说他已准备好了学费让她上大学。在他的观念里,万般皆下品,唯有读书高。终于,在大考前夕,她承受不了巨大的压力,从20层的高楼跃下,以她宝贵的生命来让固执的父亲聆听她心里的声音——她"孝而不顺",不是不愿顺从父亲,而是无能"依顺"啊!

男生阿明,沉默寡言,是老师眼中循规蹈矩的好学生。他的母亲爱子心切,时常有事没事地到学校来向老师和同学查询他的行为,使他成了班上同学口中的笑柄。他非常不快乐,但是,传统的孝道好似一道沉重的枷锁——孝顺孝顺,要尽孝就得依顺,他不敢反对母亲这种让他难堪的做法,但是,内心累积的不快乐,使他成了一座蓄势待发的火山。那一天,他母亲接到一通女同学拨来的电话,便扬言要到学校去查问他的交友情况,他悲愤难抑地喊道:"你去你去,你一去,我就死给你看!"母亲生气地说:"你敢威胁我?哼,我现在就去!"就在母亲弯腰穿鞋子时,他猛地攀越了高楼的栏杆,瘦瘦的身子,就像一片薄薄的落叶,从18层楼高的地方轻轻地飘落下去。这名17岁的少年,以他的生命向母亲发出无言的呐喊:他孝而不顺,只因为长期不合情理的依顺让他活得太累、太累了啊!

孝和顺,是两码事。每个人,都有权利依据自己的个性与能力,活出精彩。父母在要求儿女尽孝的当儿,也应该在合理的范围内,顺遂他们的心意,尊重他们的意愿,聆听他们的心声。

约翰肉铺卖的是温情

□ 杨 扬

刚来爱尔兰时，有朋友跟我说，镇上的肉铺是全镇居民的"心理治疗中心"。无论有啥烦恼，进了肉铺一定笑着出来。我之前不理解，后来成了肉铺常客，才发现个中缘由。

这家肉铺开了30年，黑色招牌上是暗金色的文字，推门进去是一尘不染的冷柜。老板约翰头发用发蜡打理得一丝不乱，穿上西装你准以为他是坐写字楼的经理。通常肉铺10点开门，他8点就来。什么时候他都高高兴兴，说起当日货品，就把手放到嘴边，对空气放出许多响亮的飞吻，形容肉如何鲜嫩。

第一次去肉铺，我问约翰有没有鸡肉，他说："今天是星期一，没有，星期五会来，我给你留一份。"我当时随便一听，星期五没去。第二周又去肉铺，约翰一脸委屈："你上周五为什么没来？我给你留了鸡翅，留到下午你还没来，我只好卖给别人了。"搞得我很不好意思，暗下决心以后绝不放他鸽子。

我常买鸡翅，他见到我总是高高兴兴地说："今天又有鸡翅！新鲜的！"有一段时间，我每次去都赶不上鸡翅供应，有一天终于碰上了，约翰笑嘻嘻地说："今天的鸡翅送给你啦！"听说我女儿学了西班牙语，约翰每次看到她就大飙西班牙语，搞得她压力山大。

我的一位女性朋友告诉我，她家附近的肉铺经常给她留猪蹄，而且免费，因为爱尔兰人不吃猪蹄，肉厂会以极低的价格处理。春节之前打声招呼，肉铺还会把猪皮留给她，当然也是免费。朋友的年夜饭上就有了人人称赞的猪皮冻。

从约翰那里，我还学到许多烹饪知识。知道我初学做牛排，约翰慷慨地把他太太的传家菜谱和我分享，又细细地指着柜台里的肉，告诉我哪块是从牛的什么部位切下来的，口感如何。此外，谁家蜂蜜丰收啦，谁家孩子做了DNA检查、意外找到了同父异母的姐妹啦……似乎没有他不知道的。

有一次，我问他一个关于牛肉的问题，约翰不光说，还请我到他的冷库里参观。约翰开玩笑说，如果你把这些知识卖到中国，应该可以赚钱吧。我说好，如果赚了钱一定跟他分。他点点头，严肃地说："知识就是力量。"

大家都喜欢约翰，日常遛狗、送孩子上学或到便利店买东西之余，总愿意拐个弯儿跟他聊聊，再买点新鲜肉回家。肉铺里最多能同时容纳两位顾客，但从早到晚不断有顾客推门。我曾经觉得，这么可爱的小铺子，如果约翰扩大经营，一定会有所发展，但他似乎没这个想法。夏天到了，本是烧烤季节，肉铺却挂出通知："本人要去旅游，两周后见。"我问："黄金周你不做生意了吗？"约翰摇摇头："要和太太儿女一起去西班牙晒太阳。"

很长时间，我不明白为什么约翰的小肉铺能和50米外的大超市并存，总觉得面对连锁超市，小店是没有生存空间的。后来我偶然看到沃尔玛创始人山姆·沃尔顿的一句话，他说，一家用心经营的小五金店，沃尔玛是打不过的。他的意思是，小店所具有的温度和感情，是冰冷的机器和高效率的供应链无法替代的。

神奇的小摊

□ 高 莉

在日本滋贺县草津市，离幼儿园不远的地方，有一个不起眼的章鱼烧小摊。工具和原料，全数放在一辆面包车上。这让人不由得怀疑，是不是三无流动小摊，警察一来方便收拾细软跑路。

更可怕的是，摊主大叔看起来很凶，尽管摊子摆在小学和幼儿园中间，小朋友看见了不但不敢买，反而害怕地加快了脚步。

直到有一天，媒体曝光了大叔的"别有用心"。这位大叔本名叫水野晃男，他的章鱼烧只卖给小朋友，年纪越小价格越便宜：高中生100日元（约合6元人民币）、初中生50日元（约合3元人民币）、小学生10日元（约合0.6元人民币）。6毛钱的章鱼烧什么概念？要知道在日本，一份8颗的章鱼烧，均价800日元（约合49元人民币）。6毛钱就等于白送！

所以许多家长，听说孩子要6毛钱去买章鱼烧，都以为孩子被骗了。赶着过去讨说法，却看见了这一幕：每个小朋友付款时，都把钱握在拳头里，整只手探进一个写着"拳骨箱"的箱子里，然后放开。不管是多少钱的硬币，都不会发出声响，因为箱底铺了厚毛巾。也就是说，如果有家境不好，肚子又太饿的小朋友，他就可以握起空空的拳头，换来一份免费的章鱼烧。这是在用游戏的乐趣，保护着孩子小小的自尊，热气腾腾的章鱼烧，也是大叔热气腾腾的爱心。

这下没有人恶意揣测大叔了：虽然长得凶，但大叔却是个温暖的天使啊！小朋友们更喜欢叫他"拳骨大叔"。神秘的拳骨章鱼烧摊只会在每周四下午的3:30到5:30出现，因为拳骨大叔的本职并不是卖章鱼烧，而是栗东市道路休息站的站长。

幼年的水野晃男，过早地失去了生父。本是家庭主妇的妈妈，不得不打零工补贴家用，母子俩辛酸地过着饥一顿饱一顿的生活。那时候，小小的水野，常常看着同学们吃章鱼烧，把柴鱼花咬得吱吱作响，充满幸福感。

可是口袋空空的他，虽然饿着肚子，却买不起好吃的章鱼烧，只能可怜地缩到墙角，啃一个干巴巴的饭团。那时候的水野就想，如果10日元就买得起章鱼烧，该有多好啊！后来，水野靠着努力奋斗，让自己和妈妈都过上了好的生活。但是看到那些烧烤摊边，眼巴巴望着却买不起的小朋友，他的心里还是一阵刺痛，仿佛看到了小时候的自己。

有一次，水野偶然发现，有人开了一家"儿童食堂"，贫困家庭的小朋友，可以免费在这里吃饭。水野的心被深深触动了，他想，如果自己也能开这样的食堂，就能让家境不如意的小朋友，童年多一点点安慰。于是他灵机一动，租借了一辆面包车做移动场地，申请了"食品卫生许可证"，开个爱心章鱼烧摊点，似乎不难做到。

刚开始很少有小朋友光顾，但是光顾过的小朋友，都惊喜地把这个"秘密"告诉好友。这下，小客人源源不断了。

水野和小朋友们"约法两章"：第一，如果要在放学路上吃，必须先回家告诉爸爸妈妈；第二，虽然拳骨大叔的章鱼小丸子不卖给大人，但是你们也可以分享给自己爱的大人吃哦。于是许多家长，也吃到了这份爱心章鱼烧。

水野就像个无名英雄，凭一己之力，为身边饥饿的孩子，送去了一点点帮助。这样的人，让人觉得这个世界好温柔。

成吉思汗的八匹骏马

□ 克 明

我认识一位普通的牧马人,名字叫巴图,他给我讲了一个找马的故事。那年,放牧一生的巴图,决定收起马鞍子了。可就在那天夜里,他做了一个梦,梦见了可汗。可汗问他,我那八匹白色的骏马呢?老人一下子惊醒了。从第二天早上,他就开始寻找成吉思汗的八匹骏马。

从呼伦贝尔开始,老人一站一站地走着,一个马群一个马群地询问着。二十年前的草原,手机还没有普及,但马倌们有自己的联络方式,那就是奔腾的马蹄。功夫不负有心人,一年过去了,巴图找到了七匹白色的骏马,每匹都和传说中的一样,黑口、黑眼、黑色的圆蹄,蹄后是一绺黄白色的毛。毛色不是雪白,而是泛着青白色,那种被称为"温都根查干"的颜色。从兴安岭到巴尔虎草原,又到了锡林郭勒,穿过乌兰察布,走遍了巴彦淖尔,踏进了苍天般辽阔的阿拉善,再也找不到最后那匹白色骏马了。老人似乎有点绝望了。

一位放骆驼的牧人对他讲,你去甘肃、陕北找找吧,或许正在那边吃草呢!一句话点醒了巴图,他跨上了马,向南边走去。路很远,巴图一路走下去。在路边的一家小饭馆,巴图询问着村民。老板仔细地看着白马的图片,大声吆喝来一个后生,大家异口同声地说,他们鹰嘴崖村就有一匹这样的马。巴图把坐骑留给了店家,随着后生进山了……

听说有人买马,村民们都聚拢过来,把他引到一处马厩前。白马见有人来,很紧张,耳朵向后背去,发出阵阵嘶鸣。巴图仔细一看,正是自己朝思暮想的马。他走近白马,和它交流着,白马的神态渐渐平静下来。巴图退后,深深地跪下,向白马致意。村民们惊呆了,这世界上竟然还有人给马下跪……巴图起身走近它,轻轻地唱起了蒙古民歌《成吉思汗的两匹骏马》,长调飘了起来,飘过山岭,像是来自母亲草原的问候。白马发出一声长长的嘶鸣,巴图看见几滴大大的泪水从白马眼睛里滚落下来,他一把将马头搂进怀里。

马的主人是个青年,后悔买了这匹马,它既不会耕田,也不会犁地,只爱奔跑,主人恨不得马上把这马卖掉。但村民们不这样看,他们阻止着,喊着高价。巴图陷入了两难的境地。这时,来了一位长者,问巴图到底能出多少钱。巴图告诉大家,他只有两万块钱。村民们悄悄商议了一下,同意卖马,但要他签下生死合同,因为鹰嘴崖太险,白马过不去,只能用木杆将白马捆好,像担架一样抬过去,稍有闪失,人和马都可能跌下悬崖。生死合同签了,巴图按上了红红的手印。

马很听话,倒在地上,村民们将它捆牢,一步一步抬向鹰嘴崖,在最难走的拐弯处,几乎是一寸一寸地挪过去……马的半边身体悬在空中。终于,挨过了崖口,大家轻轻地松开绳索,白马站了起来,抖抖身。

告别的时刻到了,巴图将捆好的两万元掏出来,递给了马主人。马主人抽出一万元收好,另外一万元退还给巴图,巴图怔在那里。马主人说,我们看出来了,它想家哩,我们陕北人厚道,不敢多要钱哩!

巴图跨上马上路了。白马轻盈地跟在后面,突然,身后响起了一声《信天游》的吼声:"一对对白马哟天边边跑,一串串泪蛋蛋往下掉……"白马忽然长嘶一声,转身向主人跑去,像是回应,又像是告别;它在山脚前打了个转,又反身跟上了巴图,头也不回地向前疾驰。巴图没敢回头,不知是雨水还是泪水,模糊了双眼……

故事讲完了,我和巴图站在他的草场上,我问巴图:"为什么是你呢?"巴图看着自己的白马群,缓缓地说:"我是个马倌啊!万一可汗真的有灵魂,回到鄂尔多斯,见不到他的八匹骏马怎么办?我们该说什么呢?"

驻守荒原

□明前茶

西大滩加油站到了,这是离藏族地区最近的青海加油站,海拔4150米,周围是无边无垠的荒原。路过这里的司机,无论多晚,只要叫一声"老韩",一个瘦小的男人就颠颠地奔出,披着军大衣,双手习惯性地拢在腰间。到了近前,老韩解开大衣纽扣,原来怀中藏着的是一只热水袋。寒潮一过境,加油站上就刮着吹哨子一般的寒风,气温很快降到零下20摄氏度,加油枪就容易被冻住,得用热水袋把它慢慢暖开。

老韩在这个加油站工作前,四年中加油站已经换了七拨主人——条件太艰苦,待遇低,每到夜晚,荒原上呜咽的风就像一个有冤屈的灵魂在游荡,听得人心里毛毛的;这里的海拔太高,就算是本地人,只要身体动作稍微快一点,太阳穴那里就像有一面小鼓在敲,突突地抽痛。因此,不论是加油站的领导,还是经常光顾的老司机们,都没想到老韩来到这儿,转眼间就待了八年。

因为地处荒凉的高原,老韩一家人的饭食十分简单,长达七个多月的冬季只有洋葱、土豆和白菜这三样蔬菜,连老韩三岁半的孙女也吃这样简单的饭食,可是万一哪个司机有点高原反应,老韩就赶紧吩咐媳妇煮酸菜面片汤,把家里人都舍不得吃的鸡脯肉下在汤里,喝完汤,额头上密密麻麻出一层细汗,无休止敲打太阳穴的那面小鼓就停了。

喝汤的人就说:"老韩,你要是不在这里干了,我们还怪不习惯的。"

老韩很不能接受这样的赞美,局促地搓着手回答:"一时半会儿离不开的,我舍不得儿子……"

老韩的大儿子已经落葬在离加油站只有一里地的戈壁上,那里有方圆十几里地唯一的一棵红柳树,早被高原上的风吹成了贴地盆景的模样。

儿子的去世是老韩心里无法磨灭的痛。加油站由旧址搬往新址前,同为加油站员工的老韩的儿子前去看守物资,暖气还没有装好,半夜冻得睡不着,不得不烧炭取暖,就这样再也没有起来。老韩的媳妇说,老韩以前从不抽烟,但现在,他想儿子想得受不了时,会带上烟,慢慢走到红柳树下面,在那里抽上一根。

每次,老韩走很远的路去抽烟,一向打扮得粉嘟嘟的小孙女就能感应到爷爷心里的难受,会寸步不离地跟着他。一老一小缓缓走去的背影,让在加油站门口闲聊打趣的司机们都安静下来,近乎肃穆地目送着他们。

在远方,那棵孤独的红柳树悄然站立,枝条在寒风中抖动,犹如火焰一般。

这世上唯一等你的人

□ 刘继荣

母亲真的老了,变得如孩子般缠人,每次打电话来,总是满怀热忱地问我什么时候回家,且不说相隔一千多里路,要转三次车,光是工作、孩子就已经让我分身乏术了,哪里还抽得出时间回家呢?

同样的问题,母亲隔几天就会问一次,她像个不甘心的孩子。碰到我不太忙的时候,母亲会欣喜地向我描述近况:"后院的石榴都开花了,西瓜快熟了,你回来吧。"我为难地说:"那么忙,实在是请不了假!"她急忙说:"你就说妈妈得了癌,只有半年的活头了!"我立刻责怪她胡说,她呵呵地笑了。

这样的问答不停地重复着,我终于不忍心,告诉她下个月一定回去,母亲竟高兴得哽咽起来。可不知怎么,永远都有忙不完的事,每件事都比回家重要。最后,到底没能回去。电话那头的母亲,仿佛没有力气再说一个字,我满怀内疚:"妈,生气了吧?"母亲连忙说:"孩子,我没有生你的气,我知道你忙。"

没过几天,母亲的电话催得越发紧了。她说:"葡萄熟了,梨熟了,快回来吃吧。"我说:"有什么稀罕的,这里满街都是,花十元八元就能吃个够。"母亲不高兴了,我又耐下性子来哄她,"不过,那些东西都是化肥和农药喂大的,哪有你种的好呢。"母亲得意地笑起来。

星期六那天,气温特别高,我不敢出门,开了空调在家里待着。孩子嚷嚷雪糕没了,我只好下楼去买。在暑气蒸熏的街头,我忽然看见了母亲的身影。

看样子她刚下车,胳膊上挎着个篮子,背上背着沉甸甸的袋子,她弯着腰,左躲右闪着,怕别人碰坏她的东西。在拥挤的人流里,母亲每走一步都很吃力。我大声地叫她,她抬起满是热汗的脸,四处寻找,看见我走过来,竟惊喜得说不出话来。

从没有出过远门的母亲,因着我没空回去,她便千里迢迢地赶了过来。我难以想象,她一路上是怎么过来的,我只知道在这世上,凡有母亲的地方就有奇迹。

母亲只住了三天,她心疼我太辛苦,起早贪黑地上班,还要照顾孩子,她干着急却帮不上忙。厨房设施她一样也不敢碰,生怕弄坏了。她自己去订了票,悄悄地一个人走了。

才回去一周,母亲又说想我了,不停地催我回家。我苦笑:"妈,您再耐心一些吧!"第二天,我接到姨妈的电话:"你妈妈病了,你快回来吧。"我急得眼前发黑,泪眼婆娑地奔到车站,赶上了末班车。

一路上,我在心里默默祈祷,我宁愿这是母亲骗我回家的谎言,我希望她好好的。我愿意听她的唠叨,愿意吃她做的饭菜,我以后一定经常抽空回来看她。车子终于到了村口,母亲小跑着过来,满脸的笑。我抱住她,想哭又想笑,责怪道:"你说什么不好,说自己有病,亏你想得出!"

受了责备的母亲,仍然无限地欢喜,她只是想看到我。母亲乐呵呵地忙进忙出,摆了一桌子好吃的东西,等着我的夸奖。我毫不留情地批评:红豆粥煮煳了;水煎包的皮太厚;卤肉太咸……母亲无奈地挠着头。

我知道,一旦我说什么东西好吃,母亲定会逼我吃一大堆,走的时候还要带上。而且,不贬低她,我怎么有机会占领灶台?

我给母亲做饭,跟她聊天,母亲看着我,眼里溢满疼爱。无论我说什么，她都虔诚地半张着嘴，侧着耳朵凝神听，就连午睡，她也坐在床边，笑眯眯地看着我。我问："既然这么疼我，为什么不跟我住呢？"她说："住不惯城里。"

没待几天，我就急着要回去。母亲苦苦央求我再住一天。她说："今早已托人到城里去买菜了，一会儿准能回来，我一定要好好给你做顿饭。"县城离这儿九十多里路，母亲要把所有她认为好吃的东西都弄回来，让我吃下去，她才能心安。

临走那天晚上，母亲精心准备的菜肴终于端上了桌。我不禁诧异——鱼鳞没有刮净、鸡块上残留着细密的鸡毛、香油金针菇里面竟然有头发丝。荤菜素菜，都让人无法下筷。

母亲年轻时那么爱干净，如今老了竟邋遢成这样。母亲见我挑来挑去就是不吃，她无奈地妥协了，送我去坐夜班车。

天很黑，母亲挽着我的胳膊。她说："你走不惯乡下的路。"她陪我上了车，不停地嘱咐我，车子要开了，母亲才下去，衣角还被车门夹住，险些摔倒。我哽咽着，趴在车窗上大叫："妈，妈，你小心些！"她没听清楚，追着车边跑边喊："孩子，我没有生你的气，我知道你忙！"

这一回，母亲仿佛满足了，她竟再没有催过我回家，只是不断地跟我聊些开心的事：家里添了一头很乖的小牛犊；明年开春，她要在院子里种好多花……听着听着，我的心中一片温暖。

年底，我又接到姨妈的电话。她说："你妈妈病了，快回来吧。"我不敢相信，我们前天才通过电话，母亲说自己很好，叫我不要挂念。姨妈不停地催我，半信半疑的我还是回去了，我还买了一大袋母亲爱吃的油糕。

车到村头的时候，我伸长脔子张望着，母亲没来接我，我心里颤颤的，有了不祥的预感。

姨妈告诉我，给我打电话的时候，母亲就已经不在了，她走得很安详。半年前，母亲就被诊断出了癌症，只是她没有告诉任何人，仍和平常一样乐呵呵地忙到闭上眼睛，并且把自己的后事都安排妥当。

姨妈还告诉我，母亲很早就患了眼疾，看东西很费劲。我紧紧地把那袋油糕抱在胸前，一颗心仿佛被人挖走了。

原来，母亲知道自己剩下的日子不多了，才不停地打电话叫我回家，她想再多看我几眼，再跟我多说几句话。

原来，我挑剔着不肯下筷的饭菜，是她在视力模糊的情况下做的，我是多么粗心！我走的那个晚上，她一个人是如何摸索到家，她跌倒了没有，我永远都无从知道了。

母亲啊，我知道您是这世上唯一不会生我气的人，唯一肯永远等着我的人，也就是仗着这份宠爱，我才敢让您等了那么久。可是，母亲啊，我真的有那么忙吗？

等　待

□王长元

哪个生命
不是在光阴中苦苦等待
那份渴望期盼
都将面对
扑朔迷离的未来

风的摇摆
本是呼唤雨的到来
哪承想
飞沙走石之后
天空竟飘过一片
雪白如纱的云彩

山的豪迈
本是对苍松的期待
哪承想
狂风暴雨过后
山谷中竟长出
几朵狗尿苔

人的慷慨
本是对世界的抒怀
哪承想
沧桑一生之后
竟用青烟一缕
当作最后表白

等待——
是世界最大的无奈
如同今天的钥匙
永远无法
将明天的枷锁打开

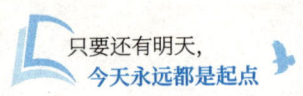

生命摆渡人

□ 黄淑芬

2019年12月16日，对平常人来说，这是一个普通的日子，但对红十字会器官协调员刘源来说，这一天是有意义的日子。因为，这一天，刘源成功地协调了第184例器官捐献者。

已届不惑之年的刘源是北京人。在做器官协调员之前，他是一家医院的肝胆外科医生，每天接触到的都是肝硬化晚期患者、肝癌患者，因为没有等到合适的肝源，患者不得不面临死亡的结局。作为救死扶伤的医生，刘源感到很无奈。刘源清楚地记得，一名苦苦挣扎在死亡边缘的患者，等来了适合移植的肝源，而喜获重生悲喜交加的画面，刘源被这一幕深深震撼。

通过了解，刘源知道中国在2007年就颁布实施了《人体器官移植条例》，中国虽然早就有器官捐献条例，但目前中国器官捐献供需比例仅为1∶30，是全球捐献率最低的国家之一，每年有30万个需要器官移植的病人在苦苦等待重生。这个数字，让刘源吃了一惊。随着中国器官捐献的相关法律法规不断完善，如今，公民逝世后器官捐献是中国器官移植供体的唯一合法来源。所以，这就需要更多的专人来进行器官协调工作。

那些天，刘源一直在思考，与其做一名医生，不如转做一名接力生命的"摆渡人"，让更多的患者得到生命的延续。经过多日的深思熟虑，刘源把辞职报告递交给了科室领导。一个月后，经过专业的培训后，刘源正式上岗。可是，器官协调员的工作看似神圣，却要更多地面对患者家属的白眼和误解。

那天，刘源接到消息，一位外来务工人员，从施工的大楼摔下后重伤，躺在重症病房里等待家属签收死亡通知。

经过充分了解，刘源决定连夜赶往乡下。因为器官捐献需要征得所有直系亲属的同意。奔波千里之后，刘源来到患者的老家，找到了患者的父母。刘源先跟两位老人拉起了家常，气氛融洽后，刘源把老人儿子的情况说了出来。两位老人听后，号啕大哭。

等老人平静后，刘源轻声地对老人说出了捐献器官的事。可是，还没有说完，老人打断他的话："别说了，让我捐出儿子的器官，这是不可能的事。身体发肤，受之父母，不敢毁伤。"老人用浓重的地方口音，斩钉截铁地说出这番话，刘源的第一次捐献器官协调失败了。虽然失败，但刘源并没有过多的沮丧。因为，不仅外人不理解这份职业，连自己的父母也不大理解。

有一次，一位15岁单亲男孩因为脑胶质瘤无法治愈而导致脑死亡。面对痛苦的男孩父亲，刘源不知道该怎样说出"捐献"二字。于是，刘源还是采用老办法——聊天。刘源先是从男孩聊起，一聊到男孩，男孩的父亲就有说不完的话题，他暂时忘记了悲伤。寻个机会，刘源向男孩父亲说到器官捐献的事例上。看着男孩父亲迟疑的眼神，刘源说："把器官捐献出去，不仅可以救活一个人，而且不管在何方，总有一个人在延续他的生命。""是吗？

怎么延续？"于是，刘源从头到尾把捐献器官的成功事例详细地向男孩父亲说了一遍。那天，刘源跟男孩父亲聊了3个多小时。后来二人还去医院附近的小饭馆吃了一顿饭，喝光了一瓶二锅头后，看着哭个不停的男孩父亲，刘源也忍不住跟着哭起来。最后，这位父亲选择捐出孩子的器官，男孩捐出的心脏、肝脏、肾脏、肺脏和角膜，挽救了4个人的生命，还让盲人重获光明。

5年过去，刘源这个与死神赛跑的人，从一个器官协调员的门外汉，成长为生命接力的"摆渡人"。虽然在做器官协调的路上有喜有忧，但刘源从来没有后悔，因为他是患者重生的曙光，让生命与爱生生不息。

布朗太太的房子

□ 王若冰

春天开始的时候，我再次登门拜访布朗太太。

布朗太太来开门时，精神明显比前两次差了不少，她开门见山地对我说："年轻人，我还是无法改变我的想法，房子我不能卖给你。抱歉。"我这一次并没有急着回答她，而是看着布朗太太说："布朗太太，您知道您的这套房子已经50年了，只值50万澳元，可是我上一次已经给到您150万澳元，布朗太太，您今年多大岁数了？"

她很淡然地在沙发上坐下，看着我说："我今年已经85岁了。我明白你的意思，有了这150万澳元，我的余生会过得很轻松。但是，房子是不会卖的，请回去吧！"

去年年初，我在这个区域看上了包括布朗太太家在内的6套老房子，其他几户人家都非常高兴地拿着钱去买新房子了。但是，当我来到布朗太太家时，在这里卡住了。这一次，我是抱着必胜的信心来的。我知道布朗太太无儿无女，布朗先生已经过世多年，她一个人在这世界上孤独度日，生活得并不富裕。

"布朗太太，我知道您对这座房子有感情，毕竟住了这么多年，我可以出价300万澳元，这是我的底线，如果您同意，我们现在就可以签订合同。我甚至还可以帮您找到一套合适的房子，帮您搬家。我保证您会满意的！"我极力地想说服布朗太太。

但是，布朗太太似乎一点不为所动，她扭过头，望向窗外，顺着她的目光望过去，那是一个大大的葡萄架。显然，这一次我又失败而归。

因为再也不能等待下去，我放弃了布朗太太的房子，只能改变建筑计划，决定绕过布朗太太的家，分成两部分来施工。

可是，施工还没有开始，就传来了布朗太太过世的消息。布朗太太的代理律师给我打电话，让我去一趟。律师掏出一封信递给我。信是布朗太太写的，在信中，布朗太太说，她不把房子卖给我，与价格根本没有关系，因为这套房子是她的丈夫亲自盖起来的，她的丈夫布朗先生的骨灰就葬在后院的葡萄架下。布朗太太还说，她死后愿意把房子赠送给我，只希望我能保留后院的葡萄架，并把她的骨灰也一起葬在那里，她就心满意足了。我读完后，内心长久无法平静。我依然按照后来的计划施工，保留了布朗太太完整的家，并且将布朗先生与布朗太太的爱情写出来，将房子免费开放给人们参观。我总在没事的时候，走到后院的葡萄架前，默默地说："布朗先生，布朗太太，愿你们安好！"

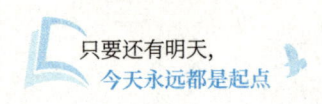

西坡女王

□ 谭幼今

塞内加尔的西坡村庄（Sipo Village）有位现在仍然在位的女王（Queen Sipo），旅客可以通过当地旅行社安排，拜会女王。临行前，通谙英语的土著德麦鲁向我们交代了一些晤面的细节：

"乍见时，女王会吻你左右面颊，这是她的外交礼仪。千万不要单刀直入问她有多少个孩子，因为根据当地风俗，把孩子的数目明确地告诉别人，是会给家族带来厄运的；所以，你只能婉转地问她有几根手杖。"

西坡村位于河的对岸，犹如剪刀般的摩哆船把丰满的河水剪开了，嫩绿的河水里浮着白白的云絮，仿佛还能看到水里游动的鱼儿和漂动的水草。德麦鲁透露，西坡女王的村庄位于政府设定的环境保护区内，河里不许垂钓，林中也不许狩猎。

西坡村只有寥寥116个村民，大部分人住在简陋的干草房里，以养牛养羊、种植花生和小米为生。他们遵守女王定下的律法过活，政府既不干预，也不资助，一切自食其力，自给自足。西坡女王的"宫殿"是一栋泥砖砌成的房子，和平民的干草房相比，算是"奢华"的了。

她衣着鲜丽，橙红色的及地长裙缀以艳黄色和嫩绿色的图案，配着同样花式的头巾，非常耀眼，活像一个调色盘。她可真是热情得超乎想象啊，一见面，便紧紧地抱住了我，吻了左颊又吻右颊，坐下之后，居然又左颊右颊地吻呀吻的，弄得我满脸都是甜蜜的口水。

年近百岁的西坡女王，当年从父王手中继承王位时，是芳华正茂的25岁。迄今，在位已有70多年了。

她是居民不可或缺的"精神指南针"，每天，家家户户有解决不了的问题，都会前来宫殿拜见、求教、求助。西坡女王医术精湛，惯常以植物熬炼的药物为村民治病；此外，高龄的她，至今还在帮助村中的妇女分娩；临盆的女子一看到她，便像服了定心丸。

这时，会客厅里飞进了蚊子，嗡嗡之声不绝于耳。在女王的指示下，随从取来了一团黑色的东西，以火点燃。女王好整以暇地解释道："这是从植物中提炼的，能驱除蚊虫和蛇类。"不旋踵，蚊子果然便销声匿迹了。女王自豪地说道："我们的丛林，既是药房，也是厨房，是个取用不竭的大宝库啊！"

皱纹嚣张地爬满一脸的西坡女王，精神矍铄，声如洪钟，思路清晰。她坦白透露，她保健的秘诀，可用简单的八个字来概括："多餐少吃，多素少荤。"

她每天吃四餐——早餐与下午茶以麦片和羊奶为主，午餐与晚餐则吃鱼和粥。肉类和油脂，绝不沾唇。说着说着，她突然拉起了长裙，说："你瞧。"我仔细地瞧，那是一双看起来无比矫健的腿，出奇地结实，她微笑着说道："我现在仍能健步如飞呢！"

除了饮食的节制外，西坡女王更重视的是精神世界的充实，她说："百姓需要我啊，我每天都有忙不完的事情，哪有余暇生病呢？"

这个小小的西坡村，女王勤政，百姓和谐，尽管生活简陋得连水电供应也没有，但是，人人知足常乐，可以说是人间的"另类乐土"。

第二章 大城小爱

愿成长的脚步可以一路生花，
为父母抵挡岁月的风沙，
将他们护在羽翼下

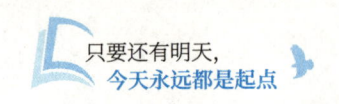

冷暖人间，他是盖世英雄

□夏知凉

盛夏的午后，知了聒噪地叫着。我说想要吃冰激凌的时候，爸爸笑得很难看。我知道，这让他有点犯难，从村里到镇上有两公里的距离，而在37℃的三伏天，想要把一支冰激凌完整地带回来，他需要有超能力。可是看着他皱眉的样子，我突然心情大好，哪怕刚刚经历了一场热感冒。没错，我就是故意刁难他，谁让他说暑假如果我不回妈妈那里，要什么他都给？可是，我想去妈妈那里，我不想窝在乡下这个电视只能看中央一套的地方，我要和娜娜去露营，去海边冲浪，去看新上映的电影，去吃麦辣鸡翅和汉堡……

他跨上自行车走的时候，像一阵风，以至于我忽略了他已经45岁，左腿上还有两颗钢钉。他是跑着回来的，大滴的汗珠从脸上滚滚而下，然后从帆布包里掏出一个保温饭盒，里面装的冰块上放了两支冰激凌。他像个追女生时羞涩的小男生一样，举着饭盒对我说："喏，冰激凌来了。"我接过来时，他又转身跑了出去，我问："你干什么去啊？"他头也没回地说："自行车在半路掉链子了，我去取回来。"那支冰激凌的名字很好听，叫甜甜心奶油雪糕，但奇怪的是，为什么我吃的时候总觉得很苦呢？我抹了一把眼泪，哭着把两支冰激凌吃完了。

读初中时，我的语文成绩很长一段时间都是班上的第一名，作文总是被当作范文张贴。后来，我就会故意做错几道题，将成绩稳定在第二名或第三名。因为我真的不想考第一名，觉得每次在讲台上朗读自己的文章还要酝酿丰富的感情，像个傻子。可是老师不管，非要约我的家长面谈，觉得我有早恋的倾向。

他应召而去，反问老师："为什么要争第一呢？小孩子的成绩能上能下，这很好呀！"老师很痛心地看着我说："你爸说得不对，别听他的。"他说："我觉得所有排序都是相对的，有一天，世界会变得很多元、很美好，那时，大家就不会为考第几名而烦恼了。"语文老师直勾勾地看着他，愣在那里哑口无言。那一刻，我觉得他超级帅，简直就是我的男神。

后来，我问他："世界什么时候多元化啊？"他笑嘻嘻地说："就在不远的未来。"于是，我就一直等那一天的到来，等啊等，却等来了他们离婚的消息。我觉得他骗了我，哪有多元化的世界，只有多元的家庭。说实话，我不太愿意跟妈妈去城市里生活，因为那样我就得离开我的小伙伴。可是，妈妈居然用糖衣炮弹诱惑我，于是，我背叛了他，跟妈妈去了市里，偶尔放假才回来看看他。每次假期结束时，他都会把我送上车，傻兮兮地笑着跟我摆手，然后把头扭过去。

时间如同过山车一般，从我的青春里呼啸而过，大学毕业，我走向社会，开始工作、恋爱……他在电话里跟我说："带回家让我看看呗。"我说："好，过中秋节时就带回去请您把关。"他开心地说："那拉钩，不许反悔，回来我给你们做红烧鱼。"遗憾的是，在他看到自己的准女婿之前，我们就分手了。那天，我在黄浦江边给他打电话，刚接通，我就忍不住哭了起来，说："爸，我想你了……"他慌乱地说："好孩子，没事的，有老爸在，天塌不了！"

第二天，我就买机票回了乡下老家，他骑着自行车去镇上接我，把皮箱放到后座上，用绳子捆好。我说："老爸，我想吃冰激凌了。"他笑了笑，去给我买了一支，拍了拍车横梁说："敢不敢坐上来？"我挑衅地看着他说："您行不行啊？"他不屑地撇撇嘴说："你当我老了啊！"于是，我吃着冰激凌，坐在他前面，时光一下子就回到了我七八岁时的光景，那时，下坡的时候，他大声地喊："坐稳了，要下坡了！"他像个欧洲中世纪的骑士一样，把自行车蹬得飞快，风从我的耳边呼啸而过，路边的白杨树一排排向后倒去。那真的很炫，很拉风，我觉得他就是我心目中的超级英雄。只是上坡的时候，他下来了，满头大汗。他掏出一支烟点上，坐在路边说："累了，歇会儿。"他终究还是老了。我说："您不是答应我不抽烟了吗？"

他咳嗽了两声，笑着说："一个人没意思时就抽两口。"他给我做了最拿手的红烧鱼，非要我陪他喝几杯。我说："喝就喝，谁怕谁？"于是，三杯五盏就喝起来，他抹了一把额头的汗，说："其实，认识你妈前，我也爱过一个姑娘，差点就结婚了，后来因为你爷爷不同意，我们就分开了。"他端起酒杯又喝了一口，继续说："那时想起来就很后悔，怎么不勇敢一点，可是后来我就想，如果我和她结婚的话，就没有你了，你说不上就是谁家的闺女了，那我可不干。"我说："真荣幸当初您抛弃了她。"他尴尬地笑了笑，说："其实，上天就给了两个人那么多的缘分，强求不得，失去未必是坏事，从其他地方会得到更多。"我知道他是在宽慰我，可我还是难过。于是，那天我和他都喝多了。

后来，他突然就病倒了，医生说："治愈的可能性不大，已经病很久了。"他揉着我的头安慰我："人哪有不老的？这辈子有你，我就很知足了。"他走的那天是个下雨天，雷声很响，把我的回忆都震得轰隆隆的。我多希望他的超能力再显神力，可是，超人也会老，超人要去另一个世界救人了。整理他的遗物时，我发现一本相册，里面全是我的照片，从1岁到14岁，每张照片他都在后面认真做了标注——"小公主满月咯。""小宝贝会爬了。""去幼儿园第一天，哭得很难看。""上初中了，祝学习进步。""照顾好自己，爸爸爱你。"……

我就这样翻着，院子里的老自行车孤零零地躺着，那一刻，我仿佛看见他骑着自行车去给我买甜甜心奶油雪糕，像个有超能力的英雄一样，举着饭盒对我说："喏，冰激凌来了。"

我的眼泪再也忍不住，以后这冷暖人间，我要一个人走了。🌱

盲　人

□ 阎连科

我想到了我们村庄那个活了70岁的盲人，每天太阳出来的时候，他都会面对东山，"望"着朝日，自言自语地说出这样一句话来："日光原来是黑色的——倒也好！"

更为奇异的事情是，这位与我同村的盲人，他从年轻时起，就有几个不同的手电筒，每走夜路，都要在手里拿着打开的手电筒，天色愈黑，他手里的手电筒愈长，灯光也愈发明亮。

于是，他在夜晚漆黑的村街上走着时，人们很远就能看见他，便不会撞到他的身上。

而且，在我们与他擦肩而过时，他会用手电筒照着我们前边的道路，让我们顺利地走出很远、很远。

为了感念这位盲人和他手里的灯光，在他去世之后，他的家人和我们村里的人，为他致哀送行时，都给他送了装满电池的各种手电筒。在他入殓的棺材里，几乎全部都是人们送的、可以发光的手电筒。💧

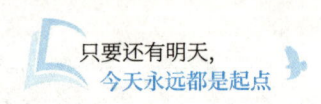

我从来不曾想念你

□张远芳

出国之前，外婆跟我说："你要走那么久，在走之前去和你妈妈说说话吧。"

我说："好。"

舅舅开车送我去墓地，那天恰逢鬼节，来祭奠的人很多，我们找了很久才在离陵园很远的地方找到车位。舅舅先去看他的岳父，我一个人抱着两束花走到我妈的碑前。

旁边的墓碑明显已经有人来过，香炉还未烧尽，黑色的烟灰不知飘向何方。

实话说，我不相信神灵，也不相信往生。我一直觉得，人活着就是活着，死了就是死了。尘归尘，土归土，最终我们都会变成微小的颗粒，进入大自然的下一次循环，我们会变成一棵树，或者一只鸟，我们飘入一条河，我们踏过一片沙漠，我们以后还是宇宙中的一部分，但是我们永远都不会再是我们。

所以，每次祭奠的时候他们边烧纸边喃喃地说着近况，我却永远是沉默不语的那个。

但是那天，我一个人站在那里，盯着我妈那张照片看了很久，我说："我要走了，我要实现梦想了，你会为我开心的，对吧？"

我上高中的时候，我妈像少女一般迷上了看韩剧。甚至到了住院的时候，还没忘记让我把更新的剧发给她。她说："你以后不找个玄彬这样的男人，就别带回家。"

我说："我嫁到哪里就带你去哪里。"

我几乎没有和我妈讨论过爱情，没有跟她讨论过我中学时代暗恋的男生，没有跟她讨论过我幼稚到不值一提的初恋和失恋，没有跟她讨论过我对婚姻的期待，也没有跟她讨论过什么未来。反倒是我妈总安慰我："失恋算个屁，世界那么大，好男人那么多。"我摆摆手说："哎哎，我就想多黏你几年不行啊？"

讽刺的是，我却比别人少了黏着母亲的那么多年。我再也没有机会跟她讨论这些年我遇到的那些男孩，我在十点半无人的地铁上亲了一位英俊的少年，我曾飞到很远的地方去见我喜欢的人，我疯狂地爱过别人，此刻我也被别人小心翼翼地呵护着，我曾因为幼稚的理由和对方争执，我在爱情里遭受挫折，我重新相信爱情……

好像，有点遗憾。

遗憾的事情还有什么呢？如果她还在，我想我在大学毕业后会去一个新的城市开始新的生活，我会教她用微信和淘宝，我会和她一起自拍，这样在微博上晒妈妈的时候也会有我的身影。而当我辞职选择留学的时候一定会第一个告诉她："我要实现我的梦想啦，你一定会为我开心的。"我遇到不顺心的事也许会忍着，也许会冲她大发脾气，我会发伦敦美丽的秋天给她看，也会带着她逛圣诞集市，我会偷偷给她买她最喜欢的包，我会在做饭的时候问她为什么做不出大厨的味道，她一定会唠叨好几年："什么时候才能把份子钱赚回来？"……我们会吵很多架，但最后还会若无其事地和好。

可是除了写这段话之外的其他时间，我从来不去想"如果她还在，我的人生会是怎样的"这种假设性问题。甚至在外婆悄悄抹眼泪的时候我还会不耐烦地讲，人都不在啦，讲那么多有什么用啊？

网上有人问，在亲人去世的一年内他都没怎么哭，是不是他太冷漠。

不是的。

她刚走的时候我根本来不及哭，我忙着应付前来吊唁和试图安慰我的人。当我意识到她不是偶尔消失而是永远不回来的时候，我已经习惯了没有她的日子。

甚至在她生病的时候，我就已经开始对自己进行心理建设了。这听上去冷酷又残忍，但是那时候的我只有二十一岁，除了找各种借口和理由面对这可能即将要面对的现实，我真不知道我还能做什么。医院外面的天空黑黢黢的，没有上帝，也没有超人。

"人没有了母亲，可怎么过得下去啊？"

不是的。

太阳还会升起来，人们还要继续工作，我们还会一天天成熟，看到好看的衣服还是想买下来，依然会有很多很多的快乐，也有很多很多的烦恼。只是，大家像说好了一样避免去谈论和母亲有关的话题。只是，心里那缺掉的一块我不想却也没办法填补了。只是，我认为我已经变成了能照顾好自己的大人，而她却永远永远不会变老了。

这是好事吗？她留给我的，都是她最年轻时的样子。

我刻意不去想她，不去想她讲到我小时候有多聪明时骄傲的样子，不去想她对我发脾气的样子，不去想她后悔对我发脾气而给我塞道歉信的样子，不去想她给我做排骨等着我回家的样子，不去想她看到包包一脸欢喜的样子，不去想她去迪士尼高兴得像个孩子的样子，不去想她在医院一脸抱歉给我添麻烦的样子，不去想她最后安静的像睡着的样子。

她曾经给了我最好的爱，而现在的我只能把她的爱偷偷放在我永远看不到的地方。我也很少梦见她。甚至我梦见过很多我也许一辈子都梦不到的陌生人，我都基本不会梦到她。

只是偶尔，她会在我放松警惕的时候出现在我的脑海里。她站在那里朝我挥手，说："我来看看你，我有点想念你。"

但是，我并不想你来看我。我并不想你站在那么远的地方看我。我并不想你站在我永远追不上你的地方看我。

我现在的生活还不错，这是我在伦敦的第一个秋天。我渐渐开始熟悉家门口的每条路，我渐渐开始有了自己的朋友，我渐渐开始写我的论文，我渐渐开始陷入一段爱情。我偶尔想念家里的奶茶、火锅、家人，还有朋友。我的朋友今天结婚了，我在手机上看了直播，离家万里，我很想念他们，也有点寂寞。

今天的伦敦起风了，深秋好像突然就到了。

地铁里有很多人，我总觉得她就在这里，但是我找了很久，也没找到她的影子。

她现在在哪里呢？我耸了耸肩，打消了这个想法——

她现在在哪里和我又有什么关系？

我又没有很想你。

但是当我回过神，我发现我一直都在想你。

慢一秒

□ 杨仲凯

生活中很常见的场景：下课铃声还没有响，很多学生的书包已经收拾好，铃声一响就开始冲刺，将身体弹出教室；妈妈做好的菜还没来得及放在桌上，甚至刚出锅，一旁焦急的孩子已经把筷子和手伸向半空；5点下班的单位，4点半就找不到人了……

能不能慢一秒再走出教室、再伸出筷子，这是对别人的尊重，也是自己优雅得体的一种表现——也许内心早就按捺不住了，但这个时候比的不是谁更快。而且，着急跑的，有可能跌倒；着急伸筷子的，没准儿会烫了嘴。

人生中有些竞赛比的不是快，而是慢。谁比别人多坚持一秒就赢得尊重。

那些还没下班就跑的成年人，其实是另一种贪吃的孩子。早走那么一会儿，也不见得是有重要的事情要做。

一秒，懂得让利，不辱斯文。

每一个来自父母的包裹都是催泪弹

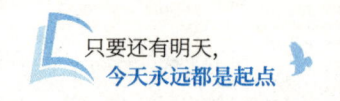

□杨晓阳

拆包裹的时候,她眼前就浮现出父母打包的情形,而来自父母的包裹里,满满的都是儿女的童年。

之前看到一个新闻,感慨颇深。西安的周妈妈带了100个自己蒸的包子去上海看望她的孩子。因为包子超重了,所以她花了将近600元托运了这些包子,最终将包子带到上海,看着孩子吃得香香的。托运费远远超出了包子的价格,但她舍不得扔,因为孩子从小就爱吃周妈妈做的包子啊!

我想起了我的包裹。每年,我都会收到来自故乡的包裹。尤其是冬天,那包裹很大,很重,一层又一层,跨越了万水千山,从黑龙江到江苏。打开来,我就发现,这包裹,实在是一扇可以打开的记忆之门。

最左边装的是分割得整齐的猪肉,用塑料袋装着,冻得硬邦邦的,拿到手还没有解冻,那是一头猪的精华,上好的五花肉,用来做红烧肉、扣肉最好了。他们总是记得我在一个秋冬天,在亲戚婚礼的宴席上,坐在院子里的桌旁吃一片扣肉的样子。那时候,我还小,父母教育我在外吃饭要适可而止,不要多吃。回家我念叨了好几遍,油亮红润的扣肉真好吃,可是只吃了一片。还有好多只煮熟的咸鸭蛋,用带泡泡的塑料膜包裹着。蛋太娇嫩,生怕路上被撞坏了,压碎了。

右边装的是一大包长长直直的土豆粉条和一捆粉丝,它们下面是摆得整整齐齐的六个大饮料瓶,装着满满的酸菜丝。这酸菜是入秋就开始腌的。我故乡的自来水是甜的,绝对可以媲美苏州的泉水,因此腌出来的酸菜格外好吃,天然的脆嫩,酸香。

冬天,在我的故乡,是离不开酸菜的。放学的时候,天早已黑了,我顶着月光回家,打开门,厨房里灯光朦胧,雾气氤氲,腾起的雾气就来自锅中炖着的酸菜。对我们那里的人来说,冬天不吃酸菜炖粉条,哪叫过冬天?腌酸菜是个多大的工程自不必说,更值得一提的是切酸菜。

每片白菜都要从菜帮处片成三层或者四层,然后再切丝,这样切出来的丝才细,口感才好。切完的酸菜丝,要一点点顺着那么细的瓶口用筷子捣着装进去。我能想象得出,装满这六大瓶酸菜要费多少工夫。

猪肉和其他东西放在一起的缝隙也被小东西填满。那些小东西让我笑出了眼泪,或者说,是一看见就流下了眼泪,然后又忍不住笑出来。有好几卷黑加仑糖。我一下子又想起了我的童年。长着红苹果脸一样的我是多么抗拒吃这样的糖,小小圆圆的,上面布满了黑乎乎的小颗粒,我一度怀疑那是在煤堆里打过滚儿才拿来给我吃的。可是后来闭着眼睛吃上了,就一发不可收。还有一个袋子里装着古老的话梅糖、大虾糖、小人酥、高粱饴……话梅糖酸酸的,小时候我一听见货郎的吆喝声,必定央求家人去拿麦子或者黄豆给我换话梅糖吃。他们都说我很有心眼儿,从来不说货郎来了,我总是启发性地说,你们听听,外面是谁在喊什么?那个意思就是,你们要去给我换糖吃啦。

我的一个朋友，提起她父母的包裹，也是和我一样的感受。

她父母的包裹里总是装着来自她故乡的油、米，还有她父母亲手做的卤凤爪、冷吃牛肉、小酥肉，家里的土鸡、草鸡蛋。她是从小吃着这些长大的。邮寄米和油的费用，已经足够她买一包米了。她的妈妈还寄过鞋子给她，奔四的她起初觉得幼稚得不行，后来突然想起这双鞋的样子，像极了她童年时代打着滚儿想要而不得的一双鞋子，只是当时她想要的时候，才穿30码，而现在已经穿38码了。

她说，父母的包裹，都是催泪炸弹。拆包裹的时候，她眼前就浮现出父母打包的情形，而来自父母的包裹里，满满的全都是他们儿女的童年。不管他们走了多远，长到多大，也不管他们的儿女也早已儿女成群，在他们的心里，儿女永远都是记忆深处那个小孩。

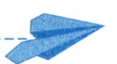

别局限于一口井

□禹正平

岳父住在乡下，那里没有自来水。许多年前，他雇人在屋前打了一口井，为了保持水的清洁和预防农药误入，特意从鱼塘里买了几条三寸来长的金丝鲤鱼担当健康卫士。

鲤鱼刚投入井里那会儿，只要去岳父家，我便去那口井边，观赏那几条漂亮的鲤鱼：它们鼓着褐色的眼睛，摇动着通红的尾巴，载沉载浮，悠闲自得。

一转眼，两年过去了，这些鲤鱼似乎没有什么变化，依旧三寸来长，鼓着褐色的眼睛，摇动红色的尾巴，怡然自得地在井里游玩，让人感叹不已。

第三年秋末，鲤鱼的命运突然发生了转变。一条高速公路从岳父家门口经过，那口井需要填埋。拿到补偿款后，岳父准备将井移到屋后，但由于村里的青壮年都外出打工了，一时无法动工。填埋那天，岳父只好将那几条金丝鲤鱼从井里捞出来，暂时放在屋后的水田里，打算等新井打好后，再放进去。

新井打好，已近年底，我随同周围的村民去水田看岳父捉鱼。当岳父捞出一条金丝鲤鱼时，大家非常吃惊，因为在短短的三个月里，这条鲤鱼长大了一倍。我以为这是特例，但当其他几条鲤鱼也捞出来后，我发现它们同样比原来长大了一倍。

望着这些活蹦乱跳、让人意外的鲤鱼，大家七嘴八舌，议论纷纷。有人说可能水田里有虫子吃，鱼才长这么大；也有人说水田里有一种特别适合鱼食用的草类；还有人说水田的水，含有一种人们未知的有益鱼类生长发育的微量元素。但无论如何，都有一个共同的前提，那就是水田要比水井大得多。

鲤鱼如此，其实，年轻人的成长也是这样，要想使自己长得更快，长得更大，就不要局限于一口小小的井。

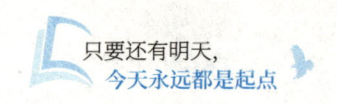

不同情，往往是大智慧

□ 旧时锦

奶奶手里拿着青菜，她将发黄不能吃的菜叶撕下，丢进垃圾桶，又将那棵菜从上到下细细检查一遍，才把它放进洗菜篮。我察觉到她的视力明显衰退了，即便戴着老花镜，她与蔬菜的距离也极近，仍然仿佛一位科学家在观察培育出的新品种。我眼睛有些发酸，不由在心里感叹，岁月催人老啊！

父亲想接手奶奶挑菜的工作，没想到却被奶奶和姑姑同时阻止了。

姑姑悄悄告诉我："之前我也不忍心，可这是她能做的为数不多的事情之一。听说邻居家的老人同样身体不好，全家人都不让她做事，后来老人因为过度肥胖而呼吸困难，病发抢救时浪费了许多宝贵的救命时间。"

我点了点头，转身一看，奶奶还在认真地挑拣青菜，没有怨言，也没有因手脚灵活度下降而急躁发脾气。显然，她很乐意做这些事。

虽然在姑姑的脸上没有读出同情，但我发现，她让奶奶做的事是有意筛选过的。剥水煮蛋或拌一碟凉菜，这些精细的小工作确实能让奶奶适当活动身体。

我了解，姑姑的这种态度传承自奶奶。父亲出生那年，奶奶农村老家的表弟来投奔他们，打算在城里找份工作稳定下来。因为没有固定住所，他就借住在奶奶家。一周后，奶奶开始督促表弟找份工作，并提出如果继续在家里住，每月必须上交部分工资作为生活费。包括爷爷在内的许多人都劝过奶奶，她的表弟初来乍到，对一切还不熟悉，不应对他太严苛，被别的亲戚知道了，会落下不近人情的话柄。可奶奶没有让步，有理有据地反驳："工作就是最快适应新生活的方法。"

现如今，奶奶的这位表弟不仅在城市定居，供三个孩子读完了大学，还见证了儿孙们在其他城市的工作生活。奶奶生病后，他经常提着大包小包来探望，每每谈及往事，他的语气里是满满的感激："要不是姐姐当年催着我上进，我不知道再奋斗多少年，才能站稳脚跟。"

我非常认同奶奶的做法。得到同情，在很多情况下是别人将你同他们区分开来，视作另一群体。

以前我不明白，为什么越是好强的人越喜欢隐藏伤痛，想必答案就在于此，一怕爱他的人牵肠挂肚，二怕别人知道后，被同情的眼神环绕。

多亏奶奶，用行动给我上了一课。高中时为节省时间，我在奶奶家度过了三年。第一年冬天，我得了场重感冒，咳嗽严重到上课都听不清老师讲的内容。

快痊愈时，奶奶说："从今天起，由你负责家里的扫地工作。"

我不解，课业原本就紧张，同学们恨不得睡觉都在学习，为什么我要负责家务？等我真正理解她的想法，已是三年后。打扫帮助我从繁重的学习里抽离出来，放松紧绷的神经，同时锻炼了身体，奶奶是为我着想才想出了这个办法。我换季时不易生病，有足够的精力专注于学习、工作，也是做家务的结果。

所以，"不同情"才是生活最难的博弈之一，不仅要付出真诚的关心，还要思考怎样的行为是真正为对方着想。

肉包和香蕉

□ 睿 雪

　　肉包和香蕉的味道，曾经充斥在我童年中的某一段时光。

　　12岁那年，我生了一场大病，父母带着我四处求医。在省城的一家大医院，病情终于得到确诊，医生建议给我做手术。慌忙为我办理了住院手续后，母亲就离开了。这几个月的奔波已把家里仅有的一点积蓄花去大半，母亲必须回去为我筹集动手术的钱。

　　病房里尽是惨白的颜色，我的心情愈加沉重。大部分时间里，我喜欢静静地坐在病床上，望着窗外发呆。或许是怕惹我心烦，守在我身边的父亲也总是小心翼翼地陪我一起沉默。

　　只有每天清晨，才是父亲最活跃的时候。他总是早早起床，冲出门去，买回4个肉包，当一天的饭菜。肉包是小贩们提来叫卖的，数量有限，很多人抢买。我好奇父亲为什么总要去买肉包，父亲抱怨说医院的饭菜味道太怪，他吃不习惯。我的看法倒与他不同。医院的饭菜里有我从没吃过的豆芽菜，还有一些叫不上名的肉制品，美味可口。所以，每到饭点，我吃饭配菜，父亲吃肉包，配一碗清汤。肉包的味道很浓，经常惹来病房里其他人的小声抱怨，但父亲还是雷打不动地买，雷打不动地吃。

　　过了几天，母亲筹集的钱寄来了。当我被推进手术室的时候，父亲只是紧紧地握住我的手，什么话也没说。但我能感受到，父亲是想鼓励我坚强、别害怕。年幼的我对手术难免恐惧，但我努力对父亲挤出微笑，直到他的身影渐渐离我而去。

　　当我醒来的时候，已经回到病房。父亲趴在我的病床旁睡着了。我刚试着动了下身子，父亲就一个激灵坐起来，怜爱地摸摸我的头，问我想吃点什么。

　　我很想对他说，我想吃李子、桃子或苹果。李子和桃子是常见的水果，我怀念那种味道。而苹果是我很少能吃到的，一直对我充满诱惑力。但话到嘴边成了"我想吃香蕉"。我轻轻地对父亲说。我观察过，医院门口的水果摊上，李子、桃子和苹果的标价都在每斤3元以上，唯一便宜的就是香蕉，每斤1.5元。

　　父亲很乐和地跑了出去，不一会儿就提了一串香蕉进来。虽然我并不爱吃香蕉，但为了帮父亲省点儿钱，此后的20天里，只要父亲问我想吃什么，我都会回答"香蕉"。

　　出院回家后，有一天，母亲要出门买东西，问我们想吃点什么。没想到，我和父亲同时指着对方喊道："只要不给她（他）买香蕉（肉包）就行！"

　　母亲一头雾水，而我和父亲只是相视一笑。是的，只是笑，不必说什么。原来，我和父亲都早已猜透了对方的秘密——我岂会不知道，父亲啃肉包是为了让我能吃医院里的好饭菜；父亲也早就明白，我要香蕉是故意为他省钱。

　　肉包和香蕉，承载着我们这对清贫父女心有灵犀的默契。很多时候，最深沉的爱，往往无须言明，埋于彼此的心底，默默享受，便已足够。

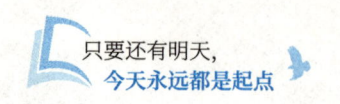

巴掌下的另一种可能

□李 尝

很久之前，考古学家在三文鱼化石上发现了牙齿撕咬的痕迹。也就是说，从有动物开始，就有了揍与被揍，这远远超出了人类的历史。

这跟我的经历何其相似。我从8岁时开始挨打，皮带啊，晾衣架啊，当然最亲切的还是巴掌。这些家伙先后在我的身体上留下了人类进化的印迹。

13岁的时候，为一个小朋友打抱不平，我的脑袋被砖拍了。从此我刻苦锻炼，每餐从一碗饭改为三碗饭。15岁的时候，我终于在这个领域获得了第一次胜利。照这么下去，这就是一部黑帮老大的成长史了。但其实我想聊的是为什么没有成为黑帮老大的故事。

老爸最后一次打我是为了一副小孔眼镜。细小的分歧就不说了，总之，他认为这个东西会对眼睛造成伤害，我认为不会，并且要求他给我买一副。

后来不知怎的，我被甩了一巴掌。那时候的我正是混不吝的时候，像个黑社会那样，我回头瞪了他一眼。对我来说，这是再正常不过的自然反应。老爸却看呆了，他下意识地给了我第二个巴掌。后面这一巴掌和第一个巴掌的意义有所不同，这一巴掌并不是有心打我，而是为了证明打第一个巴掌的时候我给出的反应是错的。他难以相信我竟然瞪了他。

在第二个巴掌还没有落到我脸上之前，我就猜到了这个巴掌的用意，于是我越发来劲，把脖子使劲梗着迎向那个巴掌。其实那就是我用脸砸了他的巴掌，我始终保持着怒目圆睁的表情。我又看见了第三个巴掌，大概和第二个巴掌的含意是一样的……

老爸终于崩溃了，抄起一个杯子，想了又想，还是砸在了地上，砸完还重重地叹了口气。现在回想起来，人类可真是个矛盾体！又要养儿子，养了又要打，打了又要叹气，叹气谁不会啊？唉……

之后的十几天我都住在朋友家，家里人都不知道我在哪儿。说实在的，我一直不知道老爸也会叹气，而且叹得那么长。这回他有可能真慌了，我知道他慌了，因为不停地有同学打电话告诉我："你爸爸今天来我们家找你了。"听到这种崇拜的语气，我那时候觉得自己真牛啊！

后来还是我自己回去的。不清楚我奶奶从哪儿听说我住在同学家，那是一个很偏远的山沟，奶奶走了十几里山路才找到那儿，结果我当然不在。因为天色较晚，奶奶被迫在同学家住了一晚。我听说后立即回去了。下次要是听说我住在山洞里怎么办？

到家后，并没有想象中的狂风暴雨。老爸只是问了句："你回来啦？"然后就沉默了。慌乱中他还给我泡了一杯茶。这番举动，让我差点哭出来。我们那儿的风俗是这样的——晚辈如果做错事，又不好意思道歉，在这种情况下，晚辈给长辈泡一杯茶，如果长辈喝了，那就代表他原谅你了。我慌乱间喝了那杯茶。那一刻，我从前为抵抗爸爸的强权而做出的努力，比如锻炼身体，比如找别的小朋友打架什么的，在这个放着茶叶又热气蒸腾的杯子前显得那么无趣，失去了继续下去的意义。

后来我就变成了现在这样，既有藐视狮子的气概，又有平视蚂蚁的随和。我不但没有成为黑社会，还能有幸跟别人分享教育心得，在这里我首先要感谢我的爸爸和他给我泡的那杯茶。

最动人的情话

□布图克马

我读过很多爱情故事，看过很多爱情诗篇，但我的左耳从来没有真正听过什么好听的情话。这源于我交了一个只会编码打游戏的男朋友。

在文学课上，我读到了叶芝的《当你老了》这首诗，顿时觉得此生有人为我写这样一首诗，就了无遗憾了。回去之后我就问他："以后我老了，满脸皱纹，你还会爱我吗？"他一边激烈地打着游戏，一边很应付地回答说："嗯！""那我长得很不漂亮，身材很不好呢？"他皱了一下眉头，歇斯底里地喊道："你现在就不漂亮，身材不好！走开啊！我快要过关了！"我怒发冲冠，摔了他的键盘。

后来我跟朋友一起追剧时，聊到关于"吃饭吃不到一起的情侣究竟能不能长久"的话题，朋友说她和男朋友在生活中都是各吃各的，朋友喜欢吃酸甜口的菜，而她男朋友喜欢吃咸口的，他们从来不强迫对方跟着自己的习惯走，但如果另一伴遇到好吃的东西，把勺子递过来想跟自己分享的时候，自己也会接过来尝一口，不会扫兴地拒绝。我感动于他们能为彼此咽下那勺自己并不喜欢的菜，我在里面看到了真实的爱。

有一天，我心血来潮问他："你爱吃我给你做的东西吗？"刚一问完，没等他回答，我自己就灰溜溜地走开了。他是个湖南人，喜欢吃变态辣的东西，而我是广东人，我偏好清淡，追求原汁原味。

我也一度因为这个问题觉得我们不合适，两个吃不到一块儿的人，怎样执子之手，与子偕老呢？直到有一次我跟朋友出去旅游，他天天一个人吃饭，刚开始的几天打电话问他吃什么，电话那头他异常兴奋地给我数吃了香辣蟹、辣子鸡等，好像故意让我意识到他平时跟我一起吃饭是真的如同嚼蜡，于是我就没理他，自己玩去了。再过几天他打来电话说他在吃鱼头豆腐汤、瘦肉金针菇烩番茄，末了，还懒懒地添了一句："还买了豆腐花，甜的，少糖。"我捡起已经掉到地上的眼镜，十分惊讶地问："你不是不喜欢吃这些东西吗？""是啊！"他似乎憋足性子回答我说，"可是你爱吃……我今天吃了你爱吃的。"

我半天没说话，不得不说我当时很感动。我记得第二次跟他出去逛街的时候，看到路边有我最喜欢吃的豆腐花卖，我就兴奋地冲过去大声喊道："要两碗豆腐花！"他随后跟过来补充了一句："麻烦，少糖，谢谢。"我瞪大眼睛望着他平淡随意的表情，问他怎么知道我接下来要说这句。他白了我一眼："你自己说不喜欢吃甜的，而且你上次就是这样叫的。"那一刻我就相信他是真的爱我的，爱到可以很随意就说出我的口味，不做作不刻意。

他是个不太会表达爱意的人。从不会把甜言蜜语主动说给我听。但也是他让我明白一个人是不是真的爱你，不在于他对你说了多少次我爱你，不在于送了你多少礼物，更不是他给你发了多少1314元、520元的红包。他从来不会说你是风儿我是沙、爱你一万年之类的话，但我从他那里听到了最动人的情话。

他说："我在吃你最爱吃的东西。"

他说："麻烦，少糖，谢谢。"

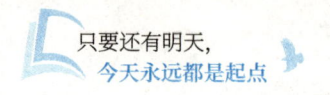

没几个像样的秘密，就称不上父与子

□ 三秋树

在我的记忆里，父亲老周好像是突然闯入我生命的。10岁之前，我一直在妈妈密不透风的爱里，他根本插不上手，也无须插手。可是，他一旦出手，全是大招。

那是上小学三年级时，足球队里来了一个比我高、比我壮许多的霸道男生，今天欺负这个，明天欺负那个。有一天，也终于欺负到了我的头上。从此，踢球成了我的负担。妈妈找那个男生的家长谈了几次，但谈一次，我受伤也就严重一次。

一天晚饭后，妈妈不在家。爸爸带我去操场，速成地教了我几下拳脚，然后对我说："明天中午，你要是敢当着全操场同学的面，主动打那个男孩一次，我就给你买MP4（音乐播放器）。"

"可是，我打不过他。"

"但你可以放大招。"

"什么大招？"我期待地问。

"不管多么疼，都要不屈不挠地反抗，你就当这是游戏最后一关，在打那个大boss（关键人物）。"听了爸爸的话，我内心复杂极了。

他补充说明："不管明天发生什么，你都不可以让任何人知道是我让你去打架的。"

10岁的我失眠了一夜。第二天中午，为了MP4，我豁出去了。我狠狠地揍了那个男生，也狠狠地被他揍了。

我一直死死地盯着他的眼睛，像匹愤怒的小狼一样。后来，他居然被吓跑了。

我的左臂骨折了。见到妈妈时，我夸张地拼命大哭，让她那些批评的话都没说出口。妈妈把我搂在怀里，我看到妈妈背后的爸爸，向我伸出大拇指。

我向他挥了挥受伤的手臂，示意——我长出了一根男人的骨头。然后，晚上，我的枕头下面有了最新款的MP4。这是我与父亲之间的第一个秘密。

初二那年，我的偶像要来大连开演唱会的新闻让我几乎无心向学。可是，妈妈说："真不明白，一个话都说不清楚的人，他的歌有什么可听的。再说了，你一个学生，最重要的就是学习。追星，多耽误事儿啊。"

可是，演唱会的当天，老周破天荒来学校接我放学，带我去看演唱会。那一夜，听完演唱会，他陪我一起赶往我的偶像下榻的酒店求签名。人家房间都熄灯了，我们还守在楼下，望着那窗口。最后，父子俩哼着歌走回家。

面对老妈"你们到底去哪儿了"的询问，他说："在老师家补课补得有点晚，又吃了点夜宵。"这，是我和老周之间的第二个秘密。

高三时，我住校。有一天晚自习，老周来找我，而且是找我陪他喝酒。原来，老周在当天的部门主任竞聘中失败了。翻遍通讯录，最后觉得找我最合适。酒过三巡，老周跟我讲了职场里的各种糟心事。陪老周喝的那顿酒，令我青春期那些叛逆的症状都得到了奇效般的治愈。

我变得勤奋、努力，在别人看来我是高考中的黑马与奇迹，但我知道老周是那个奇迹的生产商。

大学毕业后，我本来可以在中关村成为一个

金领。可是，我选择了创业。创业的日子，我吃了这辈子最多的苦头。

公司办到最后就剩下我自己的时候，我给老周打电话："爸，我坚持不下去了。"

他说："自己选的路，跪着也要走完。"

四天后，我的短信显示我的银行卡里有了50万元的汇款。老周抵押了房产。老妈并不知情。

三年后，我提着人生中的第一桶金回家见老周。我们爷儿俩关起门来，数钱，满眼金星。这是我和老周之间的第N个秘密。

倘若我这一生能活出什么气象来的话，那么，老周就是那个最初谋篇布局的人——是的，父亲的心有多大，儿子的格局就有多大。

父母不欠你一句"对不起"

□李月亮

一个阿姨，跟女儿关系不好，前几天过生日，侄女外甥来了一大帮，唯独女儿不到场。

阿姨挺伤心，说以前家里穷，煮鸡蛋就煮一个，她和老公都舍不得吃，给女儿。后来日子好过点，他们年年带孩子出国旅行。前段时间女儿要换手机，她二话不说给买了个6000多元的，自己用女儿淘汰下来的。可是这么心肝宝贝疼着的独生女，却跟她不亲，结婚后住得远远的，很少回家来，生了儿子也不让她带。

我决定跟她女儿聊聊。第二天，她女儿的电话来了。她说："我妈欠我一个道歉。"原来在她初一时，有次因为小事顶撞了姥爷，她妈当时就狠狠甩了她一耳光。那一耳光的屈辱，她至今记忆犹新。

她说那时自己就明白，原来妈妈更爱的是姥爷，后来她对妈妈怎么都爱不起来了。每次妈妈对她好，她都会想起那个耳光。

她妈从没为那记耳光道过歉，她也一直无法原谅。我从头到尾的感受是：她是个太记仇的人，心里装满了恨，这些恨，让她的心理和人生都变得畸形。

我小时候，邻居家也很穷。有次他家来客人，炖了点排骨，还没端上桌，二儿子就偷偷夹出几块吃了。本来就不多，吃了几块就显得不够数。客人一走，二儿子就被他爸一顿暴揍。我当时看着那个鼻青脸肿的哥哥，心想他一定恨死他爸了。但是，没有。

第二天人家还是坐在他爸自行车后座上去学校，脸上的肿还没消，但手舞足蹈开心得很。

去年回老家，我见了被打的邻居哥哥。说起这桩旧事，他全然不记得。他只记得父母到处打零工赚钱，老爸还给他买过一个篮球。他现在跟父母住一个小区，老爸每天给他接送孩子，老妈每天去给他们一家三口做晚饭。日子过得可美了。

看起来浑然天成的好日子，其实也不是那么简单。换个记仇的人，恐怕是达不成这份和美的。

所有的父母都会犯错。有时会抠门，有时会苛责，有时会情绪失控，有时会顾此失彼。但是，只要他们在你身上倾注了足够的爱，只要他们尽心尽力养育了你，那些错，就不值一提。

人最常犯也最不该犯的错是，记亲人的仇，念坏人的好。你心心念念着父母的错，最终惩罚的，必定是自己。父母子女这一世相逢，是用来相亲相爱，不是相恨相杀的。

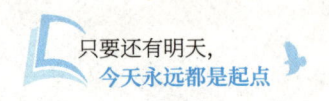

爱在伸手之间

□鲁小莫

他是个作家。每晚7点钟，准时坐在电脑前，一杯咖啡喝下，开始写作。12点钟，写作结束，存文档，关机，洗澡，睡觉。十年了，他的生活就这样一成不变。

他写作的时候，她在别的房间，看电视、做家务。电视的声音调到最低，走路时轻手轻脚，像只轻盈的猫。两人各做各的，如两条平行线。

他写的书她挺爱看。爱情在他的小说里千回百转，她常看得泪盈于睫。有人问过她："生活里的他，是不是很浪漫？"她总忍不住笑。他看起来傻傻的，不是直直地对着电脑，就是埋在一堆书里，要不，就坐在椅子上发呆。

这样想着，她又笑了，起身剥一个橘子，推开书房的门。

他双目炯炯，对着电脑屏幕。她进来，他不看她，却径直伸出手，接过橘子，胡乱地塞进嘴里，继续运指如飞。

她关门出去，想了想，又笑。每次她进去，不管是送一个橘子、一个苹果，还是一杯热气腾腾的菊花茶，他无须看她，就能感受到她的心意，准确地接过来。这样的默契让她满足。

他遇上了麻烦，得了很严重的胃炎。在医院里，医生问清他的生活习惯，严肃地说："把咖啡戒掉，咖啡会加重你的病情。"

可是把喝了十年的咖啡戒掉不是件容易的事。每天晚上一杯咖啡喝下，他仿佛得了工作令，全身的细胞立即各就各位，注意力高度集中，丰富的想象力翩然而至。戒咖啡的日子里，他只觉得头脑像一盆糨糊，稀里糊涂，灵感不翼而飞。

他变得烦躁，像一头暴怒的狮子，又像一只四处乱飞的苍蝇，写作无法进行下去。

他的痛苦她看在眼里。她递给他一杯热咖啡，说："喝吧，不写作，生命还有什么意义？"

"不写作，生命还有什么意义？"这句话让他眼里有了泪水。这个世界上，没有人比她更了解自己。他端着咖啡喝下，思路渐渐清晰，小说又得以继续。

治胃病的日子里，他一边喝咖啡，一边大把大把地吃中成药。药是她一粒一粒数好的。咖啡也一改以往的速溶式，而是由她煮好，送过来。她进书房时，他依然无须看她，无须表示感谢。

半年过去，他的胃病很少发作。有时候他会奇怪，哪种中药的药效那么好？咖啡对胃的刺激并不大嘛！这些想法在他的脑子里只是一闪而过。只要麻烦不找他，他也绝不想麻烦。

又一部长篇小说杀青。此时他的心里，有

着说不出的充实与幸福。那天晚上，他决定不写作，而是回顾一下半年来的写作历程。他端着杯子坐着，对着电脑屏幕发呆。

无意中一低头，他的视线落在手里的杯子上。他一愣：杯子里，是一种淡黄色的液体。他眨眨眼睛，再喝一口，咂咂嘴，有点甜。这哪里是咖啡，分明是苹果汁。咖啡变成苹果汁？他的大脑有瞬间的空白。张张嘴，他喊了她一声。

她过来，看着他惊诧不已的模样，忍不住咯咯地笑了。她说："你喝果汁好几个月了，要不然，你的胃病能这么快就好？"

原来，她给他煮咖啡的过程中，慢慢将咖啡变淡，后来换成茶水，再换成果汁。他在惯性的力量下，一杯"咖啡"下肚，立即开始工作，却不知工作中的发号令，早已换了方式。

他的心，慢慢起了涟漪。他由衷地说："谢谢你！"她笑了，摇摇头："该谢你自己。"

她说："每一次你准确无误地接过杯子，那样默契，那样信赖。是你的爱，让自己顺利戒掉了咖啡。"

他慢慢站起来，紧紧拥住她。最珍贵的爱，往往最朴实，爱在伸手之间。所有那些千回百转的爱情，在他们的爱情面前，都靠边站了。

特殊的情书

□卡 西

明朝名医李时珍不仅医术精湛，而且颇有文才。

有一年，李时珍外出寻访名师，在外面生活了五个月。

在这期间，李时珍的夫人曾经给他写了一封别致的"中药情书"：槟榔一去，已过半夏，岂不当归耶？谁使君子，效寄生草缠绕他枝。令故园芍药花无主矣。妾仰观天南星，下视忍冬藤，盼不见白芷书，茹不尽黄连苦！古诗云：豆蔻不消心上恨，丁香空结雨中愁。奈何！奈何！

在这封情书中，槟榔、半夏、当归、使君子、寄生草、芍药、天南星、忍冬藤、白芷、黄连、豆蔻、丁香都是中药。李时珍的夫人把中药的名字串联起来，表达了自己对夫君李时珍的思念之情。

李时珍看了夫人的情书，感慨万千，心中也油然生出对夫人的思念之情。他立刻回信写道：红娘子一别，桂枝香已涠谢矣！几思菊花茂盛，欲归紫菀。奈常山路远，滑石难行，姑待从容耳！卿勿使急性子，骂我曰苍耳子。明春红花开时，吾与马勃、杜仲结伴返乡。至时有金相赠也。

李时珍情书中的红娘子、桂枝、菊花、紫菀、常山、滑石、从容、急性子、苍耳子、红花、马勃、杜仲也是中药。

李时珍的回信文辞纤巧，语意缠绵，倾吐了夫妻间深切的相思之情。有趣的是，李时珍信中的"红娘子"这种中药与"妻子"双关，非常别致。

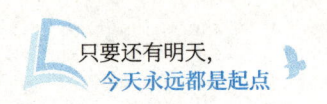

真爱就是体谅你的"不正确"

口 闫 红

我读到高二时，不想再读下去，自作主张退了学，一心要成为一个写作者。难得的是我爸也支持，只是他觉得即便是当作家，还是需要进一步学习，于是到处帮我打听哪里有作家班可以读。

11月中旬，我们听闻复旦有个作家班。此时学期已经过了大半，仍要交整个学期的学费和住宿费，连中间人都觉得不划算。但我爸认为，孩子的成长期不可蹉跎，他第二天就带我启程，乘坐汽车、火车，辗转一天一夜，终于抵达邯郸路上的复旦大学。

我爸先带我去办理入学手续，交了厚厚一沓现金。放下大包小包，我们四处打量，脸上是外乡人显而易见的好奇。然后就看到一个女孩子走进来，她是逆着光走进来的，一进来，整个餐厅都被照亮了。

她身材高挑，打扮得很时髦，最醒目的是脚上的那双靴子，麂皮的，很精巧，钉着漂亮的流苏，跟她白色长毛衣上的流苏呼应。我立即有了某种压迫感，是初来乍到的恓惶，还有对未来的不确定，我开始怀疑自己的选择是否正确，外面的世界很精彩，但外面的世界，我不见得能搞定。

我爸把我安顿好就回去了。他仅留了几十块钱在身上，剩下的都给了我。

我休息了一会儿，就去室友推荐的五角场，那里有很多小店，卖衣服的，卖鞋子的，有贵的，有便宜的，让人眼花缭乱到眩晕。我几乎是手忙脚乱地买了一双靴子，人造革的，穿在脚上也不舒服；但鞋型不错，尖圆头，鞋跟很高，鞋边有一圈同色的铆线，是浓墨重彩的时髦，我太着急想要抓住"时髦"了。

之后的很多天，我都在为这个选择付出代价。那双鞋子是暗处的酷刑，磨脚，不透气，偏偏从教室到我住的南区宿舍又特别远，走起路来总是深一脚浅一脚。上海下了第一场雪后，我的脚更是遭了殃。鞋子开胶，我买了胶水粘上，还是有潮气渗进来，冻疮生出来；夜晚坐在南区的自修室里读书，脚像一块冰冷的石头，回寝室后焐很久也焐不热。

尽管如此，我也不想买第二双鞋，我爸是工薪阶层，在小城挣钱，给我在上海花，非常不易。

然而，就在那个冬天最冷的一天，我收到我爸寄来的包裹，打开来，赫然是一双短靴，柔和的光泽，证明它是牛皮，里面还有一层羊毛。我完全不明白，我那土土的老爸，怎么突然有了这样的好眼光。

这一次，是他咨询了女同事，还是请教了鞋店的老板娘？后来我想，更有可能是，他在店里选了最贵的一双。

那双鞋子温暖了我整个冬天。依然是在深夜的自修室里，当我的脚被温暖包裹，脚趾隔着袜子也能感觉到羊毛柔软的触感时，我那么深切地感觉到自己被深深爱着。

记得我弟上初中时，有一帮小兄弟，他就

像"及时雨"宋江，出手大方，零花钱都用来请大家吃冰棒、吃烧饼了。

我跟我爸抱怨，我爸说："你弟学习成绩不好，现在各方面都不突出，很容易自卑。但他有个优点是慷慨，这也是能帮他成事的。我没有家财万贯给你们，但现在可以给你们一个宽松点的环境。"

被我爸言中，当初看上去很不突出的我弟，现在做影楼培训，手下有上百名员工、几百家加盟店，他说他一路发展过来，就靠着两个词，慷慨和厚道。

我爸因此被老同事奉为育儿楷模，你看，爱就有这么神奇的力量，能让人无师自通地变成教育天才。

奶奶的玉簪子

□王秋珍

奶奶的玉簪子不见了！

那支玉簪子，是当年奶奶的爸爸送给奶奶的妈妈的定情信物，奶奶一直视之如命。

丢了玉簪子，就是丢了奶奶的命。奶奶终日愁眉紧锁。

爷爷帮奶奶找了这头翻了那头。"咱们眼睛花了、记性差了，还是叫儿子找吧。"爷爷想不出别的法子，就几次三番地给父亲打电话。

父亲回家了。见到父亲，奶奶的眼泪唰地下来了。父亲宽慰道："妈，玉簪子会找回来的。"

父亲让奶奶好好回忆，回忆玉簪子没有前，自己去过哪些地方。

父亲跟着奶奶来到了田野。田垄上，奶奶种的扁豆开花了，它们仰着小鸟一样的嘴巴，好像在和奶奶说话。奶奶轻轻地碰了碰它们的小脑袋说："两天不见，又长大了。"

父亲蹲下身，拨弄起扁豆。也许奶奶和扁豆聊天的时候，玉簪子掉了下来。奶奶看着父亲的侧影说："小时候，你不爱吃扁豆，却爱画扁豆花。"

父亲"哦"了一声，直起身来，看着扁豆花，似乎想起了久远的时光。

奶奶又带着父亲来到了老房子。老房子并不住人，但奶奶还是经常要去走走。二楼放着奶奶的织布机。这些年，奶奶并不用它了，可她还是经常要上去擦拭一番。在织布机边上，父亲发现了一个樟木箱子。箱子一尘不染，铜环上还泛着光，显然是有人经常要打开它。玉簪子会不会遗落在里边呢？父亲打开了樟木箱，他的眼睛突然定住了。

他看到了什么？一把已经缺脚的弹弓、一个早已褪色的风车、一沓发黄的小人书，还有很多扁豆花的涂鸦。

奶奶正要开口，父亲抢了先："就是用这把弹弓，我打破了人家的玻璃。是您带我登门道歉，还给人家装上了玻璃。这个风车，是有一次赶会场时看见的，我很喜欢，您就省下了自己的午餐钱……"父亲说着说着，眼睛有些发涩了。

父亲闭了闭眼睛，稳了稳情绪，继续翻找。他的眼睛又一次定住了。

他看到了什么？一支玉簪子！一支剔透的玉簪子！奶奶的玉簪子就这样被父亲找到了。奶奶的精气神全回来了。如今，当奶奶和我讲起这个故事，我总是问："玉簪子怎么会掉到樟木箱子里？为什么以前总也找不到？"奶奶总是笑而不语。

一旁的父亲搔了搔头皮，说："那时，我已经三年没回家了。"

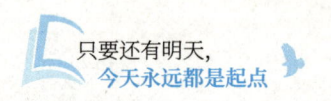

还不清的"账"

□ 程存孝

马蜂窝捅不得，但我就捅过，我和弟弟差点儿没被马蜂蜇死。

十三岁那年夏天的一个中午，我和弟弟跑到前大沟找小鸟，发现不断有马蜂从墙上一个小窟窿眼儿里进进出出。我想，里边一定有很多蜂蜜，便撺掇弟弟一块儿捅了它，解解馋，弟弟说"行"。于是，我们跑回家从头到脚武装起来：我穿上夹袄夹裤，戴上手套，绑紧袖口、裤脚，将一张小筛面箩罩到脸上，再用一条毛围脖将脑袋、箩圈、脖子缠得严严实实，将一块毛毯叠成两层，中间穿了一根绳子，披到身上，系紧；至于弟弟，只打算让他跟我做个伴儿，没打算让他上手。所以，没让他多穿戴什么。两个人"装束"停当，我扛了一把镢头，让他背了把破扫帚，便出发了。

到了那里，担心弟弟被马蜂蜇，让他趴在远处，因为马蜂只往上看。我放心大胆地抡起镢头，照准那个窟窿眼儿就刨。一镢头下去，刨出一个箩头大的圆洞，洞顶吊着一个洗脸盆大小的蜂巢。这时，只见无数只马蜂"嗡"地向我扑来。但我不害怕，心想，我防护得这么严实，怕它咋的？就继续抡起镢头刨。

又刨了一镢头，突然感到浑身像挨千刀万剐！糟糕，马蜂钻进我衣服里来蜇我了，也不知道它们是怎么钻进来的。我本能地扔下镢头就跑，但无数只马蜂就像一团黄烟，将我团团围住，往死里蜇我。

在这生死关头，只见毫无防护的弟弟挥舞着扫帚拼命扑打蜇我的蜂群。

我立即高喊："别管我，你快跑！"但他就是不听，只顾扑打我身上的马蜂，以至于将很多马蜂引到了他身上。一个九岁的孩子瞬间便成了一个活动的"马蜂窝"！

我们跑出百米远之后，蜂群仍然穷追不舍，蜇得我都感觉不到疼了。我穿戴得太厚，也没用，实在跑不动了！索性将围脖、箩子、毯子扔掉，满地打滚儿。

令我惊骇不已的是，弟弟还是只顾朝我身上拍打，打了前胸打后背，我却毫无办法帮他，只有打滚儿的份儿。

事后，我不解地问他："当时叫你跑，你为什么不跑？就不怕蜇死你？"他竟羞得满脸绯红道："哥，你看你说的，谁让你是俺哥呢？"直到现在，我想起他这句话都想掉泪。

待我们丢盔弃甲、灰头土脸跑回家里时，弟弟脸色煞白，"咚"的一声栽倒在地。这可把全家吓蒙了。俺娘撩起弟弟的衣襟惊诧道："是谁打你们了？打得红青黑烂、膀眉肿眼，没个人样了。"在俺娘的再三追问下，我只好嗫嚅着道出了实情。俺爹听后嚷道："你个傻种，马蜂都是吃虫子的，哪来的蜜让你解馋？你弟弟要有个三长两短，看我怎么收拾你！"这时，我只觉得天旋地转，呼吸停滞。奶奶一看大事不好，对俺爹嚷道："还不快去割黄蒿搓，再晚人就没了。"

只见俺爹顺手从墙上取下一把镰刀，跑

到庄下割黄蒿。很快就割了一小捆，把我俩的衣裤脱个精光，抱到炕上，拿黄蒿在我们身上不停地搓，搓了前边搓后边。由于身上肿得厉害，不一会儿，我俩都变成了明晃晃的"绿种人"，活像两个绿色的大塑料娃娃。

为防止搓破皮化脓，俺娘将两大捆黄蒿先用铡草刀铡碎，再用碾子碾成绿糊糊，昼夜摊到我俩身上，不停地更换，往外吸毒。经过十几天的"绿色洗礼"，我俩算是都活过来了，不过，身上都蜕了一层绿皮。

从此，我感到欠下弟弟一笔"账"，也欠下全家一笔"账"，永远也还不清。

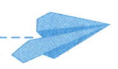

背向大地的爱

□纳兰泽芸

父亲带着7岁的女儿去十里之外的村子走亲戚，下车时阴沉的天色变得越来越黑，雷声伴着狂风隆隆滚过天际。

女儿瑟缩着小小的身子："爸爸，我怕！"他将女儿紧搂在胸前："丹丹不怕。把头埋进爸爸衣服里，闭上眼睛睡觉。"他在对女儿说话的同时，脚下不停地狂奔。

一道雪亮的闪电划过，在闪电的强光里，他看到一个巨大的黑色烟柱飞速移来——龙卷风！他大骇，本能地想要加快脚步。但一刹那，他觉得脚下陡然失去了支撑，身子被一股巨大的力量吸得轻飘飘的。他知道此刻他和女儿都被吸到了高空，几分钟后就要被抛到九霄云外，然后粉身碎骨！

"爸爸，我怕！"紧紧贴着父亲胸膛的女儿颤声叫道。"乖女儿，爸爸在和你做飞的游戏呢，你不是一直想和小鸟一样自由飞翔吗？我们正跟许多小鸟一起飞翔呢。现在紧闭眼睛，我们开始数小鸟……"

他感觉自己像一个面团一样被一只巨手揉来揉去，他什么也不敢想，只是尽力地弓身将女儿更紧地搂住。不知道过了多长时间，他感觉这只巨手的力量渐渐小了，身体也开始慢慢下降，他知道龙卷风风力渐小，开始将吸入的物体抛向地面了。

突然，他感觉自己的背撞到了什么东西，是电缆！他心里滚过一阵狂喜，一瞬间，他一手搂紧女儿，另一只手拼尽力气死死抓住那根电缆！

他就这样单手悬吊着支撑父女两人的重量。天慢慢地变亮了，狂风也小了。渐渐地，他感到手臂发软打战，后背正在滴答流血。最要命的是，睡着的女儿不自觉地放松抱紧父亲的双手。不能再犹豫了，他看到脚底十多米的地方是一块旱地，他搂紧女儿，紧抓电缆的那只手一松，他就成了一个背朝大地面向天空的自由落体。此刻怀里的女儿正在睡梦中甜甜呓语着，他笑了。

父亲保住了性命，多处骨折并重度脑震荡。而女儿，纤毫无伤，睡醒了还天真地对父亲说："爸爸，我看到了好多好多可爱的小鸟，真美呀！"

有人问他："你知不知道，你这次是侥幸从死神手里逃掉，因为这样背对地面从高空摔下，极有可能丢掉性命。"

他憨憨地说："我知道，但如果我不这样背对地面，我的女儿就可能丢掉性命。"

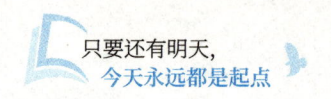

父母这么懂事，你不愧疚吗

□ 周 冲

中午休息的时候，跟同事讨论，中秋节要不要回家。一同事说，她妈妈说要是她嫌远，不想回就不回了。说完，她大赞妈妈开明。而我，看着她的笑脸，不知怎的，忽然想到一个词，叫"懂事"。

大概天底下的父母都太懂事，太为儿女考虑了。想让你回家，又怕你在路上奔波；想见到你，却说回不回都没关系。即便孤独如海，父母首先想到的还是不给你添麻烦。

大学的时候班里开过一场辩论赛。辩论的主题是，父母提出要去养老院，我们到底该不该支持？乍一看，没什么可辩的，因为是父母提出的，既然爸妈愿意，那就送养老院。但是网友的一番话，让我醍醐灌顶。

一位网友分享了他的故事，他跟父母住在同一个城市，父母住在城北，他跟妻子住在城南，工作日网友跟妻子都忙于上班无暇做饭，大多时候靠点外卖解决温饱，平常换下来的衣服也都是攒到周末才洗，母亲偶然一次机会知道后，怕他们两个营养不足，便每天下午坐公交车穿越大半个城市过来给他们做饭、洗衣服，却又赶在网友和妻子到家之前离开，说是害怕打扰他们年轻人的生活，让他们觉得不自在。还留言给网友："吃完饭，碗筷收到水池里，放着明天我去了洗。"

看，我们的父母多懂事啊！他们总是害怕给我们造成困扰，就连付出也是默默的。

在我们向往诗与远方、追求多元生活、琢磨要不要多买一个名牌包的时候，我们的父母，他们对自己的要求，就是不给我们添一丝麻烦。病痛都是能忍则忍，琐事、烦心事更是从来不会讲与我们听。他们忍着，忍着，忍无可忍时，还是忍着……

后来，我渐渐明白，所谓父母子女一场，不过意味着你和他们的缘分就是今生今世不断地目送他们渐行渐远，你站在路的这一端，看着他们渐渐消失在小路转弯的地方，然后，他们用背影默默地告诉你："不必追"。

即便如此，依然抵挡不住他们对我的富养。只要是我想要的，他们都会尽量满足我。上学那会儿，每年开学季都会给我买衣服，他们自己却很少买。妈妈的护肤品从来都是某个便宜牌子，却说我是大姑娘了，给我买昂贵的化妆品。毕业后，她还给我换了最新款的手机。结婚有孩子了，她非要给我带孩子，让我别放弃学习进修，害怕我和社会脱轨。

如果有人问我，这一生，你一想起就心酸的一个细节是什么，我会说，就是去年中秋节回家，见到我妈的第一眼。那一次，我是突然回家的，没跟爸妈说，本来是想给他们一个惊喜的。却不料，一打开门，我没有迎来意料中的惊喜，而是我妈的惊慌失措。她那时正在吃饭，见到我，紧张地把正在吃的饭菜全倒了，一边倒，一边说吃鱼啊肉啊吃腻了，想吃点咸菜。但我打开冰箱，里面空空如也。我的眼泪"唰"地就下来了。那时我才明白，我觉得理所当然的鱼肉俱全，都不是常态，而是父母的精心准备。而我觉得不太可能的简陋，才是他们的生活。

年轻的时候，我们总是想着出人头地，以为那样的生活，才足够精彩。却未曾想到，父母在加速老去，再也等不到那些闪耀的时刻。甚至，在与时间的对战中，他们一点一点败下去，弱下去，老下去。

我们往往只顾冲锋陷阵，攻城略地，却忘记了身后的父母，再也走不动了。他们待在原地等着，一天一天地等着，一年一年地等着。等着我们给予回应，等着我们回家，等着我们说：爸妈，你们辛苦了！

行孝趁此时。再晚，就来不及了。

光阴催人老，暮年唤人归。也许，一不小心，他们就走丢了。而这一次，他们可能永远无法回来……

"U 盘化生存"的西红柿

□宿 亮

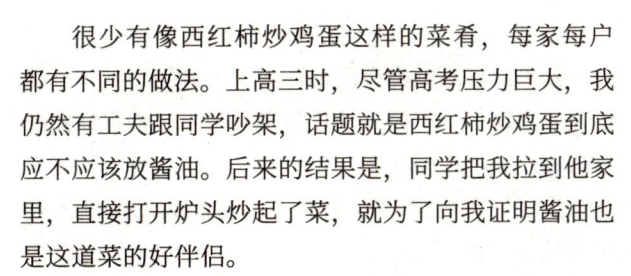

很少有像西红柿炒鸡蛋这样的菜肴，每家每户都有不同的做法。上高三时，尽管高考压力巨大，我仍然有工夫跟同学吵架，话题就是西红柿炒鸡蛋到底应不应该放酱油。后来的结果是，同学把我拉到他家里，直接打开炉头炒起了菜，就为了向我证明酱油也是这道菜的好伴侣。

关于西红柿的另一道"论述题"是，究竟它是水果还是蔬菜？研究植物分类的专家会说，西红柿的种子在体内，所以应该是一种水果；但农艺专家会说，西红柿的果实并不像其他水果那样长在树上，所以应该算是一种蔬菜。对我来说，水果是能捧在手里吃的，蔬菜是能下锅炒的，而西红柿两相宜，应该算是水果和蔬菜中的"双面间谍"。

西红柿的"可咸可淡"充分体现在餐桌上。这种水果/蔬菜是父母们的最爱。没时间做饭时，洗干净可以直接吃；大不了切成薄片铺上白糖，就变成了一道凉菜。这么"敷衍"的菜肴，估计现在很难在饭店里找到了。

西红柿也叫番茄，一听就是舶来品。但即便是在做菜就要用西红柿的欧洲国家，它也算不上历史悠久的食物。16世纪西班牙人入侵美洲时，才发现了这种阿兹特克人种植在安第斯山上的神奇果实。这种果实成功"反向入侵"，席卷了地中海并最终"占领"了欧洲，用300年在全世界繁衍。而南欧也得以拥有各式以西红柿打底的菜肴。欧洲人对西红柿的热爱，不亚于对各色希腊罗马神祇的崇拜。意大利语、法语和英语，都有把西红柿称作"爱情苹果"的说法，而德语更是直接把西红柿称为"天堂里的水果"。

厨师喜欢西红柿，多半是喜欢它在烹饪中充满可能性、可塑性，既可以做主菜，也可以做酱汁；既可以独立"出征"，也可以融汇"千军万马"。前两年，有一个流行词语叫作"U盘化生存"，说的是"自带信息，不装系统，随时插拔，自由协作"的生活方式。这种方式，西红柿早就实现了。这就是鼓励大家，要做像西红柿一样的人。

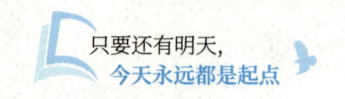

5000只鸟儿说爱你

□汤小小

在去成都旅游的途中,他们乘坐的大巴翻下了高高的山崖,张震昏了过去。醒来后,他发现自己躺在乱石堆里,稍微动一下,一阵钻心的疼痛就袭遍全身。不远处,躺着一个年轻女孩,胳膊上的伤口正不停地往外渗血。他慢慢爬过去,忍痛将女孩扶起来,扯下自己的衣角,帮她把伤口包扎好。绝望和害怕让女孩忍不住哭了起来,他安慰道:"放心吧,只要我能出去,就一定把你带出去。"

这句话让女孩找到了依靠,很快安静下来。更大的考验接踵而至,夜幕降临,两个衣衫单薄的人冷得瑟瑟发抖,只能相互依偎着取暖。尽管张震将女孩紧紧搂在怀里,第二天,她还是发烧了,嘴唇干裂,迷迷糊糊中不停地喊着"水",附近根本没有水源,他也顾不了那么多了,只能用自己的舌头一遍遍地润湿她的嘴唇,他还把自己被露水打湿的衬衣脱下来,覆在她的额头上,帮助降温。

女孩终于挺了过来,此时已是第三天,张震想找点野菜给二人充饥,刚走了几步,剧烈的疼痛让他一个跟头栽在地上,晕了过去。

再醒来时,他已经躺在医院里,他们获救了,因他伤势严重,女孩伤得较轻,所以被送到了不同的医院。此时他才意识到,自己居然忘记问女孩的联系方式了,除了知道她叫王红,家住洛阳,其他,一概不知。

伤好后,张震对王红依然念念不忘,他发现,三天的生死考验,他已经深深地爱上了那个爱哭鼻子的女孩。

于是,张震只身来到洛阳,在报纸上登寻人启事,各个商场店铺寻找,眼看着身上带的钱快用光了,他忽然想到,王红曾经说过,爷爷爱养鸟,家里有好多会说话的鹦鹉呢。对,到花鸟市场去打工,教那些鸟儿喊王红的名字,它们最终会飞往全国各地,等于是自己的一批"特工"。

他很快在一家鸟店里找到一个打杂的活儿,没想到,他给三只八哥修了舌头,很快就死了两只,原来,他不知道要喂它们消炎药。面对老板的愤怒,他只能全额赔偿,而剩下的那一只,就成了他的实验对象,他教它喊"王红",喊对了,就喂它一点东西吃。一周后,当这只八哥想吃东西时,就会一个劲儿地喊"王红,王红"。

这次成功,让他可以同时训练更多的鸟,为了提高效率,他不分昼夜,站在几十个鸟笼中间,不停地喊"王红",不停地给每只鸟儿喂食,常常喊到嗓子嘶哑,双手举得酸痛发软。

为了让鸟儿表达得更清楚,他加大了训话的难度,从单一的"王红"到"王红,我爱你,我是张震"。这样,如果王红正好听到鸟儿说话,就很快明白是怎么回事了,不会感到莫名其妙。

除了驯鸟,张震还利用一切机会寻找王红的下落,慢慢地,整个花鸟市场的人都知道了他和王红的故事,大家深受感动,一有王红的线索,立即来给他通报。兜兜转转,不知不觉过去了一年,可是,除了那些真假难辨的消息,王红仿佛人间蒸发了一样,这让张震寝食难安,无论怎样,不找到王红,他绝不放弃。那天,他正端着鸟食,在一大堆鸟儿中间,不停地说:"王红,我爱你,我是张震!"鸟儿们也一遍遍地重复,声音嘹亮,很是壮观。他消瘦的脸上露出满意的笑容,一回头,却发现一个女孩不知何时站在身后，早已泪流满面。

原来，上次离别后，王红就回了家，家人逼着相亲，她都想办法推掉了，心里一直忘不掉那个体贴懂事的大男孩张震，也曾打过电话寻找，但都毫无消息。那天，她心情郁闷，在院中逗鸟玩，从鸟儿的口中听到了那句让她脸红心跳的表白，她没有想到，张震居然以这样的方式在找她，她既惊喜又心酸，一分钟都没有耽误，立即找了过来。

迄今为止，张震已经辗转了20多个花鸟市场，教会了5000只鸟儿说同样一句话。他的不屈不挠，他对爱永不放弃的虔诚，让本已熄灭的爱情之火重新燃起，两个失散了一年多、险些擦肩而过的人，在一群鸟儿壮观悦耳的表白声中，终于紧紧地抱在一起。

喜欢你，是我这辈子所做的最好的事

□ 佚 名

追星并不是一件多么不光彩的事情，只要他能带给你正向的鼓励，那这件事情就是值得的。

首先，喜欢一个优秀的人，是再正常不过的一件事，你不必过分忧心，你现在所应该思考的是，用什么样的方式继续喜欢他们。

人都说，对某个人，是始于颜值，陷于才华的。人山人海的世界里，闪闪亮着的人排成了天上的银河，而他们能从漫天星辰里脱颖而出，住进你的眼睛里，除了颜值，必定还有别的理由将你的一瞬心动酿成漫长喜欢。而这些理由就是所能激励你的点，你要想一想，为了他们，你将要努力成为怎样的人。

喜欢一个人是要负责任的。你得走，你得跑，你得拼尽毕生的力气去追，你得给他一个看见你，并且回馈这份喜欢的机会。

我有一个很优秀的作者朋友，她喜欢一个大神，喜欢到大神的每一本书她都会买来看，然后安利给所有的人。后来她又做了什么呢？大神练毛笔字，她也练；大神写文，她也写；大神学英语组织了个打卡群，她就坚持每天背100个单词打卡。她从来不敢停下脚步，只是为了哪天能跟大神并肩走上一段路，松松快快地告诉大神，她多么喜欢大神。结果就是，她出书，因缘际会，这本书的作者简介中标出她是大神的铁杆粉丝，大神听说了她，并且表示对她早有印象。后来的后来，大神送她签名书，和她微博互关，经常和她互动，会感谢她的喜欢。她晒朋友圈，觉得被命运之神眷顾，我倒是觉得，是她的努力终于开了花。

其实，好好学习和喜欢他们本来就不矛盾，甚至于你此刻的努力，正是为了有朝一日能同他们一块儿发光发热。

并不是喜欢一个人就得疯狂。但疯狂追星才不是你讲的那样，追堵拦截、挥金如土、茶饭不思全都算不上，最疯狂的就是，你拼着老命，凭着心尖上的热烈喜欢，变成一个闪闪发光的人，然后亲口告诉他，喜欢他是你这辈子所做的最好的事。

那我想，他大概也会告诉你，被你喜欢也是他这辈子所能做到的最好的事。

前路漫漫，努力让自己也变成和你喜欢的明星一样闪闪发亮的人。加油吧！少年。

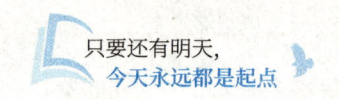

这个男孩曾经被你原谅过一千次

□佚 名

前段时间，网上火了一个话题：打弟弟要趁早。我点进去，发现了十几万名暴躁易怒的姐姐。只看了几条，就感慨得不行了。

朋友L上初中那会儿，攒了半个月的饭钱买了本《红楼梦》，结果被弟弟撕成一页一页，在上面写大字。等她察觉的时候，都撕到贾宝玉出家那一章了。她气得还没说啥，她弟就开始假哭，然后她就把他给打成了真哭。

而且弟弟一般都很缠人，你干什么他都想跟着。有个读者去找男朋友玩，弟弟死活缠着想要一起去，还威胁不带着他就告状。结果一回家，单纯的他就被爸妈套路了。爸妈问弟弟："你跟姐姐去哪儿了呀？"他傻呵呵地咧着大嘴说："和我姐去找一个哥哥了！"

姐弟情深都是短暂的，"互殴"才是长久的，而且再长大一点，弟弟可就学会还手了。而在姐弟这种孽缘里，最神奇的地方就是双标。我可以嫌弃我姐，外人不行；我可以欺负我弟，外人不行。

朋友呢喃虽然打弟弟，但打得更多的，是欺负她弟的人。有小流氓问弟弟要钱，她扔下书包就冲上去了。然后弟弟又哭了，这次是被感动的。还有个朋友，说自己小时候哭着喊着要去学散打，初衷只有俩：一是制止姐姐的暴躁；二是万一姐姐被人欺负了，就帮他姐报仇。

姐弟关系里最有安全感的一句话，可能就是这个了——你就活该被我打。如果一群弟弟聚在一起，那就更好笑了。

有个朋友亲眼见证下面这种幼稚的场景：每个人都在炫耀自己的姐姐。一个弟弟说，我姐是初中生，都是大孩子了；另一个赶紧说，我姐是高中生，懂得可多了，学习可好了。她弟弟年纪最小，插不上话，急得头上都是汗，最后憋出来一句特别自豪的话：我姐长得最好看。

长大之后，大家自然成熟了许多。有个女孩，1992年生人，是长辈眼里的大龄剩女，每次回家都要被家里催着找对象。后来一次回去，发现爸妈异常和蔼。

后来她妈才悄悄跟她说，是她弟严肃地跟爸妈讲了好几天：老姐是学法律的，她啥不知道啊，她找男朋友她心里有数，你们不要管她！就算有了男朋友，弟弟也是你的保护伞。

朋友跟弟弟、男朋友一起去西安玩，收拾完东西已深夜两点多，到酒店就开始睡。男朋友想让她先起来吃个饭，被弟弟义正词严地制止了："哥哥你别动她！你让她好好睡！"后来他们一起去了城墙，她之前骑车摔伤处还没好，弟弟背着她走了很长的路。

在网上看到一位网友和他姐姐的故事非常有趣。一次，网友被姐姐打了一顿，想用离家出走的方式来反抗姐姐的暴力，结果跑出家门不到一百米就害怕了，屁颠屁颠地跑回家跟姐姐和好。

所有的姐弟关系里，似乎都有这样一种"封印"。有个女孩现在想起弟弟，想起的都是15年前，她睡上铺，弟弟睡下铺，两人总有说不完的话，夏天窗台上的老风扇吱呀吱呀响半夜。

搬家后，家里把高低床扔了。结婚后，她又买了高低床，但床板太硬，根本没有小时候跟弟弟一起睡的那张舒服。让人留恋的不是高低床，而是一起度过的童年。那些年，姐弟是彼此最好的玩伴，也给了对方最好的陪伴。

这段经历，让我们见到了好的关系长什么样，也练习了跟人相处的方式：不顺心时，能安心依靠对方；捅娄子后，被对方包容、原谅。这种陪伴很宝贵，每个得到姐弟陪伴的人都成了幸运儿。

如果是家里唯一的孩子，看到别人跟兄弟姐妹打闹，总会觉得他们获得了加倍的温暖。陪自己长大的人留在身边，但被陪伴的感觉，可以传到更远。

是谁爱着你的背影

□ 邓迎雪

这个周末回家，临走时，母亲将我送到门口。

我走了一段，即将拐进小巷时，发现母亲竟然在身后跟了过来。

我催她回去："妈，快回吧，大门敞着呢。"她说："没事，我就站在这路口。"

我知道，母亲是要站在路口看我远去的背影。带着一种温暖的滋味，我走进小巷，再回头看母亲，只见她站在原地，正一动不动地看着我的方向。因为隔着一段距离，我看不清她的表情，但我能感觉到她殷殷期望的眼神里满是留恋不舍。

那个夏天，母亲住在弟弟家。有次我去看她，告别时，她又送到门外。直到我从五楼下到四楼，看不见我的身影，我才听见她关门的声音。

我出了楼，绕过一片绿地，走过小区院子。快走到小区门口时，我偶然间向后望去，忽然被身后的一幕惊呆了——只见弟弟家那个小小的窗框里，母亲正趴在窗口，向我望着，就像一只守在巢里的老鸟，眼巴巴地看着小鸟的远去。看见我回头，她向我不停地挥手，依稀又在说着什么。

那一刻，我心里酸酸的，眼泪不由得落了下来。如果不是我偶然回头，我哪里知道，就在我一路走去的时候，身后会有母亲浓得化不开的目光。

也是从那时起，我才发现母亲是多么痴恋和孩子在一起的时光，哪怕只是渐渐远去的背影，她也想多看几眼，不愿错过。

去年秋天，母亲患病住院。我在医院陪她，午后下起了雨，天色阴暗，母亲催我回去。我收拾好东西，母亲送我上电梯。

很快，电梯从八楼下到一楼。我穿过病房楼大厅，走到院子里，看雨下得不大，我没有打伞。就在这时，电话忽然响了。只听母亲在电话里说："你怎么不打伞呢，快把伞打起来，别冻感冒了。"

原来，母亲又在隔窗望着我的背影。

病房楼的电梯间没有窗户，想望向我出门这个方向，需要出了电梯间，穿过病房长长的走廊。我能想象到，当电梯门关上的一刹那，母亲是怎样拖着行动迟缓的腿，努力加快脚步，快速占领那个窗口，然后透过蒙蒙细雨，努力向外望着，只为看女儿在院子里经过的那一分钟。

雨天里没有打伞，淋湿的是母亲的心。我连忙撑起了伞，在连绵不断的冷雨中一步步走得很稳。我知道身后有双爱我的眼睛，而母亲不知道的是，伞下的我，眼泪早已不知不觉地流了下来。

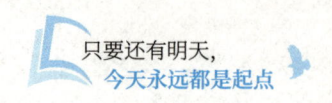

爱是山长水阔，最后是你

□梅 影

过年回家的途中，我时不时接到父亲的电话，询问我走的哪条高速，现在到哪里了。我一边不厌其烦地回答，一边想象他此时的样子——一定正戴着老花镜，站在贴有中国地图的床边，认真地听我报出的地名，然后眼睛在地图上细细地搜寻，手拿着笔飞快地在地图上圈画着。挂了电话，他一定还会站在地图前，再仔细端详一会儿那个画圈的地名，在心里计算那个地方离家的距离。

从我第一次离家开始，他就养成了这样的习惯，没事就站在地图前看一看，算一算，仿佛看着地图，就是守在我的身边，可以亦步亦趋地陪着我，从异乡赶回故乡。

我离开家，尤其是在成年后，他都是用默默地看地图的方式参与我的生活，完成对我的照顾和守护。

那张粗糙又硕大的中国地图，是他在我考上大学那年买下的。彼时，我的偶像是三毛，一心向往着诗意的远方，期待有一天也能四海为家，浪迹天涯。所以填报高考志愿时，我没有和任何人商议，选择学校的标准只有一个——哪里离家远，就报哪里的学校。满满一张表格，从新疆、内蒙古到云南、广东，我处处留情，远走高飞之心路人皆知。

父亲看了我的志愿表，虽然没有赞许，但也没有反对，他很平静地接纳了，只说了一句："只要你通过自己的努力能去到那些地方，我和你妈都没有意见。"然后，他就买来了这张一米五长的地图，挂在了自己的床头。接着，他把我填报的所有城市都标注出来，并分别计算从家到那些地方的距离。那时，他还不需要戴老花镜，看地图上那些密密麻麻的小字，尚不算吃力。

领到录取通知书后，在我准备离家的那段日子，他时常默默地站在地图前，或怔怔地发呆，或若有所思，或怅然若失，我虽然有些轻微的心疼和难过，但并不觉得自己的选择有什么不妥。

离家的日子终于到来了，父亲到底不放心，决定送我去学校。而我也在现实面前心生各种怯意，已无力拒绝他的好意。于是，他一路扛着大包小包，领着我倒了三趟火车，花了两天三夜，终于如期抵达我的大学。

我真正开始揪心地难过，是在送父亲离开时。安顿好一切之后，天色已晚，我想当然地以为他会在当地住一晚，然后至少花一天时间转一转这座被誉为"七朝古都"的城市。可他推说家里事多，执意当晚离开。后来我才知道，他在为我交了学费、住宿费、购置费和生活费后，身上的钱已寥寥无几，仅剩下一点路费。一位被钱所困的父亲，是羞于向女儿说出真相的，天真的我却难以体会他彼时的难过和窘迫。

他坐上由校门口始发开往终点火车站的10路公交车时，街灯四起，把我一脸汹涌而至的泪照耀得无处躲藏。我一边呆呆地伫立在站牌下抹泪，一边看着上了公交车的他，一路趔趄着从前门走到最后，跽坐在一个座位上，隔着车窗看着我。公交车开出去好远，我还能看到他紧贴着车窗的脸，我终于忍不住蹲下身，在马路边哭得像个找不到家的孩子。

很多年后，我都记得父亲贴在车窗上的面孔，他的表情里有巨大的不舍、不安和不忍，流泻了整座陌生的城市。每次想起来，我都忍不住泪流满面。

回到家后的父亲很快给我写了封信，我由此得知，因为没有买到火车票，他当晚并没有离开这座城市，而是在火车站凑合了一夜。在信中，他还很满足地说："10路公交车真不错，绕着一座城晃悠了一圈，所有听来的景，我都一一看到了，心中一点遗憾都没有。"

后来，我外出也爱坐10路公交车，虽然它总是慢吞吞地绕来绕去，虽然我在坐过之后发现所谓的看景，不过是一个仅有大门和围墙的善意谎言，但我还是对它充满难以言尽的感激和依恋。

再后来，等我经历了独自买票、倒车，在售票大厅休息时被人赶来赶去，车厢里人多得双脚几乎不能同时落地……我一步步走过父亲的路后，才逐渐明白，真实的生活，永远都不完全是三毛的文字里所描述的那样绿意盎然，诗意丛生，并金光闪闪。一个人能活成一段轻倩的文字，并觉得岁月静好，不过是因为有人在替你负重前行。

毕业工作后，我做的第一件事，就是省吃俭用攒了一笔钱，请了假带着父亲重游古都。每个他听来的景点，我都提前买了门票，陪他进门参观。虽然他一路抱怨着不划算，一直强调自己已经看过了，但我还是挽着他的胳膊，一次次跨过敞开的大门，一次次看高高的围墙内乏善可陈的风景，并在每个标志性景观前为他拍照。

晚上，我带他去了当地著名的小吃城，给他买了黄焖鱼、鲤鱼焙面、杏仁茶……父亲笑说我买东西的样子像个暴发户，这句话让我感到特别开心和满足。

往事浩荡，伴我一路颠簸。

回家后，看到父亲果然站在地图前，盯着上面的圈圈点点，我马上摆出一副暴发户的表情"教训"他道："给您买的手机和iPad上都有地图，你打开都能看见。"他讪笑着问："那上面能看到你刚离家的时候吗？"

嗯，看不到。

那张贴在他床头近20年的地图，怎么可能轻易被取代？它有遥遥的故事，有脉脉的温情，它是我心中的自由和远方，是父亲心底深埋潜藏的爱与牵挂、守护与尊重。

最浪漫的小事

□ 路　名

小时候爹妈吵架，老爹愤而离家出走。老娘说："别管他，让他走。"一顿饭的工夫，老爹回来了，买回一条鳊鱼、两个番茄、一棵花菜。

不久后又吵，老娘怒道："只有你会出走，我就不会吗？"于是也离家出走。晚饭前她回来了，闪进了我的房间，把一袋什么东西塞进衣柜。"我看这裤子款式挺好的，又打七折，给你爹买了一条。"老娘气呼呼地说，"先藏你这里，别让他看见了，哼！"

那年情人节，下大雪，老爹在学校上晚自修，老娘在家里一个劲儿地念叨，路上滑，你爹性子急，可别摔一跤，门外传来熟悉的脚步声，老娘赶紧使唤我去开门。老爹看见是我，居然有点脸红："满街都在卖玫瑰花，我想那玩意儿不实惠，就给你妈买了串糖葫芦……"

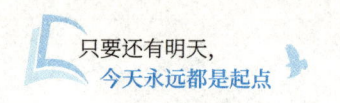

你也温暖了我的青春

□阮文星

许多年前,我在初中当班主任,班里有个男孩,让我十分头痛。他成绩不好,上课除了说话就是睡觉,每天眯着眼睛,一副没有睡醒的样子。下课后,他唯一的快乐就是捉弄女同学,笑嘻嘻的嘴脸惹得班上的女生讨厌极了。

某天上早读,男孩浑身湿透地坐在凳子上,我看着不对劲,连忙带他去办公室,拿了条干净的毛巾给他。我问他为什么会淋成这样,他擦着头上的雨水不说话,我怕他着凉,于是拿出手机想给他父母打电话,将衣服和伞送来。

他忙说家里没伞,让我别打电话了。我当然不相信他的说辞,都什么年代了,哪个人家里会没有伞啊?他紧张地看着我,支支吾吾地说:"家里的伞是烂的。"

少年隐秘的心思被我洞悉,敏感又自尊心强的他,不愿意让别人知道自己的贫困。我劝他:"没有人会笑话你的,但如果不换衣服,你今天可能会感冒。"

男孩的神情更紧张了,有些急迫地说:"不用不用,等一会儿衣服就干了。"

见我仍然要给他父母打电话,男孩哽咽起来,说:"老师,我求你了,不要告诉我父母,我妈妈忙,我爸爸只会喝酒。"

看着男孩颤抖得厉害的瘦弱身子,我实在心疼,便放下手机,问他原因。男孩终于袒露心扉,他的妈妈是一位清洁工,每天早出晚归,工作十分辛苦。他的爸爸年轻时在工厂里做工,因为眼睛烧伤丧失了劳动能力,所以心情郁闷,整日酗酒。我给他递去纸巾,他没有要,只是用校服的袖口擦了擦眼泪。这是我第一次看他哭,少年的自尊心脆弱又坚韧,忍受不了同龄人异样的目光,却可以承受一场冰凉刺骨的大雨。

他父亲来时,脚上穿着一双破旧的运动鞋,身上被雨点淋得几乎湿透,神情是焦灼的。为了保护他的自尊心,父子俩所有的对话都是在办公室进行的,隐忍的少年放声大哭,在父亲面前终于脱下了盔甲,父亲也噙着泪,向孩子保证:他不会再沉沦下去,过几天他就外出找工作,无论如何,要给孩子树立一个好榜样。

父亲走后,男孩向我道谢,眼睛里露出了难得的真诚。

中午休息,踩着风雨,我去校外的小卖部买了一把伞,那把伞是当时最流行的款式,材质结实,方便携带。在教室外安静的角落里,我将那把伞送给了男孩,接过伞的那一刻,他不敢看我的眼睛,但我知道,他很喜欢那把伞。

后来,他写了一篇名叫《一把伞》的作文,其中有一段话是这样的:阮老师把伞递给我的那一刻,我突然觉得我的青春不孤独了。谢谢你!阮老师,你的那把伞,温暖了一个男孩的青春!

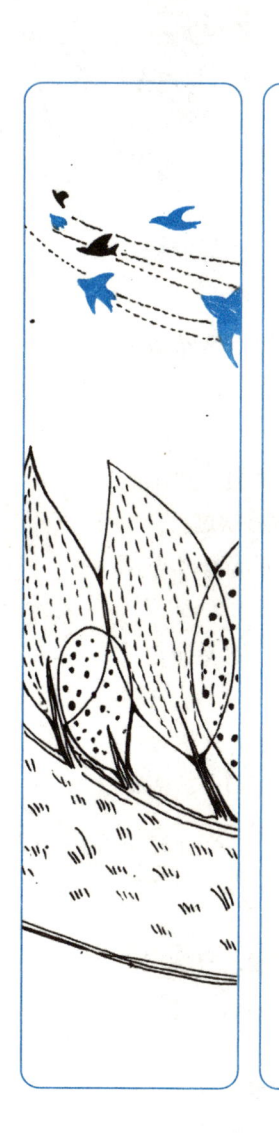

第三章 成长视窗

漫漫修远路,拳拳求索心;
我辈青年,当以青春之火,
发生命之光

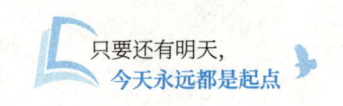

因为喜欢，所以要让自己变得更加优秀

□柒先生

上高中那会儿，我们流行写毕业赠言，班里的一个姑娘给一个男生写：我希望你活得热气腾腾，喜欢的事儿都如愿以偿，欢快地度过每一个人生重要时刻，你一定会长成你喜欢的那种大人。

当时男生没在意，后来有一天，男生搬家收拾东西，发现了那本留言册，重温的时候发现，那是一首藏头诗，他愣住了，因为那个女生他曾在心里深深地喜欢过。

毕业5年后，同学聚会，他们在KTV里唱歌，大家起哄让他们对唱情歌《小酒窝》，唱到最后，男生说，我喜欢你。女生愣了。那是她想要的答案吗？

高中那会儿，女生学习成绩没那么好，为了跟男生考到同一座城市，她参加艺术考试，吃了很多苦，好在最后努力考到跟男生同一座城市。

有人问她，值得吗？她说，因为喜欢而变成一个更好的人，离喜欢的人更近一点，不要问值不值得，要问这些年开心吗？我很开心。每一份喜欢，说出口，或者偷偷留在他身边，到最后，时间都不会辜负这份喜欢。

后来的后来，男孩和女孩没有在一起，也许女孩喜欢的只是青春期，那个特定时间段里的他。随着成长，人的喜欢是会流动的。

人生啊，其实就是不断告别，不断筛选，不断重逢的过程。时间很可爱，它会把你珍惜的东西留到最后呈现给你，让你欣喜万分。运气也好，缘分也罢，对的人，无论走多远的路，最终还是会走到一起。

你会明白，留住一个人，年轻的时候靠喜欢，长大一点，靠自己的优秀。

时间是一直往前走的，我们不能总停在高中时代去喜欢一个人，错过的人有时候是命运的玩笑，有时候是真的不属于你的余生。

你喜欢的人，在某一个时间段喜欢另一个人很正常。高中时，我很喜欢吃学校门口的一家过桥米线，后来毕业，我去上大学，大学毕业开始工作，有一回，路过高中学校，特别想去吃一碗米线，老板还是从前的老板，但是，我已经不喜欢了，米线没有错，我也没有错，没有理由，我甚至后悔那天的执意，如果我没有去吃，在我的高中时代永远有一碗很好吃的过桥米线，可惜，现在没有了。但我此生不后悔，曾陪某人吃过一碗过桥米线。

我现在的爱情观是：不管你的前程里是否有他，你都要努力学习，好好生活，不受他人干扰，让自己变得很优秀，这样才会拥有更美好的人生。

别人家的孩子

□ 金陵小岱

我上初二那年，家旁边开了个火锅店，恰巧火锅店老板的女儿跟我在一所学校读书，我们俩同年级不同班。

当我妈以万分羡慕的表情看着她的时候，我就讨厌上这个姑娘了，我给她起了个外号——"火锅妹"。火锅妹学习很好，还会弹钢琴，性格也非常温柔。这与整个青春期都在不断爆炸的我形成巨大的反差。从此我家也有了个"别人家的孩子"。

我妈开口闭口都在夸火锅妹，在她眼里，我简直一无是处。我决定跟火锅妹交个朋友，我要看看她到底好在哪里。

原本就没什么深仇大恨，况且初次见面，我们俩也很聊得来，于是我跟火锅妹火速成为了闺蜜。我妈很开心，我终于不再跟我的"同类"厮混，开始跟好孩子交朋友了！

某次午休，我在火锅妹的宿舍里玩了下她的手机，被生活老师当场抓获，生活老师让我们俩中的一个人去找自己的班主任来领手机。当时上学不让带手机，我不愿跟班主任开口，火锅妹不敢开口。

现在想来是我自私了，我玩了人家的手机，应该想办法把手机要回来，况且那不是我的手机，我开口会比火锅妹开口容易得多。

我们俩互不相让地僵持着，最终火锅妹没熬过我，自己去跟班主任领手机了。从那以后，我们俩关系就恶化了，为此我妈又跟我闹翻了，青春期的我再叛逆，内心也是脆弱的，我还是渴望得到我妈的肯定。

于是我给火锅妹写了封信求和，但火锅妹收到信后，并没有跟我和好，用一副厌弃的模样看着我。在十四岁的我看来，我是为了妈妈，出卖了一次自己的尊严。

又过了些日子，是全区联考，语文作文的命题是"无法修补的××"，我写了篇《无法修补的友谊》，我跟火锅妹从认识到决裂的过程都写在那篇作文里。那次作文我得了满分，我的作文也被年级里的语文老师拿去当范文在班里讲解，大家都知道我写的就是火锅妹。

火锅妹或许内心有些触动，在走廊里见着，会跟我打个招呼，而我却在写完那篇作文后，忽然间释然了：从今往后，爱谁谁，都跟我没关系。

再后来，火锅妹家的火锅店开不下去了，我们也毕业了，我与火锅妹从此再没见过面，可是青春期的这段记忆却伴随了我好久。

我不得不承认，火锅妹这个"别人家的孩子"在过去的很多年里，都给我带来了巨大的伤害。我的敏感，我的自卑，我的不自信，我的对比心，我的暗自嫉妒，都离不开这段记忆，而火锅妹更是成为往后的很多年里，我跟我妈吵架的导火索与素材。

每当看到"父母的一句话影响了孩子的一生""别人家的孩子会给一个孩子带来多大的伤害"这些亲子网文，我都要发给我妈，我特别希望她说一句："其实你比火锅妹优秀。"

某天撩完我妈，我忽然抱住她："你看你给我带来过伤害，我不记恨你，我青春期跟你对着干，你也别记恨我好不好？"

我想我是真的释然了。

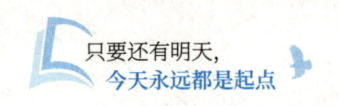

读懂"土豪"老爸的爱

□耶雅忆

我是老爸老妈年逾四十才生的，老来得女的他将我宠上了天。

我从小能上昂贵的兴趣班，周末有车接送，是同学眼中的"富二代"。

女儿还这么小，我怎么能老呢

我知道，阔绰的家境都源自老爸的努力。出生在温州农村的他，16岁外出打拼，头脑灵活，能吃苦，会做生意。在没有"土豪"这个称呼的时候，人们叫他"乡镇企业家"。

老爸做生意也有失败的时候。

记得有一次，他变卖所有家产还债之后，我们全家四口到杭州的城乡接合部租了一间小公寓。老爸一个人打三份工，按时支付我和哥哥私立中学的昂贵学费。

在家人眼中，老爸是一个永远不会被压垮的汉子。他顶天立地、一掷千金的模样让我很有安全感，更有被富养的骄傲感——在家境最拮据的那一年，我过生日时，被老爸带到高档的百货大楼，随意挑喜欢的裙子。

所以，当老爸在几年之后奇迹般东山再起，开厂买房时，我却觉得是顺理成章的事情。可在我读高一那年，老家的工厂不景气，老爸的多项投资失败，他不得不卖掉房子和商铺，用民间借贷、透支信用卡等方式"拆东墙补西墙"。

此时，大学毕业的哥哥已经能够帮老爸打理生意。每次哥哥因为经营理念与他发生争执时，老妈都劝老爸："儿子长大了，你也该退休了。"他却蹙着眉，冷冷地说："女儿还这么小，我怎么能老呢？"

别担心，我有勇气活下去

2014年，老爸60岁，我16岁。花甲之年的老爸没有颐养天年，而是更迫切地想证明自己。

那一年，他接连进行了几项"赌徒"般的投资，甚至包括贷款炒期货股票，赔得血本无归。

在得知老爸再度负债之后，哥哥气势汹汹地冲来，高声责备老爸想钱想疯了。两个男人剑拔弩张地吵，老妈被气得心脏病发作。我从学校赶到医院时，老爸坐在楼道的椅子上。他埋着头，揪自己的头发，深深地叹息。

得知老妈无大碍之后，我默默地陪在老爸的身边。老爸把脸埋在手里，开启了男人式的哭法——压抑，充满克制地，强压音量……

良久，老爸声音低沉地说："我在报纸上看到一则消息，说重庆有家私营企业的老板因为公司倒闭、负债累累想跳楼。家人站在楼下，哀求他不要跳。他纵身跃下之前，大声喊了两句话，第一句是'我对不起你们'，第二句是'这里太冷了，你们快回去吃饭吧'。"

看到我眼中的惶恐，老爸抱住我，冲我笑笑说："别担心，我只是怜悯那个小老板，他那么爱家人，在乎他们冷不冷、饿不饿，却没勇气为他们活下去。"

我拉着他的手，感觉自己忽然长大了。

买，喜欢就买

不久，我家出现"政变"。老爸经过深思熟虑，决定交出财政大权，老爸被迫进入"退休模式"。

哥哥理财有方，看到儿子更能干，老爸打心眼里为他高兴，表面上却丝毫不显。

我17岁生日前夕，哥哥和嫂子把一笔钱打到老爸的卡里。老爸高兴地开车载我和妈妈去百货商场，让我们随心所欲地刷卡。他充满霸气地说："买，喜欢就买！"

那场景，让我回到小时候。哪怕家里债台高筑，晚饭是薄粥小菜，我也能因一条裙子觉得自己是最尊贵的公主。老爸用他不分昼夜的勤劳，保证我们在家道中落时也不曾感到薄凉……

看着满头银发的老爸，我明白为什么他不愿退休，而是整天忙碌。他用一掷千金，博得所爱的人一笑。这种不张扬、不需言辞的方式，是天下所有好男人表达爱的方式吧！

哥哥悄悄告诉我，说老爸在积攒给我读大学的钱，甚至连读硕士、博士的费用和未来的嫁妆都想到了。

哥哥还给我发了一条微信，微信内容是一首诗："他们仍旧是老爸，再残破的手掌也要抚摸儿女，再脆弱的胸膛也要庇护家人……"

那一刻，我发现哥哥很爱老爸。即使他们经常吵架，从不表达爱，却仍心心相通。

你的"土豪"老爸又来了

我读大学之后，小侄子出生了。"隔代亲"的力量，让老爸这颗不服老的心安静下来。

他白天泡茶、晒太阳。晚上，他经常一边用手机浏览"浙商"微信圈，一边给孙子唱儿歌。老爸用苍老的声音，一遍遍地唱那首我小时候他教我的儿歌："小老鼠，上灯台，上得去下不来……"听着听着，我的眼眶红了。在日复一日的给予与慷慨中，老爸成了那只"下不来"的老鼠，有些苍凉，有些不甘于老，有些猝不及防的狼狈……

每个周末，老爸都开车去接我回家。不少同学会跟我开玩笑说："你的'土豪'老爸又来了！"

我一度很"敏感"于老爸苍老的面孔与略微佝偻的身材，还有充满乡镇企业家品位的衣着，巴不得他不要出现在校门口。

渐渐读懂老爸的爱之后，我不再以他为耻。老师在经济课上说，有很多像我老爸这样的创业者，他们打拼一辈子，辉煌一阵又落于尘埃，他们没文化、农民出身、艰苦奋斗，一心想成为"土豪"。

我却认为老爸的"豪情"，不在于他能赚钱，而在于他能始终给家人一份绵密的幸福。

热爱的厚度

□ 玖 玖

有两位年轻的设计师曾慕名拜访时装之父查理·沃斯，他们想知道查理取得如此成就的原因。查理的回答很简单——因为热爱。青年不解，继续问："我们也很热爱服装设计，为什么一直没有进步呢？"查理想了想说："你们量过热爱的厚度吗？"青年不解地问："热爱还有厚度？"查理将青年带到自己的设计室，拿出尺子量了量那堆得高高的设计草稿。两位青年瞠目结舌，那草稿足足有五米高，这便是查理"热爱的厚度"。

查理·沃斯告诉年轻人，热爱其实不是一个模糊的概念，它是有薄厚之分的。"书圣"王羲之也说过，热爱有深浅之别。王羲之年少时迷恋书法，天天临池书写，用池水洗砚台，久而久之，池水变成深黑色的，墨池由此得名。正是热爱，让这一池水的颜色由浅变深。

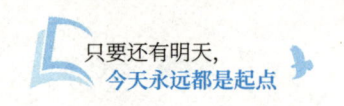

一封"托管"五年的情书

□陈修平

多年前,我曾在一所中学带高三的语文课兼班主任。

一天早读,我发现一个叫黄家强的男生没读书,而是躲在书堆后面不知在写着啥。凭着多年的教学经验,我知道黄家强心中一定有鬼!

我紧盯住他,并迅速朝他走去。到他身旁时,他慌忙把一张信笺往书底下藏,但为时已晚,我伸手过去一掏,信笺就到了我手里。这是一张缀有精美图案的信笺,几行文字立即跃入我的眼帘。看着这还没来得及写上约会时间、地点和署名的情书,我知道,一项难办的思想工作急需我去做好。

不少同学睁着好奇的双眼,齐刷刷地转向我和黄家强……不过,我却当作没事一样,将信笺放进口袋,并让同学们继续早读。

早读后,我把黄家强叫到我的宿舍。面对我审视的目光,他的脸一直红到了耳根。我注视着这个来自农村的大男孩,并没有责骂他,而是把认真考虑后的措辞端了出来。

"家强,爱是没有错的。只是你还不到时候,应集中精力学习!"我尽量把语调放得平和一些。

"老师,我想认真读书,但静不下心来,老是走神……"他怯生生地说。

我望着他的眼睛,除了羞涩以外,我还读出了几许青少年特有的迷惘和忧郁。

"家强,你为什么要读高中?"

"当然是考大学!"

"这就对了。既然立志上大学,就应排除杂念,潜心攻读。要知道,高考可是被喻为千军万马挤独木桥!你们还小,还不适合谈恋爱。舒琴同学学习非常认真,很明显她志在上好大学。在学校,成绩优秀的男生才是女孩心目中的英雄,而你目前成绩并不冒尖!就算我允许你发出这封信,你觉得能成功吗?"

看着他若有所思的表情,我继续道:"既然你立志上大学,就应把这份情感珍藏于心中,让它成为动力!"他用力地点着头:"老师,请把字条给我,我马上撕掉!""不用撕,我帮你收藏好,等到恰当的时机,我再完好无损地交还给你!"我怕他不放心,又加了一句,"你放心,这件事暂时只是我们两人的秘密,你相信老师吗?""嗯!"他再次使劲地点着头。

我把黄家强这封未发出的情书郑重地锁在一个抽屉里。以后的日子,黄家强像换了一个人勤奋学习……一年后,黄家强考上了重点大学。收到通知书后,他到学校来看我,我告知舒琴和他被同一所大学录取了,询问他要不要把那封情书拿走。他果断地拒绝了,"现在还不是时候,我想考研!"

大学四年转眼就过去了。大学毕业那年暑假,黄家强专程来学校看我,告知他已考上本校的研究生。言语中,我看到他流露出来的快乐。我打开抽屉,取出那封已"托管"五年的情书,郑重地放在黄家强的手中,笑着说:"家强,现在,你可以发给你心爱的姑娘啦!"

黄家强捧着这封昔日的情书,静默了片刻,像在回味这五年来走过的路,又似在想象将与舒琴约会的情景……

在秦朝考"驾驶证"需要几步

□孙琬璐

在现代社会,一个人但凡开车上路,必备机动车驾驶证。在古代,人们多骑马,那么骑马需要"驾马证"吗?

在正式骑马上路之前,古人也得按照规定和章程拿到"驾马证",而且一点也不比现在考驾照轻松。"驾马证"的由来可以追溯到秦朝。秦朝《除吏律》中记载,如果一个人连续四次没有考到驾马的证件,就要被罚做一定的徭役。当然,这是针对在战场上保家卫国、浴血奋战的骑兵而言的,如果他们的驾驶技术不达标,会直接影响战局的走向。但是,你也不要以为普通百姓考"驾马证"能轻松多少,百姓"驾马证"考试的流程、内容、标准与骑兵的是一样的,只是少了些限制而已。

在唐朝,除了"驾马证",还有"牛车证""驴车证"等,考试的要求也更加严格。《唐律》中提到,驾驶员必须持证上岗。此外,拥有上述"驾驶证"的人必须在官府备案。在有运输需求时,雇主只能聘用这些人。值得一提的是,这种方式不但为政府解决了部分收支问题,而且降低了交通事故发生的概率。

不过,大家也不要过于高看这些"驾驶证"。虽然当时拥有"驾驶证"的人少之又少,在一定程度上算是美差一件——既有稳定的收入来源,又可获取一定的社会信赖与尊重——可是一旦出了问题,真正担责任的就是驾驶人员。尤其是那些给达官贵族干活的驾驶人员,如果哪天自己的雇主心血来潮做了什么愚昧之事,比如两家雇主想在街头搞一场对飙赛,出事后挨处分的人还是驾驶人员。所以,唐朝的"驾驶证"可以说是一个有效的问责机制,以此约束驾驶人员,使其遵守交通规则。

下面,我们以秦朝的"驾马证"考试为例,看看考"驾驶证"要考几个科目。

科目一俗称"马脖子系铃铛"。考试时,考官让考生驾马跑起来,马脖子上铃铛发出声音的节拍必须和马蹄的保持一致。

科目二有点像现在考的曲线行驶,俗称"S弯"。考试时,考生驾马沿着蜿蜒曲折的河道奔跑,且不能让马蹄沾水,就像现代人考"S弯"时,车辙辘不能碰到线一样。

科目三俗称"直线行驶"。它与现代的直线行驶基本吻合,就是让考生驾马沿着操场的旗杆奔跑,且不能触杆。

科目四是上路实践操作。多辆马车交叉行驶,且彼此之间不能有任何触碰或剐蹭。当然,不要以为考过了这四项就可以顺利拿到"驾马证",还有终极考试等着你。

这便是科目五,俗称"射杀野兽"。考生要驾马把野兽驱赶到指定区域,并顺利将其射杀。看来古人考"驾驶证",还得附加考个"猎杀证"。

古人考"驾马证"并不容易。因为驾驭的牲畜具有不稳定性,容易受惊,所以驾驶畜力车上路,既要遵守交通规则,又要保证行人和车辆的安全,可谓难上加难。

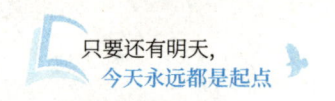

情绪垃圾桶

□范潇宇

物理学上有个很有趣的现象,当电荷遇到与自己不相熟的异种电荷时,会难得地收敛起自己的坏脾气,忍耐着对方的百般靠近。然而,对自己最亲近的同类,电荷往往会不遗余力地将对方推开,骨子里的狠厉完全不加掩饰,仿佛早已预料到对方不会还手一样。

换作人类也是如此。留心观察,你会发现,当面对自己最亲近的人时,譬如父母和伴侣,人们往往会处于松弛状态。在他们面前,我们几乎不会有偶像包袱,因为我们最坏的一面,早已有意或无意地在对方面前展现过了。由于爱的维系,即便知道我们并不像表面那么光鲜亮丽,他们仍然不会弃我们而去。于是乎,出于心理上的惯性和依赖,人们会越发恃宠而骄、肆无忌惮,甚至把最亲近的人当作自己情绪的垃圾桶。

我做过的最后悔的事,就是将满身的刺扎向自己的母亲。一遇到父母,我的情绪就像是饱胀的皮球,哪怕是吃饭这种小事,都能引发爆炸。

记得那次考试失利,我将自己反锁在房间里,即便到了饭点儿也不肯挪窝。母亲跑来敲门,温和的呼唤声却换来了我不耐烦的吼叫,仿佛只有八抬大轿、十里红妆,才配迎我出门吃饭。即便被我吼了,母亲也没有生气,仍然耐着性子唤我。她孜孜不倦的呼唤声竟让我涌出一种诡异的满足感,仿佛只有这样,才能证明我没有那么差劲,我是被爱着的。得益于这点儿满足感,我大发慈悲地顺了她的意,开门去吃饭了。

母亲端着刚出锅的辣椒炒肉从厨房出来,饭菜的香气在鼻尖蔓延,然而母亲脸上挂着的笑深深刺痛了我。一瞬间,我心理扭曲极了:没看出来我很难过吗?我都这么难过了,你怎么还笑得出来?心中的郁气横冲直撞,似要将我整个吞噬。无处发泄的我便没事找事,冲着饭桌上的辣椒炒肉挑刺。有种自己淋了雨,也要将他人的伞撕烂的报复心理。

我挑起一块儿肉,却并不急着放进嘴里,反而挑着它左看右看,仿佛在观察昂贵的拍卖品有没有瑕疵。一番观察过后,总算让我抓住了小辫子——一粒罪恶的辣椒籽牢牢地粘在了肉上面。我啪地放下筷子,抱怨声脱口而出:"咦,你怎么没把辣椒籽剔干净啊?你不知道我牙口不好,吃辣椒籽容易卡牙吗?"说着便仰躺到沙发上,与那盘菜拉开距离,大有与其僵持到底的意思。

母亲见状,立马把那粒辣椒籽挑掉,冲我赔笑着:"好了,妈妈把它挑走了,不碍事的,快吃饭吧。"但是关于这场由我单方面发起的战事,我是不可能随随便便就偃旗息鼓的,好像不闹出什么名堂,就显得我很没面子一样。我不依不饶道:"哪有,我都看到了,一碗的辣椒籽,挑都挑不过来,我不吃了。"说罢,作势要回房间里去。至于辣椒籽有没有多到这种程度,其实我自己也不知道。我能这么脸不红心不跳地扯谎,是因为我清楚地知道,我是母亲的软肋,并且卑鄙地利用了这一点怼得母亲哑口无言。

母亲无措地拉住我,苦口婆心道:"不吃饭怎么能行?乖,吃一点吧,不吃饭身体会受不住的。"母亲不自觉地拽着衣服,关切地看着我欲言又止,仿佛无缘无故被批评的小孩子。事实上，她的确没有做错什么，这一切对她来说如同飞来横祸。大概是情绪已经得到发泄，又或许是我良心未泯，看着她可怜的面容，我的负罪感姗姗来迟。我决定原谅她没剔辣椒籽的疏忽，只需她再好声好气地劝我几句，我便会顺着她给的梯子往下爬。可事情没有向我预料的发展。母亲的眼睛亮了下，像是突然想到了什么好主意："不喜欢吃我做的，那我出去给你买好不好？就去你最爱吃的那家店。"说罢，她不等我回应便拿起钥匙出了门，好像生怕再收到我的拒绝。

这下，空旷的屋子里只剩下我一个人，负罪感慢慢地将我包围。桌子上的那盘辣椒炒肉已经慢慢凉掉，可被我泼了冷水的，又何止这盘菜！我又想起母亲临走前那副可怜兮兮的模样，感觉心里酸酸涩涩的不是滋味儿。客厅的钟嗒嗒地走动着，一下一下凌迟着我的心。我在心里唾骂了自己一句，觉得无颜面对自己的母亲。

一分一秒都仿佛被无限拉长，焦急的等待过后，母亲终于回来了。大冬天这么平白无故地跑一遭，她的脸颊和耳朵冻得通红。看到我，她像是拿着战利品讨夸赞的士兵一般，把饭盒放到我眼前。我再也抑制不住，眼泪破闸而出，我将头埋在她怀里，哽咽着连连道歉。母亲慈爱地拍了拍我的背，开口道："好孩子，别哭了，妈知道你压力大。"她像是宽阔的海，总能包容我的任性，我暗暗发誓：再也不把负面情绪发泄到亲近的人身上。

读到这里，不妨花几分钟回忆一下，你有过把亲近的人当情绪垃圾桶的经历吗？其实排解情绪的方法有很多，大多时候，直白地说出来会让自己好受很多。只要你愿意，我们最亲近的人会是很好的倾听者。千万不要像我这样，当个闷葫芦什么也不肯说，然后随意地把情绪发泄到他人身上。这样只会让彼此的心凉掉，害人害己。

亮给我们亲近之人的，应该是软乎乎的肚皮，而不是浑身的尖刺。

战马不能总转圈

□齐欣远

俗话说，栽什么树苗结什么果，撒什么种子开什么花。在鸡窝里圈养的鸟，很难想象会成为搏击长空的雄鹰；在温室里栽培的花，别想它会有一天迎击风暴。

西方有一个国家从来没有马，国王便派人买来500匹战马。但这个国家很久没有战事，国王想："养这么多马，耗费那么多草料却派不上用场。"他便命令养马的把马带到磨坊干活。结果，当战争来临，把战马全部带到战场上，抽打战马，想要冲锋时，马却只是原地转圈。

战马本要在战场上驰骋，平时也应该按战场上的需要训练。但贪图眼前小利的国王把战马当驴使，在磨坊的劳累中磨灭了战马的本性，关键时刻，当然会功能错位。

故事的寓意是深刻的。我们天天想着成为社会栋梁，却在家里心安理得地享受老人的伺候，过着衣来伸手、饭来张口的生活。目标是做人民的公仆，却按皇帝的标准来培养，这种培养目标和培养科目的脱节，在我们的生活中比比皆是。

想想都出冷汗。赶快振作起来，自己的事情自己干，决不做只会原地转圈的战马。

只要还有明天，
今天永远都是起点

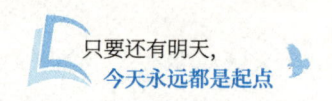

大学，是一场最精彩的"变形"记

□ 林夏萨摩

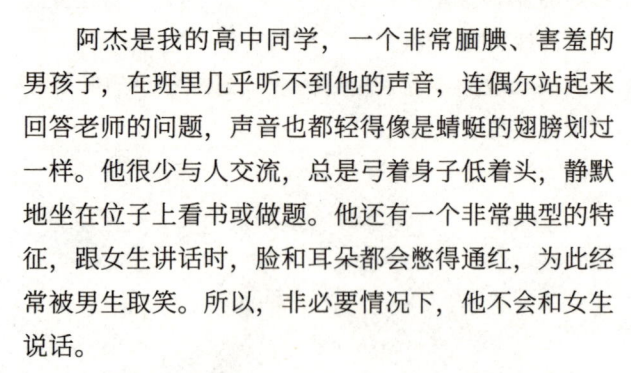

阿杰是我的高中同学，一个非常腼腆、害羞的男孩子，在班里几乎听不到他的声音，连偶尔站起来回答老师的问题，声音也都轻得像是蜻蜓的翅膀划过一样。他很少与人交流，总是弓着身子低着头，静默地坐在位子上看书或做题。他还有一个非常典型的特征，跟女生讲话时，脸和耳朵都会憋得通红，为此经常被男生取笑。所以，非必要情况下，他不会和女生说话。

高中毕业后，我们上了不同的大学，没有联络过。

直到大三那年夏天，参加一个朋友的生日派对，我们才又碰面。当时我老远就听见一个自信洪亮的声音在人群中高谈阔论，心想这是哪个老同学，走近一看发现竟然是阿杰，当时我就惊呆了。他整个人的精气神完全不一样了，重点是，他不仅性格变得爽朗了，连外表都"升级换代"了。以前他穿的衣服总是一股子浓烈的老坛酸菜气息，现在，那身打扮堪比时尚杂志经典搭配。

等到人群散去，我才跑过去调侃他，说："你现在跟以前完全不一样了，简直是脱胎换骨。看来大学把你改造得挺好啊！"

阿杰的脸上划过一个笑容，回应道："是啊！其实第一个学期我还是那个闷瓜，跟同寝室的男生也极少交流。后来，越发觉得自己人际交往是硬伤，于是报名参加了很多需要经常露脸以及与人沟通的社团，比如演讲辩论协会、学生会等，一年多下来，终于把自己孤僻、沉闷、不合群的标签摘掉了。"

另外一个女生佳佳，我们大学时住在同一栋女生楼，彼此并不熟络，我对她的了解也仅限于名字、专业和班级，倒是经常看见她披着长发、背着双肩包、骑着自行车，行色匆匆地穿梭在校园里，所以印象很深。

去年8月，在北京工作的大学同学谭出差经过上海，我请她吃饭，一起八卦当年同届、如今混得风生水起的几个人物时，谭跟我讲了佳佳的故事。

佳佳本科毕业后，以优异的成绩去了美国宾夕法尼亚大学攻读教育学硕士，研二时和宾大的一名博士，联合创办了一个与海外资源全面对接的在线留学申请平台，帮学生量身定制绝佳的留学方案，很受国内学生的欢迎。她还亲自主编了听力和口语的英语教材，口碑极好，很快拥有一批忠实粉丝。宾大毕业回国后很快创立了第二家公司，目前人在杭州，正在带领团队创建一款智能英语口语学习App。

谭跟我说："感觉刚进大学时大家在同一起跑线上，没想到短短几年时间，佳佳已经远远地把我们甩在身后了。如今，我们只是苦哈哈的小白领，每个月拿四位数的薪水勉强够花，人家却已经是名校海归学霸、'90后'CEO和美女老板了。你说差距怎么这么大，她是怎么做到的？"

我一口咽下了嘴里正在嚼的东西，非常不合时宜地回了一句："有点意外，但也不奇怪。毕竟，当年人家上自习、坐镇图书馆啃书、疯狂备战GRE（美国研究生入学考试）的时候，我们却在宿舍里，躺在床上上网聊天、看美剧和睡懒觉。"

虽然我跟佳佳私下里的交集不多，但对她本科期间的用功、刻苦和出色，也是有所耳闻的。我知道她的学习成绩很好，绩点分在系里始终名列前茅，当年的GRE考试接近满分，大三时就已经开始在网上发布自己总结出来的英语听力教学新论了。

排除特殊案例，在这个世界上，我们每个人拥有的成就和付出的努力都是成正比的。

大学四年，你如果全部用来睡觉，或是浑浑噩噩1460天，毕业时，收获的大概只是激增的脂肪、已渐迟钝的大脑和蒙上灰尘的心，连学位证能不能拿到都是个悬念。大学四年，你如果喝几百瓶啤酒，打几千次游戏，以三个月一段的频率谈十六场恋爱，最后得到的恐怕就是虚浮的体质、磨损的意志和沧桑的心。

当然，大学四年，你也可以选择，参加1~2个喜欢的社团，拿2~3次奖学金，考3~4张有用的证书，听30场名家讲座，读100本经典书籍，上810次自习，学有余力的还可以选修一个第二专业，用四年的时间积累丰富的学识，练就更加聪明的头脑，为你想要的未来铺路搭桥。

大学四年，你还可以选择，自力更生打一份工，放开身心谈一两场既不耍流氓又不以婚姻为枷锁的恋爱，心胸坦荡地交几个能把你放在心上、将来愿意借你钱和参加你婚礼葬礼的真心朋友，背上行囊去一些你向往已久的地方，放下包袱做几件疯狂的、老了以后想起来都会嘴角上扬、坐在摇椅上晒太阳时能跟儿孙吹牛的事情。用四年的时光换一场最激荡的青春，为生命画上最浓墨重彩的几笔。

虽然人生这场赛跑注定不完全公平，但每一个阶段的大抵公平还是有的。你选择了什么，就会收获什么；你将时间花在哪里，时间就会还给你什么。观念左右行动，投入决定产出，一切结果都是由选择和行动导致的。就好像那些经典的老电影，所有故事的结局，在最开始的时候就已经埋下了伏笔，只是有些你没有看出来而已。

一直觉得大学就是社会的预备役，一场磨炼我们身体和心智的旅程。在这个五光十色的花花世界里，在这个混杂着青春热血和荷尔蒙的世界里，在这个第一次正式离开父母羽翼呵护独自飞翔的世界里，有精彩，有诱惑，有钩心斗角，有励志，有颓废……四年之后，有人迅速成长，有人华丽蜕变，有人颓废报废。

如果你喜欢读武侠小说，那你一定会有印象，在金庸、古龙等人笔下的江湖里，江湖人士武功练到一定阶段，为了突破自我，便会选择闭关修炼。张三丰就是这样悟出了太极剑和太极拳，达摩祖师也是这样悟出了大道。

与此相似，在现实生活中，我们通过高考这一关以后，武功进入了一个瓶颈期，每个人的斗志也因此消磨许多。所以，我们不妨试着将四年的大学时光，当作一段特殊的"闭关修炼"，修身养性，格物致知，潜心修炼内功和外功。在不断提升自我的同时，抵御绑定了潜在风险的外来诱惑。

如果你希望你的大学变成一场最精彩的变形计，如果你希望四年之后邂逅一个全新的、更好的、更优秀的自己，那么，从现在开始珍惜你的大学生活，导演一场专属于自己的、华丽精彩的变形记吧！

幸福的能力

□吴伯凡

顾城有一首诗《给逝去的老祖母》，说他的祖母每次搬家的时候，都会把一个包裹紧紧抱着，不让别人碰。别人都不知道那是什么东西，后来知道就是一种已绝迹的玻璃纽扣，因为这是他祖母的初恋情人送的。

然后诗人就写了一句：你用一生相信，它们和钻石一样美丽。

这一生的持续感、一贯性和沉浸感，我觉得她就是幸福的。

我们反省一下自己，现在不是没有那种幸福的条件了，而是没有那种幸福的能力，玻璃纽扣是多么廉价的东西啊！

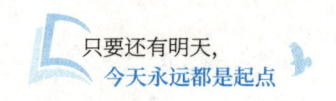

那些梦中回廊里白衣翩然的岁月

□潘云贵

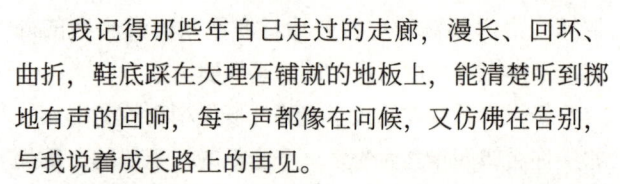

我记得那些年自己走过的走廊，漫长、回环、曲折，鞋底踩在大理石铺就的地板上，能清楚听到掷地有声的回响，每一声都像在问候，又仿佛在告别，与我说着成长路上的再见。

坐早班客机回工作地，适逢雨天。飞机起飞的那一刻，机舱剧烈抖动着，整个人往后倾斜，突然有种错觉涌入心间，仿佛自己正位于时空的甬道中，它通向一个又一个过去的走廊。

飞机穿过浓密的云层，继续震颤着。它会返回过去吗，又会抵达哪一段时光呢？我闭上双眼，极其期待睁开眼睛后看到的那个世界。

在外公工作过的小学走廊边，有一排槐树。风起时，槐花纷飞，如蝴蝶在空中舞蹈。许多花瓣都落在走廊的石级上，仿佛它们都睡着了，铺着一层梦。那年我五岁，常跑去看外公。午后，走廊上没有人走动，四周格外静，外公拖了一下地板，把竹席铺在地上。竹席有些小，不够两人平躺，外公便侧身躺着，守着我，看我在微醺的风中逐渐入眠。槐花在一旁悄悄落着，像是时间小声念起的诗。

旧家附近有座戏院，幼时母亲总爱拉我去看戏。今天一出《天鹅宴》，明天一折《丹青魂》，母亲看得不亦乐乎，而我因年纪尚小，看不懂世间的悲喜离愁，趁她不注意，就溜到戏院走廊上玩耍。

门外扑来一股股香气，来自天黑后乡亲摆出的小吃摊位，这边听着煎牡蛎饼吱吱作响的油锅，那边飘过来一阵焦糖味，是在炒板栗，有刚下锅的汤圆，有从卤汁里捞出的鸡杂……种种香气把我围住，我迈不开步子，嘴里都是泉涌似的津液。时间一长，这些飘满走廊的味道，于我而言是熟悉的朋友，缓解着一个男孩的孤独。

中考前有一段日子，我很焦虑，整个人像热锅上爬着的蚂蚁。放学后，我一个人登上故乡的古城楼，沿着某一段斑驳的走廊反反复复踱步。傍晚夕阳西斜，几声归鸟鸣啼传来，几片残红云霞飘来，显出几分凄凉。父亲刚刚做完工下山，骑着自行车，打远处就望见我拓在城楼上孤楚的身影。他像阵风抵达城楼下，喊我："快下来，我带你回家！"我立刻从恍惚中醒过神来，飞奔下来，坐到父亲自行车后座上，环抱着他厚实的腰身。他的话语轻柔如晚风，问："好受点了吗？"我没回答，只是把父亲抱得更紧了。一刹那，总记得父亲与那条古城楼上的走廊那么相像，带给我微光，带给我安慰。

高中走廊承载了我青春里最漫长的一段光阴，在那里，我见过清晨远天的日出，看过深夜从指尖滑落的星辰。忘不了独自坐在冬夜走廊上背书的场景，冰冷如透明的植物从地下长出，钻进我的身体里，寒意贯穿每一根骨头。

那时陪我走过幽深年岁的人是H。他是个很单纯的男孩，留着寸头，眼睛里总是充满光。我们背诵知识点，讨论学校和考试的种种内容，有时也涉及自己喜欢的电影、音乐。我的口语不标准，偶尔从嘴巴里蹦出一个发音奇怪的单词，H就会乐不可支。而我也时常取笑他背错历史朝代和君王。我们在彼此身上寻找寂寞时光中的快乐，两个人始终"势均力敌"。

走廊通透，大风时常刮过，我们站在风中，开怀大笑，又长久静默。四季的虫鸣、云霞、星空都一道目送着两个少年远去的青春。我们拼尽全力,守望一个新的世界到来。

18岁到来的时候,我们结束了高考,我和H在昔日奋斗过的走廊上相遇。记得离开的时候,我们脸上都有不舍的表情,但谁都绷着,直到背过身去,彼此都绷不住了,才抽泣起来。但终究没再回头,没让对方瞥见自己的难过与不舍。

走廊上似乎还有昨日的少年在追逐嬉闹,又聊着课间常听的那些话,关于成绩、理想、喜欢的球星、最近看的动漫,再趁对方不留神的时候悄悄说出自己的暗恋。像雨滴落进井水里,下一秒便不见踪影。雨过天晴,四季流转,总有新人来代替旧人笑。

我有些难受,步履蹒跚地走向走廊尽头,似乎有一扇落地窗竖在跟前。我穿过它,游离于四处的光线一瞬间都聚集起来,像织好的布,擦洗着走廊的每个角落。扶梯上出现了她的手,地板上有他的脚在走,而窗子上也闪现出谁拿着布擦拭的身影,青涩的时光原来不曾消失,那么多的人都还穿着记忆里的旧衣衫,越过万千山河、星辰浩宇,来到我面前。

每一段走廊都寄存着我们走过的岁月,铺在记忆中,展示我们的来与去。每一次当我重新走近它们,踏出的步子都是对旧时光的温习,无比怀念,又无限眷恋。在那里走久了,我慢慢成为一个敢于告别的人,向刹那芳华,向曾经,回头一笑。我也逐渐变成一个勇于面对未来努力生活的人,成熟笃定向前,佐以浩瀚无边的坚强。无论走廊如何曲折、回环,都早已与我融为一体,它们的起点是自己,终点也是自己。

那些走廊永远明亮。那些梦中回廊里永远白衣翩然的岁月,美得惊心。

语言里的沙砾

□ 尤 今

买了一台豆浆机,意兴勃勃地出门买黄豆。

在一家古老的杂货铺里,看到了麻包袋内的黄豆,一颗一颗小小圆圆的,闪着橙黄的亮光。

嘱店员给我称一公斤,知道我要做豆浆,她立刻摇头说道:"这种圆形的黄豆,是用来熬汤的;做豆浆的那种,是椭圆形的,我们没卖。"

嘿,我居然不知道黄豆还分成两类,真是孤陋寡闻啊!幸好店员指点,才没买错。

到另一家店去,年轻的店员一听,便忙不迭地摇手说道:"没有,没有!我们没有卖制作豆浆的黄豆,只卖熬汤的那种。你去菜市看看吧,那儿的摊贩可能有卖。"

我对菜市那年过七旬的摊贩说:"我要一公斤黄豆……"话还没说完,他便把早已装好在塑料袋里的一公斤黄豆递给我。我接过一看,立刻退还给他,说:"这种圆形的黄豆,是熬汤的,我不要。我要的是那种打豆浆用的椭圆形黄豆。"他露出被岁月熏黄的牙齿,呵呵笑道:"黄豆就是黄豆,哪分什么熬汤或是打豆浆的!我做这门生意几十年了,还没有看到过椭圆形的黄豆哪!"

我的一张脸,因惭愧而发烫。

无法辨别他人语言里的沙砾和金子,原因只在于常识不足;至于不加深究便以讹传讹,已是愚行。

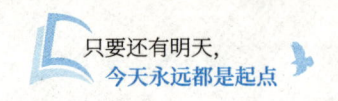

冻梨，我吃过最悲壮的水果

□ 小 伟

东北的冻梨实在是太冷峻了，作为一道美食，当你第一次接触冻梨时，你定会毫不犹豫地笃定它在巫妖王那里有份编制。

它就宛如一个新生的黑洞，浑身透着一股属于宇宙的无情，你啃它，就像是在吞噬星空。

东北严苛的气候条件造就了一批卓越的食材，这有点像陀思妥耶夫斯基于西伯利亚的天寒地冻中写下《罪与罚》。

冻梨的形成当然也带着一股悲壮的气息，比起水果，它更像是某种生命消逝后留下来的执念。

当凛冬将至，严寒四起，枝头的梨子也迎来了它的结局，它蜷缩在冬夜，不再讴歌夏天的美好，它看着山下的灯火，却没有足够的胆量去拥抱孤独，它在夜里逐渐停止思考，直至自己变成一团漆黑。

有人说冻梨的颜色是冻伤留下的印记，也有人说这是梨子幻想自己被大火灼烧，用意志对抗严寒，却身死道消后，交出的最后的波纹。

冻梨的味道不同于普通梨子，它的汁液甘甜可口，它的果肉入口即化，它没有普通梨子那般略显硌牙的口感，它有点圆润，就像是一个人在历经社会的锤打后，隐藏起了自己的真实性情，从此对所有人笑靥如花。

当你对着冻梨一口下去，一股甜美的果汁立即会钻进你的嘴里，就像是在啃食一只装满美汁源的节日气球，又像是在品读一本博尔赫斯未曾发表的诗集。

你仿佛看见一颗炸弹降解为一朵鲜花——很多人永生都不会明白，为何冻梨宛若恶魔般的外表下，能够拥有这样纯真的味道。

处理冻梨有一套流程，你不能端着冻梨直接开啃，这根本是在暴殄天物，就像是把古巴雪茄当柴烧。

你首先得解冻，你要将冻梨放在水里，看着它逐渐回暖，直到表面结上一层薄冰，这个过程有点类似于挽留一个将死之人。

然后你要将薄冰敲碎，将冻梨从这永世严寒中拯救出来，这时候，冻梨也将变得软糯，它会像一个被拯救的公主那样，全心全意地服侍你。

最后你只需要撕开一个小口，慢慢品鉴冻梨的滑润，果肉会随着你的口腔动作滑进你的嘴里，它很主动，因为它是在报恩。

在冬天的东北，躲在温暖的房间中，拿起一颗冻梨，轻轻咬开外皮，吮吸着尚且带着冰碴的果肉，看着窗外并不存在的极光，感受那梨子芬芳的味道，你就坠入无边的幻想之中，仿佛感觉整个人都变得透彻了。

吃过冻梨，你会祈祷日子永远凝固在寒冬腊月，这样你就能永久性地停留在这美妙的一刻。

倘若人们知道，一场大雪就能让梨子黑化，可能会有很多人期待下雪吧！

冻梨在东北太常见了，冬天的路边，你随时都能看见兜售冻梨的商贩。冻梨是无数东北人的青春。

下午五点下班后，走出写字楼，随便买几斤冻梨，顺便买几瓶饮料，回到家，打开电视机，瘫坐在沙发上，一边等待着冻梨解冻，一边看着《新闻联播》，日子就这样一天天过去了。

我们想做第一个吃螃蟹的人，但我们仍未知道第一个尝试冻梨的老铁，他究竟是抱着尝试的想法，还是早已洞察了这片黑暗之中藏匿着炫目的光芒。

如何快速区分认真与马虎

□岑 嵘

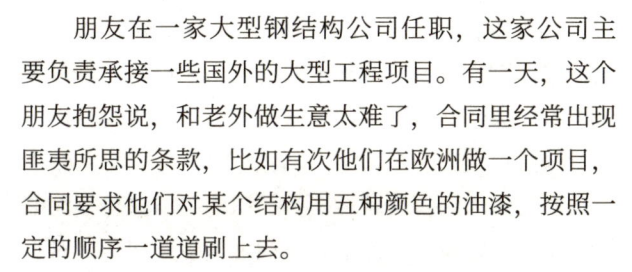

朋友在一家大型钢结构公司任职，这家公司主要负责承接一些国外的大型工程项目。有一天，这个朋友抱怨说，和老外做生意太难了，合同里经常出现匪夷所思的条款，比如有次他们在欧洲做一个项目，合同要求他们对某个结构用五种颜色的油漆，按照一定的顺序一道道刷上去。

"为什么非要五种颜色，这样做完全没有必要，其实就是刁难人。"朋友愤愤地说。

也许他听完美国经济学家斯蒂芬·列维特讲的关于M&M豆的故事，就不会再这么认为了。

20世纪80年代初期，范·海伦是当时全球著名的摇滚乐团之一。乐队的巡演合同总是附有53页的附文，详细说明了技术、安保的每个细节，还有对食物和饮品的要求。在冗长附文的第40页里是对零食的要求，他们指定了薯片、坚果、蝴蝶饼和M&M巧克力豆，旁边还特别声明，绝对不要棕色的豆子。

M&M豆是美国的牛奶巧克力品牌生产的零食，外形是以各种颜色的外壳包裹着巧克力小粒，每一份包装中都会将五彩缤纷的M&M豆混在一起。当M&M豆的条款泄露给媒体后，人们愤怒地认为这是摇滚乐队放纵无度、耍大牌的恶行。想想可怜的供餐公司一粒粒地挑选着M&M豆，人们气就不打一处来。不过多年之后该乐队的主唱罗斯回忆说："人们觉得我们为所欲为，肆意凌辱别人，但事实并非如此。"

范·海伦的演唱会现场总是盛大而华丽，庞大的舞台、震撼的音效、炫目的灯光，所有的设备都需要设计和电力方面的大力支持。

罗斯说："大多数摇滚乐团的合同都很厚，里面对每个细节都逐点说明，以保证主办方在每个场地都能提供足够的空间，拥有相应的承重能力和供电能力，乐团要确保没人会被倒塌的舞台和短路的灯柱夺去生命。"

那么乐团每到一座新城市，是如何确定当地主办方读了附文并做足了安全措施呢？

答案就在这些棕色的M&M豆里。罗斯到达场地后就会立刻去后台检查那碗M&M豆，如果他看到了棕色的巧克力豆，便知道主办方没有认真阅读附文，那么他们就要认真检查每个重要设备是否安装妥当。

现在我们回到那家钢结构公司五种颜色的油漆上来。

大型钢结构建筑的合同远远比演唱会的合同要复杂得多。对方公司怎么样确保承建方尽心尽责对照合同完成了工程呢？找第三方监理公司也许是个办法，但是很多地方的质量是看不到的，只能"凭良心"，比如有的部件需要刷多道油漆，但施工方到底刷了多少道只有他自己知道。

这个时候，五色油漆的作用和M&M豆是一样的，对方很容易检查出，施工方在这个结构上是不是一道道按顺序上漆。如果是，说明承建方细心阅读了合同的每一个细节，并且做事不偷工减料。

假如没有按要求做，那么这项工程很有可能存在隐患，每个地方都得细心检查。

因此五色油漆和M&M豆的作用，用经济学的术语来说就是起到了"分离均衡"，把那些认真做事和马虎做事的人区分开来。

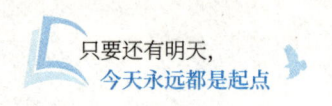

"短视"的乐趣

□张 恒

对自己的人生，我是一个不大有远虑的人。当更年轻的同事们已经在考虑未来养老怎么办时，我对此几乎没有一点焦虑；最近网上人们又开始焦虑延迟退休的问题，我心中也没有丝毫波澜。主要原因在于，社会变化越来越快，未来也变得越发不可测了。

当我们用当下的背景去揣测未来的人生时，颇有点刻舟求剑的味道。比如退休问题，以前人们大学甚至高中毕业，就开始参加工作，到60岁需要工作约40年。现在，越来越多的人硕士甚至博士毕业后才参加工作，到65岁，同样是约40年。社会是复杂演进的，我们永远无法掌握所有信息。或许，当人工智能完全取代人类职业时，60岁的我想要继续工作为人类奋斗都不可得。

最近，因为人工智能语言模型ChatGPT的流行，一种对工作可能被替代的焦虑感又在蔓延。这种焦虑，被无数次提及，都有点像狼来了的故事。当然，最终狼可能真的会来，就像汽车终究替代了马车和黄包车，机器人正替代流水线上的工人一样。马斯克让特斯拉做的人形机器人，就是奔着替代那些重复性的人力工作而去的。

太阳底下没有太多新鲜事，从人类祖先从树上落地，开始使用工具算起，因技术带来的职业更新换代就一直在发生着。但有时候，人们过于执着于其带来的冲击，而忽视了技术变化带来的机会。正如替代了马车的汽车行业，其创造的就业机会，要远远大于马车时代。ChatGPT以及其他人工智能的流行，是否会同时带来更多新的机会？我们对未来的最大误解是，把人类社会的演进当成线性发展。

最近跑步，发现了一种很有趣的现象：如果我跑步过程中，总是想着预定的终点，无论是十公里还是更多，都会觉得这个过程漫长且痛苦。如果我把目光只是放在身前一米处，或者此时身处的周围环境上，痛苦和焦虑就会减轻很多。焦虑经常来自求而难得的未来，如果聚焦当下，掌控感就会强很多。对当下的关注和掌控，才能令我们更易于从焦虑和失控中摆脱出来。

虽说老祖宗说，人无远虑，必有近忧，但有时我们想得总是太远，而忽视了当下和身边。正如近两年频繁被提及的，"近处"正在消失。技术带来的最大冲击，不是在职业上而是对人们思想的影响。

被称为现代消费者权益之父的美国政治家拉尔夫·纳德，最近就在做一件反其道而行的事——88岁的他，在报纸式微的当下，决定自掏腰包，在家乡康涅狄格州的小镇温斯特德创办一份社区报纸，《公民》。纳德认为，社区报纸的消失，使得人们不再了解地方政府，邻里间亦没了联系，譬如错过订婚或生孩子的喜讯。"过段时间，一切都凝固了，你开始失去历史。"他决心改变这种情况。

现在，《公民》的创刊号已经出版，编辑兼发行人蒂博计划以广告、捐款和订阅费来维持运营，目前是每月一期，到明年计划改为半月一期。不知道他们能走多远，可这确实是挺有意思的一次尝试。毕竟，这个世界除了万众瞩目的前沿科技ChatGPT之外，还有沉淀了岁月的记忆、随时都会消失的乡村古屋。人生除了有远虑之外，也还有"短视"带来的欢愉。

都听网友的，生活会变成什么样

□佚 名

你可能想不到，我们现在可以多大程度依靠其他人做决定。

比方说，哪件衣服好看，对方这么做是不是该分手，哪个型号的电脑比较耐用，毕业了是考研、考公、出国还是进大厂——种种问题放到网上，都会有好心人替你解答。

也就是说，现在要从其他人那里获得大小难题的看法，可能比以往任何时候都更容易了。很难向对象、爸妈开口的丑事，网上搜不到答案的私事，以及不好意思麻烦朋友的小事，现在都能询问陌生人。

比如，豆瓣上一个叫作"请帮我做选择！"的小组，就聚集着40万组员，这些人似乎真情实意地把一部分选择权交给了网友。

最常见的问题是"工作"，诸如"聘书"选哪个、"公司"选哪家……全都是你我在人生关卡可能面对的老大难题。读书升学也制造了一大堆问题，这种时候，踩着网友的肩看看，也许就能看到别人看不到的捷径。选哪所"学校"读哪个"专业"，该不该"考研"以及去哪个"城市"，每个真诚发问的学子，都等待着一位热心肠的网友老师前来指点迷津。

当然，除了这些严肃的人生抉择，一件商品"好看"与否、选什么"颜色"，也是组里最喜闻乐见的问题。在这些帖子下的踊跃发言中，你能一窥当今互联网审美及消费观发展到了哪一步。对有审美障碍的人来说，要把形象提到及格线以上，最快的方式就是请广大网友把关。

但如果人生中每一个决定，都交给陌生人来完成，会变成什么样？

你的生活大概是这样的——人生选择上，网友很可能会建议你：文理分科选什么？理科！大学择校看专业还是学校？除非要做医生、律师，优先985、211！一件东西要不要买？好看，但不值这个价；便宜，但不好看；好用，但你不会用的。所以大概率，不要买！租房选通勤短20分钟的，还是便宜一点的？无脑选近的！

这种生活，我们可以称为"当代互联网对生活的标准答案"。

康奈尔大学的研究则发现，一个人每天单在食物上，就要做出226.7个决定。于是有一种说法认为，当代人每天做的决定数量之多，是人类前所未遇的，但显然并不是每个人都做好了准备。

这种"选择越多越选不出来"的当代疲惫，被称为"决策疲劳"。即使掌握了足够多能搜到的信息、经历过漫长的纠结之后，人们依然无法决策，希望再次获得陌生人的分析、劝说。

实际上，社交平台的选择并不保证管用。尤其对大事而言，很多问答都遵循这样一种模式：当事人给出一段简化的前情提要，网友给出更简短的指令，而这些指令大多非常果决——虽然给出建议的人未必真的有经验，但不妨碍提问者从这些理性回答中获得勇气。

提问的人追求理性建议，建议的人通过理性分析获得快感，双方都在某种程度上完成了自我的理想化：成为一个现代的、理性的、不被情绪和跟风支配的成年人。

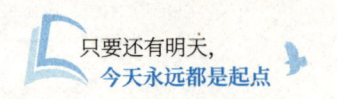

小时候骗爸妈说没钱了，现在却总骗爸妈说有钱

□陈毛毛

01

报喜不报忧，是我们的漂泊病。

小时候，我们总爱撒谎，跟爸妈说自己没钱了，甚至有时候偷偷从爸妈口袋里顺几张一块两块的钞票，去买一瓶饮料，买几样好看的文具，或者买几张偶像的海报。

长大了，爱撒谎的毛病，还是一点都没有改掉，在电话里骗爸妈工作不累、工资不低……

独自在外打拼，成长是一个极其复杂曲折的过程，面对父母的牵挂与担忧，所有的酸甜苦辣都只汇成简单的一句话："没事，我有钱呢。"

02

有个学霸同学，从小到大都是"别人家的孩子"，是爸妈挂在嘴边的骄傲。大学读医读了七年，毕业那会儿在一线城市拿5000块的工资，面对父母殷切的眼神，愣是掰成8000块，还说一年后转正能拿到1万元。自然，每年过年回家，感觉压力山大。

他苦笑说："自己吹的牛，哭着也要演下去啊！"

大家跟着他一起笑，其实彼此心照不宣。面对父母，我们更多的是想要他们放心，不愿他们担忧。

阿铭前几天体检出一点问题，医生建议动个小手术，康复得彻底一些。他考虑了一整天，去医院拿了药就回家了。

"怎么？大男生还怕痛啊？"我开玩笑问他。

他不理我的揶揄，叹口气："虽然是小手术，但是之后要在家卧床三四天，只有爸妈有空来照顾，这不是不想让他们知道吗？还是不要让他们担心的好。"

经常碰见加班到深夜，拎着打包的晚饭的小白领，在电话里跟家里人说："早就吃过饭了，要洗洗准备睡了呢。"强撑着最后一点兴奋讲完电话，长呼一口气，拖着满身疲惫往回赶。

明明很累，却不会跟爸妈透露只言片语。

"除了徒增他们的担忧，还能怎么样呢？"

对父母来说，我们过得不好，会让他们烦恼；对自己来说，父母的焦虑，甚至会成为压倒我们的最后一根稻草。报忧，真是一件百害而无一利的事情。

很多人会把父母设置在单独的分组，只有某些正能量的朋友圈可见，或者干脆将父母屏蔽在朋友圈之外。我们是真的不爱他们吗？并不是。

越长大，我们越习惯了只对爸妈讲他们爱听的话，只提供他们需要的情绪价值，其他的通通划清界限，关上门自己处理。

03

报喜不报忧，对独在异乡打拼的我们，成了无奈的不二选择，宁愿"越长大越孤单"，也不愿意成为父母面前长不大的"麻烦鬼"。

"这才是体贴，这才是孝顺，这才是长大。"我们深信不疑。

可是，"长大了却总骗爸妈自己还有钱"这句话不偏不倚地戳中我们的软肋，让我们湿了眼眶。这份大无畏的理智和打不败的坚强，有多少强撑的味道呢？

人们常说，父母和儿女就是一场渐行渐远的修行。爸妈的缺席，也许是这个时代的步伐太快，也许是我们不愿长大了还让父母操心，也许是我们都习惯了报喜不报忧。

其实爸妈仍然希望能多参与到我们的生活中来，能多看到一个会哭会笑、真实的我们，能感觉他们仍旧被需要。

而自从染上这"报喜不报忧"的漂泊病，偶尔我也格外想念小时候心安理得地接受那份热汤热水的温暖。

报喜，也报忧，才是最好的孝顺吧。因为无论是我们的"喜"，还是我们的"忧"，真正爱你的他们，一定都渴望去了解。

卫生间里的奥斯卡小金人

□ 流念珠

因主演电影《泰坦尼克号》中露丝一角成名的英国女演员凯特·温斯莱特，于2009年凭借电影《生死朗读》问鼎第81届奥斯卡最佳女主角奖，拿到了她梦寐以求的奥斯卡小金人。颁奖结束之后，凯特拿着小金人一直不肯撒手，生怕碰坏。由此朋友们推断：她一定很重视这个奖项，回家之后会将小金人摆放在大厅显眼的位置。

有趣的是，事实并非如此。几个要好的朋友在随后的拜访中发现，凯特居然将小金人摆进了自家的卫生间！

朋友们纷纷猜测：这是为什么呢？他们没太好意思直接问凯特。不过，在他们进入凯特家的卫生间之后，就知道她为什么要那样做了。

凯特的朋友中有个叫丽莎的女孩，她是这样描述的："当我在她家卫生间的梳妆台上发现小金人时，产生了一种好奇感。我细细打量了它，又拿起它掂了掂分量，大约4公斤重。放下小金人的那一瞬间，我明白了凯特为何将它放在卫生间里——她希望所有的访客都能'偷偷地拿起小金人，再放回去'，那样，就能避免我们大家一开口就谈到小金人，以为她在炫耀。凯特真是一个善解人意的人。"

的确，凯特在随后的一档节目中也提到，她之所以将奥斯卡小金人放进卫生间，就是为了照顾朋友的感受。她说："毫不避讳地说，我很喜欢也很重视小金人。但相比之下，我更重视与朋友间的情谊。我不希望因为客厅摆放了小金人，朋友们对我避而远之，但我也明白他们对小金人有一种好奇感。所以，我干脆把小金人摆进相对隐秘的卫生间里。那样，他们的好奇能得到满足，而我们之间的友情也能维系。"

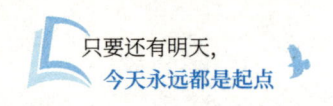

你有"提前症"吗

□ 欧阳晨煜

有些寓言故事的主人公是有"拖延症"的,从秋天到冬天一直推迟筑巢的寒号鸟,喊着"哆啰啰,哆啰啰,寒风冻死我,明天就做窝"的经典口号;羊圈破了窟窿不及时修补的牧羊人,导致接连丢羊;骄傲自大,中途去睡觉的兔子,最终输掉了比赛。

生活中,面对类似的学习和工作任务,很多人都有寓言中主人公这样的心理状态和行为方式,因此他们很羡慕那些可以在截止日期前早早完成任务的人。那你听说过"提前症"吗?

"提前症"于2014年被首次发现并命名,这个词的出现源于一个有趣的实验。科学家在一条小巷的左边和右边放置了两只水桶,两只水桶与终点的距离不同,且它们的重量也不同。参加实验的人需要从起点出发,任选一只水桶提到终点。通过观察实验过程,科学家发现了一个有意思的现象,一部分人在看到离自己最近的第一只水桶的时候,会毫不犹豫地拎起它走向终点,而不选择那只离终点更近的、重量可能更轻的水桶。也就是说,这些人宁可耗费更大的体力,提着更重的水桶走更远的路,也不会仔细考虑第二只桶的具体情况。

为什么会出现这种奇怪的行为呢?科学家采访了如此选择的实验对象,发现他们给出的答案几乎一样,那就是先拿了水桶,就可以更早减轻思想负担,并且他们无一例外都对额外耗费的体力并不在意。这一类人被称为"提前症"人群,他们总是喜欢在刚接收到任务的时候就迅速着手去做,早早完成任务。即使要付出更多的精力,他们也绝不能接受拖延一刻。

试想一下,如果寒号鸟不拖延,早早去筑巢;如果牧羊人不拖延,早早去补洞;如果兔子不拖延,早早去奔跑,它们就会摆脱寓言故事里的悲惨结局,逆转成为人生赢家吗?听起来既自律又高效的"提前症"似乎是一种完美的行为模式。

然而,事情远远没有这么简单。虽然"提前症"的人群总是给人胸有成竹的感觉。但事实上,研究表明,"提前症"的人可能更焦虑。赶火车时,他们总要提前几个小时到达,即使需要在车站等很久,白白浪费时间;下周五需要提交的报告,他们在接到任务当天就熬夜完成;团队合作的时候,他们率先完成任务,然后去催促同事。事事都要抢时间,让"提前症"的人比"拖延症"的人更加焦虑。

其实,"提前症"的本质并非是对做事效率和速度的追求,而是因为大脑中的工作记忆容量小造成的。在现实生活中,我们遇到的一个个任务就好像电脑文件一样会占据大脑的内存,我们迫切地提前完成任务,往往是因为无法忍受工作记忆在脑海中长时间滞留。为了减轻心理压力,"提前症"人群会选择尽早卸下认知负担，就像电脑清除缓存一样，完成任务就意味着结束和删除，最重要的目的是摆脱思想负担，释放大脑的储存，尽快完成当下的任务。因此，即使需要付出更多的时间和精力，他们也并不在意。

如此看来，"提前症"并不等于高效率，有时候反而会浪费时间。真正的高效是在不同的情况下认真思考，做出更合理的选择，而不是为了尽早完成而完成。如果说拖延症是"行动上的懒人"，那"提前症"更像是"行动上的巨人，思想上的懒人"。

归根到底，有"提前症"的人总以为迅速完成当下的任务就可以释放焦虑，然而事实是，一项任务完成后，就会迎来下一项任务，一个难题解决后，另一个难题又会不请自来，任务和难题是永远不会停止的。正因如此，也许我们要提醒自己不要像一只永远转动的陀螺，陷入忙碌的循环。

不过，别担心，如果你也有"提前症"，你可以在口袋里揣一块大大的巧克力，把接下来要完成的复杂任务看作这一大块美味的巧克力，然后把整个任务拆分成许多小任务，完成一个就掰下一小块巧克力奖励自己，获得及时的满足和阶段性的安慰，稳定自己的情绪。

其实，无论是拖延症，还是"提前症"，都是人们为应对接踵而来的任务带来的焦虑感所建立的一种防御机制。它们很常见，也并不可怕，我们只需要把握其中的微妙平衡，确立适合自己的生活节奏，一切都迎刃而解了。

时间开窍

□丁菱娟

大约两年前，我买回一套喜欢很久、纯白色的景德镇出品的餐具。兴奋之余，放水冲洗，一不留神，一只盘子扣在了汤盆上，如胶似漆，怎么弄都分不开。那个气哟！

老妈说："放锅里煮煮试试！"煮了十分钟，盘子纹丝不动。用螺丝刀撬，枉费心机；用锤子敲，承受不起。打电话问商场，回答说之前没遇到过类似问题，自己想办法！无奈中只得放弃折腾，束之高阁。

过年之前，收拾厨房，我偶然翻出扣着盘子的"新"汤盆，上面落了许多灰尘。叹息之后，我忽然想再试试能不能分开它们。用手拨弄两下，没开。心不死，找来擀面杖，沿瓷盘边缘，一点点慢敲。盘子发出阵阵声响，很有节律。呵呵！仿佛音乐，别有韵味。不知道敲了几圈，盘子与汤盆间开始有松动，继续敲。"哗啦"一声，盘子与汤盆突然分离，无比高兴！

奇迹在两年后出现。仔细琢磨，怎么那么容易分开了呢？用食指划拉瓷盘上的土，再看盘沿与汤盆咬合之处：岁月的剥蚀与灰尘的浸润早已离间了盘与盆的亲密，以致当初的无懈可击显出了丝丝缝隙。

忽然间就觉得，当初选择不折腾、不较劲、不理睬和不心疼是对的。如果当时因为舍不得而一味纠缠，非要一个结果的话，也许那个扣着盘子的"新"汤盆早被我弄碎了，一定等不到今天。

庆幸时间叫人开窍。有时候放一放，对自己，对别人，都好。

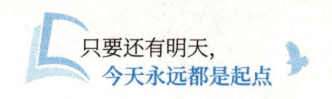

胖女孩的人生哲学

□流 沙

在一次同学聚会上，有位漂亮女孩喋喋不休地诉说东家的不是。女孩说，那东家是个死板的法国老太太，经常指责她这里做得不对，那里做得不对；我跟她聊天，她又说我的法语发音不对。

漂亮女孩说的那位法国老太太，她的女儿在上海的一家公司工作，为了照顾她，把她从法国接到了上海，然后雇了能讲法语的女大学生当护工。可是许多女大学生都在这位苛刻的法国老太太面前败下阵来，有的不辞而别，有的不能忍受老太太的指责，索性与她争执起来。

正在漂亮女孩义愤填膺的时候，有个胖女孩凑上来，轻声问她："如果你辞职，能否把这份工作让给我？"

后来，胖女孩成为那位法国老太太的护工。漂亮女孩说："她肯定要受这待人苛刻老太太的气。"

但谁也没有想到，胖女孩成为老太太的护工后，短短几个月，她和老太太相处得非常好，更让人不可思议的是，这位老太太还利用她在法国的关系，让胖女孩到法国去深造。

许多人都觉得非常奇怪，为什么那么多的女孩子都不能接受老太太的脾气，唯有她，能与老太太和睦相处？

胖女孩说："老太太的确很苛刻，我去照顾她的第一个月，她经常批评我这里不对，那里不对。譬如你的走路姿势不对，坐姿不对，眼神不对……有一次，我帮她取一块萨其马，我是用手直接取给她的，老太太突然大怒，她斥责我没有教养，说应该把萨其马放在碟子上给她。当时，我的眼泪差点下来，真的想马上辞职。但是事后，我觉得，用手直接取食物给她，的确不太妥当。"

胖女孩是个不服气的人，有时候她觉得老太太的批评很尖刻。但有时候，她审视自己时，又脸红了。老太太批评她走路姿势不对，她回家对着镜子看，果然发现她走路的时候有轻微的跳动；老太太说她坐姿不对，她下意识地观察自己的坐姿，发现自己坐下时，双腿没有合拢，真的不雅观；老太太说她眼神不对，她偷偷对着镜子观察发现，她看人的时候，有一点点的偏眼……

原来，老太太说的，许多是对的。只不过，因为自尊心，她在心里排斥着批评。

后来，胖女孩还知道了老太太的身世，她出生在里昂的一个贵族家庭，从小接受的教育，就是处事要有条理，生活相当精致。

胖女孩对老太太的批评有了全新的态度，老太太说的既然有道理，我为什么不能改变呢？

此后，每当老太太提出批评时，胖女孩不再反驳，而是先想一想，自己到底对不对。如果不对，她就努力去改正。她还阅读了大量的资料，了解法国人的一些生活习俗和禁忌。

在老太太生日那天，胖女孩花了几个小时

为老太太做了一道地道的法国传统菜——烤牛排，当胖女孩捧着香喷喷的烤牛排出来，祝她生日快乐时，老太太突然流泪了。

老太太说："我的外甥女也曾这样为我做过烤牛排，你和我的外甥女一样漂亮，一样可爱。"

那一刻，胖女孩感动极了，因为她照顾了老太太那么长时间，老太太这是第一次夸她。

从此，老太太很少批评她，她经常坐在客厅里，听老太太讲一些故事，有时候，她会插上几句。听到开心处，一老一小，会发出轻轻的笑声。

有一次，老太太的女儿带着欣赏的眼神，看着胖女孩，由衷地说："你真优雅，很迷人。"

胖女孩真的变了，她变得安静了，气质变得典雅了，还有她的法语口语发音，她说话的神态，她的眼神……

胖女孩说，人就像一株含羞草，一遇上外界的小小侵犯，就会把自己重重保护起来。其实，如果换一种角度、换一种思维去理解，这刻薄的但又精致的老太太不啻是自己的一位生活指导师，在批评面前，你选择什么？你承认自己的缺点吗？你愿意改变吗？

陪爸妈好好说说话
□Fine

清华才女刘慧凝，曾做过人工智能的课题，需要高效处理大量信息，特别讨厌别人啰唆。

但她的母亲，特别喜欢发长语音。

有次她实在受不了，就说："妈，你能不能别发语音？特别慢，耽误我时间。"

那一刻她突然发现，自己是个机器，快速分析出了一切，唯独等不及分析一下母亲。

在《人工智能不能代替人》的演讲中，她动情地说：

"我没有分析出来的是，我妈发语音，是因为她眼睛没有以前好了，打字会让眼睛很不舒服；

"我没有分析出来的是，我妈发语音，不是因为她要给你传达什么指令，只是你许久没回家，想跟你说说话；

"我没有分析出来的是，每次我像一个高精尖机器快速处理信息的时候，其实都在拉大和母亲之间的距离。"

有一本书，叫《父母离去前你要做的55件事》。

书名残酷，封面上印着一道"亲情计算题"：

"假设你的父母现在是60岁，余下寿命是20年，你没有和父母同住，你每年见到他们的天数大概是6天，每次相处时间大概11小时。

"那么，你和父母可以相处的日子只剩：20年×6天×11小时=1320小时。也就是，55天。"

这55天，就是我们所谓的"来日方长"。

总有些事，在你推托之后，就再也没有做的机会；总有些时光，你还来不及珍惜，它便将你推向了未来。

从今以后，陪爸妈好好说说话吧。

别吝啬你的时间，别给自己太多的任性。这份人世间最珍贵的爱，别空留遗憾。

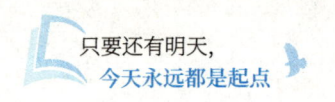

如何利用"鸟笼效应"

□ 徐思琦

最近，我在整理衣柜时，偶然间从柜底翻出了一套只穿过一次的汉服。因为朋友送给我一套古风发饰，我配了一整套的汉服。从那以后，古风鞋子、斗篷陆续出现在了我的衣柜里。再次看到它们的时候，我脑海中不禁蹦出一句话：我可能被"鸟笼效应"俘虏了！

"鸟笼效应"是人类难以摆脱的十大心理之一，是指当你某一天得到一件物品之后，会准备更多的东西来与之相配。这个著名的心理效应背后还有个有趣的故事，是关于心理学家詹姆斯和他的朋友物理学家卡尔森的。有一天，詹姆斯和卡尔森打赌，说卡尔森一定会养一只鸟。一开始，卡尔森不以为然。可当詹姆斯在卡尔森生日那天送了他一只鸟笼以后，去卡尔森家拜访的朋友都以为卡尔森曾经养过鸟。在这过程中，卡尔森一直解释，最后无奈之下，卡尔森真的买了一只鸟。

很多人也和卡尔森一样，曾经或正在被"鸟笼效应"俘虏。尤其是在网购盛行的时代，年轻人成为网购大军的主力，特别是大学生。猎奇心理和大学校园包罗万象的现实状况，使得越来越多的大学生成为"剁手党"。而网购的便利更促进了"鸟笼效应"的发酵。

几个星期前，我出门和朋友逛街。朋友说她想买支好用的笔，来配上姐姐送给她的精美笔记本，这样她会爱上做读书笔记，从而喜欢上读书，而不只是看书。我打趣她肯定是被"鸟笼效应"俘虏了。朋友却笑着说道："为什么不反过来利用'鸟笼效应'呢？"

朋友接着解释道："当我看到姐姐送的精美笔记本，自然想在上面写些有意义的东西。这时，我不如顺着'鸟笼效应'去行动。当我们拥有一本精美笔记本，就会想买一支顺滑好用的笔，下一步还会想买一本喜欢的书，然后开始做读书笔记。"

我头一次听说能反过来利用"鸟笼效应"。不过，这不禁让我回想起中学时期，我似乎也利用过"鸟笼效应"。有天路过书店，我买了一本杂志，看到了杂志上刊登的征稿函，于是我手痒地开始写作，然后便喜欢上了写作。看着文字一个个从指尖跳跃出来，我的心情就格外愉悦。之后，我买了一本精美的笔记本，专门记录我的灵感。越来越多的杂志、报纸出现在我的书房里，而我的写作热情也越发高涨。

那次和朋友逛街以后，我开始尝试利用"鸟笼效应"。我购买了一块小清新的桌布来装饰我的书桌，又买了一本精美的笔记本来记录我的灵感。等一切准备就绪，我便开始再次投入写作。

究竟如何才能在许多事上摆脱"鸟笼效应"，甚至反过来利用"鸟笼效应"呢？

生活中难免出现各种"鸟笼"，但是我们可以分辨它们。如果是不符合实际情况的、单纯捆绑我们消费的"反向鸟笼"，我们要学会及时止损，保持一颗断舍离的心。如果是激励我们向上发展的"正向鸟笼"，我们可以明确目标，适当购物或装饰，激励自己朝着目标前进。这时你会发现，"鸟笼效应"其实也没那么可怕！

奶奶的义利观

□ 黄小平

在我的家乡，有一种习俗，谁家的人病了，熬药后所剩的药渣，都要倒在路上，让别人去踩。据说，谁踩到了药渣，病人的病就会转移到谁的身上，而病人也就随之痊愈了。所以，奶奶总是叮嘱我，见到路上的药渣，千万要绕着走，别去踩它。

在我的记忆中，爷爷多病，一直吃着中药。奶奶为爷爷熬好药后，偷偷地把药渣倒在地上，自己不停地在上面踩，踩完后，又把药渣全部包起来，挖个坑，把药渣埋进土里。奶奶这些古怪的行为，有一次被我发现了。我问奶奶："踩药渣不是会生病吗？奶奶怎么踩药渣呢？"奶奶说，她想帮爷爷分担一点病痛，让爷爷少些痛苦。

"为什么不把药渣倒在路上，让别人去踩，而要埋进土里呢？"我又问奶奶。

奶奶说："自家的人有病，不能不怀好心地让别人家的人也生病，更不能为了自家的人病好起来，而把病痛和灾害转移到别人家去。"

奶奶对我的言传身教，远不止于此。

还记得家乡的村前，有一棵梨树，梨子成熟的时候，就会有不少小伙伴爬到梨树上偷摘果子。每每看到他们总能从偷取中获得甜头。一次，我也不由自主地起了"贼"心，见四处无人，便偷偷地爬上了那棵梨树，可刚爬到一半，就从树上掉了下来，摔得鼻青脸肿。回到家里，奶奶见我身上青一块紫一块的，就问缘由。我见瞒不过去，就把偷摘梨子的事一五一十地说了。

"你知道你为什么会从树上掉下来吗？"奶奶问。

是呀！我为什么会从树上掉下来呢？在小伙伴们中间，我上树的本领最强，从来没有从树上掉下来过，可这次为什么会从树上掉下来呢？

"那棵梨树的树皮是不是很光滑？"奶奶问。

奇怪，奶奶是怎么知道的呢？

"因为树上长满了梨子，那是甜头多的地方，甜头多的地方，就有很多人奔着去，所以就有很多小孩子爬到树上去偷梨子，爬的人多了，树皮当然也就磨光滑了。甜头多的地方，往往有引你上当受骗的圈套和陷阱。"奶奶说。

过了一会儿，奶奶又问："那棵梨树是咱们自家的吗？"

"不是。"我说。

"不是自家的东西，你去靠近它，你去偷取它，怎么会不心虚呢？心发虚，腿脚怎么会不发软呢？腿脚一发软，怎么不会从树上掉下来呢？所以，不是自家的东西，不可去靠近，否则只会自寻烦恼，自找苦头。"

"利己不可损人；甜头多的地方，不可靠近；不是自家的东西，莫起贪念，否则，损人的同时，便是害己。"奶奶这些朴素的义利观，我一直记着，并一直影响着我。

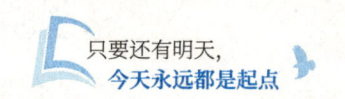

断舍离

□岭溪大队长

我万万没想到，如今最让我焦虑的事，不是升职加薪，不是减肥节食，而是搬家。

大学毕业后，我仅带了一只二十寸的小行李箱就来到了北京。那时，箱子里只有几件换洗衣物、笔记本电脑和毕业证书，使劲揣一揣就打包好了。搬家如同短途旅行，说走就走，毫不费力。

时间一晃过了快10年，我依然漂在这座城市，结了婚，有了稳定的工作，可居住空间却没有变大。人到中年，买房可望而不可即，租房也不敢奢侈，但生活得越久，东西就变得越多，以至于每一次搬家都像愚公移山般令我崩溃。

我的"囤积癖"首先从数不清的衣服和鞋子开始。衣不如新，每个季节我都会添置不同的款式、颜色的新衣服慰劳自己。但每件旧衣服也都承载过我的喜爱，明知大概率不会再穿，也会把它们整理好，像回忆一般珍藏起来。

还有各种零碎的小物件：办信用卡附赠的滑板、在商场扫码后免费得到的尖叫鸡、参加展会时商家送的帆布包……超市的塑料袋、饼干盒等一些可能会被二次利用的物品也被我堆积在房间里，等待二次上岗。

有很多次，我也想扔掉其中一些，比如尖叫鸡，拿回来后便在角落里积灰，有时不小心碰到还会吓我一跳。但整理时我还是迟疑了，心里想的全是万一，万一以后有兴趣呢？万一家里来小朋友会喜欢玩呢？

但生活哪儿有那么多"万一"，仔细想来，我之所以如此热爱"囤积"，完全是受家庭环境的影响。我妈曾多次强调，出门在外，不要的东西也先拿回家，由她整理确认后再丢弃。学生时代，每逢寒暑假，我都会背着大包小裹回家，军训后的衣服、毕业后的被子，我不卖也不扔，全都扛回家。穿旧的短袖可以当睡衣，过些日子再变形，就用来当抹布。人的习惯一旦形成真的很难改变，我就这么敝帚自珍地生活着。丈夫与我一样节俭，甚至比我还要严重。我们共同的名言是："这都这么好，扔掉太可惜了。"

如果说平日里我与这些囤积物还能和谐共处，但到搬家的时候就抓狂了。看着满坑满谷的东西，从体力到心理都感到巨大的负担。直到前段时间，有个我很喜欢的博主清理了积攒多年、曾经认为很重要的东西：第一次发表文章的杂志、各种获奖证书……我惊诧于他的"绝情"，看到评论里一片赞扬声，我也终于开始考虑，我的"生活垃圾"是不是真的需要好好清理一番。

于是我开始了艰难的断舍离行动——不买与丢弃并行。

首先要控制自己的购物冲动，遇到动心的物品，先放在购物车里，等到新鲜劲一过，果然就能删除其中的大部分。

然后，我把几乎不会再用到的东西挂上二手网站，把不再穿的衣服和看过一遍的书籍捐出去，物尽其用，给它们寻找新主人的过程，让我获得了意料之外的满足。

我还逼自己扔掉了一些陈年存货：很占空间的鞋盒子、不能装多少东西的精美包装袋、缺了某张牌无法再玩的扑克、被猫咬下一大半泡沫的呼啦圈……打包它们走向垃圾桶时，我心里仍旧会有很多不舍，但扔了之后，我才后知后觉"无物一身轻"。就像植物需要剪枝方能生长得更好一样，物理空间大了之后，心理空间也跟着开阔起来。

物质上需要断舍离，精神上同样需要。所以，我爱上了写作，把藏在心底的美好回忆记录下来，然后选择遗忘；割舍一些强加给自己的执念与负累，不再自我消耗，减少无用的社交和攀比，多关注自己的内心世界。

"本来无一物，何处惹尘埃。"断舍离后，方能轻装上阵。

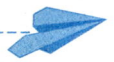

名将白起的"牛肉令"

□彭春霞

白起是战国时期的秦国名将，一生征战无数，平生大小70余战，从未有过败绩。其作战特点之一就是进行精确的战前料算。

著名的"长平之战"后期，白起在一次奇袭大战之前，忽然下达了一道特殊命令：将士只配发冷食，而且常食的冷肉由熟羊肉改为熟牛肉。这道命令一下达，众将士一片哗然，秦军士兵平素大多以羊肉为主要肉食，突然改食牛肉，大家心里犯嘀咕的同时，更觉得白将军这次打仗，连吃的饭菜都要经管，未免小题大做了些。

其间，有一名酷爱吃羊肉的士兵偷偷地藏了一包羊肉。深夜时分，其他士兵都已歇息，他慢慢拿出藏好的羊肉，一个人在那里细嚼慢咽，自得其乐。不想这羊肉的香味和吃东西的声音很快就惊醒了其他士兵，大家纷纷围过来，争相吃了起来。吃得正欢，营帐门帘忽然被掀开，一个精瘦的身形大踏步跨进来，并伴随一声怒喝："尔等好大的胆子！违反军令，全都拉出去重打二十军棍！"值守营帐的士兵诚惶诚恐地为众士兵求情，并低声询问："白将军何故深夜到此？"白起一脸怒容，沉声说道："本将军早就料到，众将士对此'牛肉军令'深感抵触，今夜特来巡查，为何我能这样准确地知道尔等在此吃羊肉？今夜无风，五十步之外，皆能闻到此营帐里的羊肉味，如果有风，能飘香多远？全军将士都吃羊肉，气味又能传多远？尔等的行为，就是明确告诉对手我们的精确方位！这个伏击战我们还怎么打！"值守的士兵听后满脸通红，再也不敢为谁求情。

此出闹剧在军营里迅速传遍后，所有的将士才清楚，这个"牛肉令"和其他军令一样，必须严格执行，违者必遭重罚。此后，再无一人违反。

而后的长平正面战场，白起指挥秦军后退诱敌，一心寻求决战的赵括在不明虚实的情况下，贸然进攻，秦军假意败走，暗中张开两翼，设奇兵挟制赵军，揳入赵军先头部队与主力之间，伺机割裂。赵括没有意识到在他前面有一个巨大的、口袋形的秦军阵地，此时，白起派出另一支奇兵，突然出现在赵军背后，利用地形将整个袋形埋伏圈堵住，整支赵军陷入包围。长平之战，秦军先后斩杀和俘获赵军共45万人，堪称史上歼灭战中杀敌之最。

《孙子兵法》中说："多算多胜，少算少胜，不算无胜。"名将白起连羊肉膻味都算到了，焉有不胜之理？

白起的治军之道告诉我们，战场上吃啥也能影响战局的成败。一个"算"字也道出了战场后勤必须认真考量、精细筹划的内在要求。其实，无论做什么事，"精算"都是取得成功非常重要的条件。

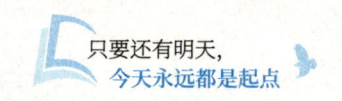

一个鸽群，飞过的黄昏

□ 付 炜

我家楼下住着一个养鸽人。这个发现源于筒子楼里常常传出的鸽哨声，我对鸽子没有什么概念，只是在电视里见过。

在隔壁阿姨跟母亲的闲聊中，我知道了养鸽人叫老李，无儿无女，是个六十多岁的老头子。他养的鸽子不卖也不吃，屋子里净是鸽子的粪便，恶心极了。在两人零碎的闲谈中，我对养鸽人产生了很大的兴趣。

那时我十岁出头，在这所老房子里住了好多年。我家住在六楼，卧室阳台上摆放着一排盆栽，经常会有一只鸽子落在上面，银灰色的羽毛格外刺眼。它瞪着圆圆的眼睛凝视着我，一动不动，像是橱窗里的一件工艺品。

每天黄昏时分，李老头会定时为鸽子喂食。这时候，散落各地的鸽子如同提前约好了似的，一齐往李老头家里飞。我站在窗边数了数，有几十只。黑色、白色、灰色的鸽子交错在一起，使我感到眩晕。

李老头住在三楼，有一天放学后，当我沿着昏暗的楼梯走到他家门口时，我下意识地停留了一会儿。我看见他正在走廊里神情专注地为一只鸽子包扎伤口，他面前还有好多鸽舍，里面的鸽子"咕咕"地叫着，扑棱着翅膀。李老头头发花白，两只手青筋暴突，他动作娴熟地为伤鸽包扎着，包扎完一抬头便看见了我。我也看见了他那双幽深的眼睛。

回到房间，我突然想起了常站在我窗台上的那只鸽子，它的眼睛跟李老头的眼睛竟如此相似。我把这一发现告诉母亲，母亲正在择菜，没等我说完就冲我喊道："以后别去那里玩，他是个怪人。"

我也觉得李老头是个怪人，但我不害怕，我的勇气来自那些鸽子，我相信鸽子天生纯洁善良，绝不会跟邪恶、污秽这些词语有联系。因此，李老头虽然怪，但在我眼里绝不是坏人。

在好奇心的驱使下，晚饭后我偷偷溜到三楼，走廊里，李老头正在给鸽子喂食，地上撒满玉米和麦子，金灿灿的，好看极了。鸽子飞快地啄食，迅速咽下，看起来灵巧可爱，我忍不住笑出声。李老头发现了我，他坐在那儿向我挥手："去去去。"我赶紧跑开了，身后传来鸽子振翅的声响。

以后每天吃完晚饭后，我都跑去看鸽子进食。一开始，鸽子对我还很陌生，稍微靠近点就飞走了。渐渐地，鸽子与我亲近起来，我可以近距离地看它们进食，抚摸它们光滑的羽翼。李老头说，鸽子跟人一样有记忆，可以判别熟人和生人。我对此深信不疑。

在我跟鸽子熟悉之后，李老头对我的态度也开始转变。我总是一有时间就溜出家往外跑，母亲若是问起来我就答去同学家写作业。其实我是去看鸽子了，我喜欢跟它们一起玩。我逗鸽子时李老头就坐在旁边的躺椅上看着，一句话也不说，不时把一个旧搪瓷杯放在嘴边抿一口。杯子里泡着浓茶。

有一天我问李老头："你为什么养这么多鸽子？"

他答道："没别的想法。就是喜欢。"他说一口正宗的本地方言，我听得十分费劲。这个回答使我说不出话来，但还是觉得意犹未尽。这时，李老头说："我像你这么大时就喜欢上鸽子了，那是20世纪60年代，我打猪草时发现了一只鸽子，它的翅膀断了，奄奄一息。我把它揣进怀里带回家，给它包扎伤口，喂水喂食，可几天后它还是死了。打那以后，我收养了很多鸽子，十里八乡的人都喊我鸽子王。"

说到"鸽子王"三个字时，李老头声音高亢，还有些颤抖，他的眼里闪着明亮的碎金。"就这样养了几十年，心思全放在鸽子上，到头来一事无成。"鸽子开始"咕咕咕"地叫了起来。"这些鸽子，跟人一样喜欢依赖别人。只要你对它们好，它们就算饿死也不会离开你。真是拿它们没办法。我这辈子不知道养了多少鸽子，都是从它们生下来到死一直看过来的，刚开始心疼得很，后来就越来越麻木了，不管怎样都是命，说不准啊！"

我越听越入迷，但李老头不讲了，他从椅子上起身，拿着搪瓷杯往屋里走去。他的背影很快消失在我的视线里，而那许多的鸽子却围绕在我身旁。

快要期末考试了，那段时间母亲不许我出门。我每天听到那阵阵鸽哨声，心里都痒痒的，这时我才明白李老头说的喜欢是什么意思，我喜欢上鸽子了。但我也知道，母亲不会同意我养鸽子的，为此我感到沮丧。

有一天晚上，星星高悬于天空，一个暗影从窗户外闯进来，我打开灯，看到一只受伤的鸽子，它洁白的羽毛下流淌着殷殷鲜血。我十分惊讶，同时手足无措。我坐在地上眼睁睁看着面前的鸽子死去。那一夜我昏昏沉沉地睡去，梦见一群鸽子扑向我，用短小尖锐的喙猛啄我的手臂，我感到了皮肤撕裂开来的痛苦，醒来后浑身汗涔涔的。

我再一次站在李老头家门口时，走廊上空空荡荡，那些鸽舍全都不翼而飞，地上还散落着许多鸽子的羽毛。我有种预感，这种预感使我感到害怕，但我还是敲响了李老头的门。里面传来咳嗽声，我报上名字请求他开门，随后听见拖鞋在地上划过的声音。门开了。

这是我第一次进李老头的家，虽说以前经常来三楼，但注意力都放在鸽子上了。李老头家里并没有母亲和隔壁阿姨说的那股鸽子粪便的味道，反而散发着淡淡的樟脑的清香。刚进去还没坐下，我就迫不及待地问他："那些鸽子哪里去了？"

李老头神情有些呆滞，好像没听见我说的话，我重复了一遍他才喃喃吐出三个字："赶走了。"我搞不懂他为什么要把鸽子赶走，正要问他，他说："那些鸽子天天回来，我就天天挥着扫帚赶它们走，真烦人，现在终于清静了。"

我突然想到那天夜里从窗外跌落在我面前的受伤的鸽子，似乎明白了什么，我感到很愤怒，对李老头吼道："那些鸽子那么好，你不应该那样对它们，你这个怪人！"说罢，我推门走了。

自那以后我再没有去过李老头家，也再没有见到过鸽子。直到有一天黄昏，残阳如血般横亘在天际，我站在阳台上欣赏这美丽的景色，突然，一群鸟从远处飞来，由远及近。我看清了那是一群鸽子，有灰的、白的、黑的，它们盘旋交错在空中，宛若一幅水墨画。阵阵鸽哨从我的头顶掠过，飘荡在楼宇之间，悲哀而寂寥。

这时，母亲跟我说："楼下的李老头昨夜去世了，这些鸽子大概是来为他送行的吧。"听到这话，我内心震荡不已。我想起李老头曾经对我说，鸽子记忆力强，依赖性也强，只要对它们好，就算是饿死也不会飞走的。

我终于明白，李老头当初把鸽子赶走是因为自知大限将至，为了那些鸽子在自己死后不至于饿死，他便下狠心将它们全都驱逐出去……

孤独者的黄昏

□依柳望月

一条路丢下她，独自向前走去
那些群山也是
几百亩的荒原也是
空旷的荒原，除了一只小狗
她看起来孤零零的没有一个亲人
当她轻轻转身，我们看到的是
她领着一条路，一群山
几百亩荒原，在黄昏散步
那枚落日别在她的发上
让她看起来，像一位女王

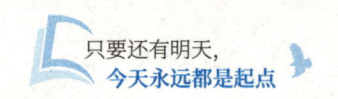

毛毛虫效应

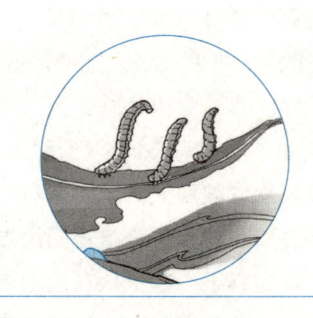

□ 叶 舟

法布尔做过一个实验：把许多毛毛虫放在花盆的边缘，使它们首尾相接，围成一圈，并在不远处撒了它们最喜欢吃的松叶。结果，没有一条毛毛虫去吃松叶，它们一条跟着一条，绕着花盆一圈接一圈地爬，最终精疲力竭而死。

法布尔在总结那次实验的时候，曾写下这样一句话："在那么多毛毛虫里，倘若有一条不盲从，它们就能够改变命运，告别死亡。"毛毛虫的失误在于失去了自己的判断，只知道盲目地跟从其他毛毛虫，从而陷入了一个循环的怪圈。这种因为跟随而失败的现象被心理学家称为"毛毛虫效应"。

其实，人在有些时候何尝不是如此呢？可能有很多人会忍不住嘲笑那些毛毛虫的愚蠢，但是，在人类社会中，每天都在上演着像毛毛虫那样盲目跟从别人或者被习惯左右的事情。

看到过一个这样的故事：男人想做一套新西服，于是将旧西服拿给裁缝让他照着做。几天后，新西服做好了。这个裁缝的手艺很好，仿制得几乎完全一样。可翻到后面，男人却发现一个地方有被挖掉以后重新补上的痕迹。他感到很疑惑，就问裁缝这么做的原因，裁缝答道："我这全是照着你给我的样式去做的啊！"这时，他才恍然大悟，原来旧西服后面有一块补丁。

爱默生说过，"模仿等于自杀"。此种毛毛虫似的模仿，不但会令人养成惰性，而且会抹杀人的创造能力，进而影响潜能的发挥。

一位大艺术家曾说："学我者生，似我者死。"这实在是智者之语。学习，免不了要模仿，模仿或许是必不可少的学艺阶段，但若止于模仿，就变成了盲从。

成绩卓著的人，擅长从模仿中汲取精华，绝不生硬地模仿，因为他们清楚地知道：模仿只能用来拓展自己的思路，增强自己的鉴别力。一味地模仿，只会让你迷失自我，沦为被控制的提线木偶。因此，你必须选择自己做主，这样你才会更快地走向成功！

众所周知，清朝著名书画家郑板桥以雅俗共赏的"六分半体"而享有盛誉，为"扬州八怪"之一。其实他刚开始名气很小，虽然能临摹古代著名书法家的各类书体，甚至可以达到以假乱真的地步，但依然不为人所知。他百思不得其解，但妻子偶然的一句话让他醍醐灌顶，豁然开朗。

一个夏天的晚上，郑板桥与妻子在院中乘凉。他习惯性地用手指在自己的大腿上写起字来，不知不觉，就写到了妻子身上。妻子有些生气地说道："你有你的身体，我有我的身体，你为何不在自己的身上写，而要写到别人的身上呢？"

郑板桥猛然醒悟："是啊！每个人都有自己的身体，写字也一样，就算写的与他人的相同，也是他人的字体，根本没有自己独有的风格。"此后，他开始吸取各家之长，融会贯通，最后形成了自己的风格，终成一代书画大家。

在实际工作中，倘若我们总跟在他人后面走，看不清自己的方向，最终只会碌碌无为、白费工夫；倘若我们只重视自己做了多少工作，而不重视工作质量，那"一分耕耘"就不一定会有"一分收获"，甚至会徒劳无获。

第四章 社交锦囊

没有人是一座孤岛,可以自全。独处时请享受,交际时请尽欢。

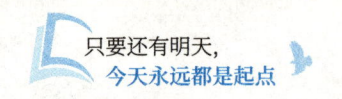

跟黛玉学做人，跟宝钗学做事

□刘万祥

林语堂曾说："欲探测一个中国人的脾气，最容易的方法，莫过于问他喜欢林黛玉还是薛宝钗。假如他喜欢黛玉，那他是一个理想主义者；假如他赞成宝钗，那他就是一个现实主义者。"

自《红楼梦》问世以来，关于"薛林"二者谁更胜一筹的争论从未休止。在我看来，林黛玉忠于自己，无愧己心；薛宝钗安分随时，圆融通达。人生最聪明的活法，莫过于跟林黛玉学做人，跟薛宝钗做事。

跟林黛玉学做人——平等待人，直率坦诚。在曹雪芹描写的大观园里，等级制度严明，连丫鬟都分为三六九等。而深受贾母喜爱的林黛玉却不骄纵、不妄为，始终宽厚待人。薛蟠的小妾香菱向她请教如何写诗时，林黛玉没有讥讽嘲笑，而是认真地讲解了写诗的要点和技巧，并把自己珍藏的诗集借给了香菱，帮助她进步。

跟林黛玉学做人，就是要个性独立，行不苟合。林黛玉的思想和行为与封建社会倡导的"三从四德、女子无才"全然不同，体现了超越世俗的反叛精神。母亲去世后，林黛玉大病一场。父亲担心自己给不了女儿更好的生活，只好向贾母托孤。于是，当同龄人还在父母跟前撒娇时，林黛玉已经远离故居，寄居贾府。在贾府，林黛玉不卑微、不乞求，始终以平视的姿态与贾宝玉相处。她不会因为贾宝玉不喜欢荷叶，就放弃自己对"留得残荷听雨声"的情有独钟；也不会因为贾宝玉续写《南华经》，就迎合对方，违心地拍手叫好；更不会因为众人都劝贾宝玉考取功名，就人云亦云，博得家中众人的喜爱。她有自己的想法与见识。正是这份与众不同，才让她在《红楼梦》中成为最特别的存在。

向薛宝钗学做事——深通世故，洞察人情。一次，薛宝钗过生日，贾母问她："爱吃何物，爱做何事？"薛宝钗回答："爱吃甜烂食物，爱听热闹的戏文。"一字一句，正中贾母下怀。薛宝钗先是点了一折《西游记》，场面一下热闹起来，众人看得意犹未尽，接着依照贾母的喜好，点了一折《鲁智深醉闹五台山》。果然，贾母听得十分欢喜。15岁的薛宝钗既能活跃气氛，让众人乐在其中，又能巧妙逢迎，讨贾母欢心。这份心智，少有人能敌，难怪薛宝钗被称为高情商的典范。一个在社交中游刃有余的人，一定是处理事务周到细致、言语得当，处处都能给人安全感的人。

向薛宝钗学做事，就是要明辨是非，审时度势。有一次，薛蟠因言语调戏"冷面二郎"柳湘莲，被对方痛打一顿。薛姨妈心疼儿子，嚷着让下人们聚集起来，寻柳湘莲报复。薛宝钗听罢，对母亲说："他们喝酒，酒后翻脸是常情，谁醉了，多挨几下也是有的。况且咱们家无法无天，也是人所共知。今儿偶然吃了一次亏，娘就这样兴师动众，显得倚着亲戚之势欺压常人。"薛宝钗冷静分析局势，有理有据地提出观点，及时打消了薛姨妈的怒气，制止了莽撞行为的发生。

《红楼梦》中有句话："世事洞明皆学问，人情练达即文章。"生命是一场修行，生活亦是道场。林黛玉不卑不亢，坚守本心；薛宝钗沉稳可靠，睿智通透。她们身上都有我们可以揣摩学习的地方。

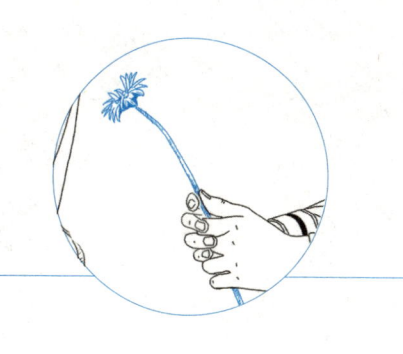

拒绝人

□叶特生

作家三毛说过：当一个人开口提出要求的时候，他的心里本来就预备好了两种答案。给他其中的任何一个答案，都是他意料中的。所以不要害怕拒绝他人，只要有正当的理由。

我们常常选择做一些自己不愿做的事，因为怕让人失望，怕得罪人。即使理由正当，也不敢拒绝，结果委屈了自己。最遗憾的是，即使你为他而委屈自己，他根本不领情；因为他问你，就等于给了你充分选择的机会，这是你自己选的，不是他强迫你的，所以他并不欠你什么。常感委屈的人，不是因爱心而为人设想；而是性情怯懦，不敢面对拒绝人的尴尬场面。只要理由充分，你拒绝他，他反而更尊重你。这是一种微妙的心理过程。

我妻子常拒绝甚至训斥人，我想她一定会得罪不少人。恰恰相反，她的朋友竟然比我更能迁就人。能正当地拒绝人的，就是恪守原则的强者，人天生尊敬强者。你愈拒绝他，他的印象愈深刻。以原则和法理为前提的人，拒绝人的次数特多。有天他忽然不拒绝，完全接受你的意见，你会受宠若惊，陡地增加自信，对他印象更深刻。

深交的知己，往往从被拒绝而结交。因敬佩他爱恨分明，并且真诚无伪。人欺负温水般附和的人，却不敢轻看拒绝他的人。

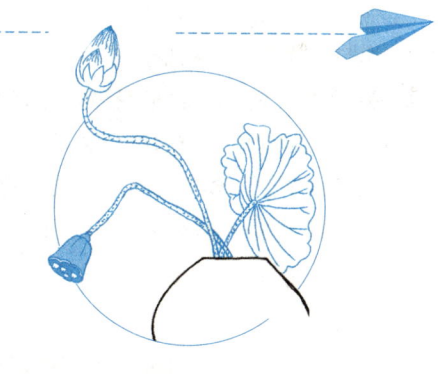

多说一句，好吗

□张亚凌

中午在单位吃饭，我给同事买包子。茄子的、南瓜的、萝卜的、酸菜的……各点了一个。袋子口收紧，只听卖包子的大姐说："刚出锅的热包子口不敢紧，热气出不来包子皮就不好了。"

几十岁的人了又忘了常识，尴尬一笑，赶紧松了袋子口。

为了不辜负大姐的叮咛，让同事吃到口感好的包子，我用一只手托着，这样下面的也能散热。

其实，单位门口几家包子铺从味道到形状，说不好哪家更好，几乎没有差异，总是不假思索来这家，源于大姐不见外的叮咛和暖笑。

去逛商场，看中了衣服的款式、颜色，也试了大小，付完钱临走时，导购小姑娘提醒道："回去不要急着摘牌子，再试试，不满意还能回来退换，摘了就不行了。"衣服还没着身，却收获了满满的安心，好像我随时回头，小姑娘都会热情地迎上来。

因了这句话，我成了坚定的回头客。

是的，有时只是多说了一句，流淌出来的却是善与爱。

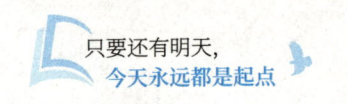

闺蜜有一个就足够了

□沈玉藻

民国时期的大才女林徽因就有一个特别要好的闺蜜。她的这位闺蜜来头还不小，她的丈夫是《剑桥中国史》的作者费正清，而她就是费慰梅。

林徽因和费慰梅相识于北平，那时她是客厅沙龙里意气风发的主人太太，而费慰梅是跟随丈夫来华考察的外国姑娘。向来没有女人缘的林徽因和费慰梅"一见钟情"、意气相投，很快费慰梅就成了太太客厅的座上宾。

他们还一起去了山西，林徽因是和梁思成去考察古建筑，而费慰梅则是为了和费正清去度假。

关于这场旅行，后来费慰梅写道：这一路上，我们遇到铁路建设，被迫把交通工具换成驴车或人力车，找不到旅馆，要和大兵们抢住宿的地方……

有个理论说，如果你想和一个人发展一段长期的关系，一定要和他一起旅行一次，在旅行中你能发现他是否与你合拍。

这场长途旅行的结果，是原本意在度假的费慰梅，从此对林徽因的建筑学产生了兴趣。

大概到老她都还记得吧，在那趟旅途中，有一天他们从大兵手里抢到的一间精致上房"窗户朝北开向一座内花园"。那晚他们一起看过的月光一定如水一样。

正如费慰梅所说：这一个星期我们朝夕相处、喜怒与共，孕育了长年的亲密友谊。

几年后，费慰梅回了美国。

1936年至1945年，是林徽因人生中最艰难的一段时光。她和家人从北平仓皇出逃，辗转大半个中国。他们一路西去，天上的轰炸机鸣叫着，炸弹随时都会落在身边。在长沙，他们夜里遇到空袭，一家人几乎丧命，后来终于在西南安定下来，却又陷入贫病。那时林徽因的肺病已经严重到要卧床，照明只能用菜籽油，北平的好时光恍如隔世。

一个在美国，一个在中国，我与友人隔山海，山海却未将友谊平。她们频繁地通信，靠信件来维持友情。无论林徽因去到哪里，费慰梅总会想办法打听到她的住址给她写信。无论贫穷还是疾病，林徽因也总会记得给大洋彼岸的友人寄去自己的思念。

在信里，她们如人在眼前那样无话不说。林徽因跟费慰梅吐槽小姑子难缠，吐槽生活捉襟见肘，吐槽家务烦琐，甚至吐槽冰心：她全家将乘飞机，家当将由一辆靠拉关系弄来的注册卡车全部运走，而时下成百有真正重要职务的人却因为汽油受限而不得旅行。

跟我们同闺蜜在背后吐槽自己不喜欢的女同学也没什么分别嘛！

但她也同费慰梅说：不时还有一些好风景，使人看到它们更觉心疼不已。那玉带似的山涧、秋天的红叶、白色的芦苇、天上飘过的白云、老式的铁索桥、渡船和纯粹的中国古老城市，这些都是我在时间允许的时候想详详细细告诉你的。

如果你很喜欢一个人，那么你遇到的一切美好都想与之分享。就像少女时代的我们，每天早上去上学的动力之一，就是和最好的朋友一起交换对昨晚电视剧的感想。

腥风血雨里的林徽因，在这一点上和我们也没啥两样。

直到1945年，日本投降，费慰梅重回中国，一对好闺蜜才终于在李庄重逢。

而此时，林徽因已经病重，但人逢喜事精神爽，何况又见旧时友。费慰梅驾驶着军用吉普车，载上已经因贫病困顿在李庄多年的林徽因来到重庆，她们在胜利的大街上一圈圈地兜风。这一年林徽因四十一岁，费慰梅也已经三十六岁了，她们早已不似旧时年少，但谁敢说她们的风华逊于十六七岁的少女？

那是一段再美好不过的时光。

她们一起去了云南，找到旧时好友，北平的小客厅在昆明得以重现，又是高朋满座，又是言笑晏晏，仿佛一切又回到了从前。

几年后，费慰梅又回到美国。从那以后，她们再未相见，就连通信也被迫中断。

1955年，林徽因因病去世。

1972年，梁思成去世。

当国际政治的坚冰终于被打破，费慰梅再度回到中国时，昔日好友伉俪墓木已拱。

这一次，隔在一对闺蜜间的是生死。但两个人的友情并未因其中一个人的死亡而终结。

费慰梅为好友做了最后一件事。

我们今日说起梁思成的学术成就，总会提到《图像中国建筑史》，这本书是梁思成在最为艰苦的李庄岁月里编撰而成的。

1946年梁思成赴美时，把手稿留在了费慰梅处，后来留学生刘某为毕业论文向梁思成借阅手稿，梁思成托费慰梅把手稿寄给刘某，谁知后来此人竟杳无音信了。

三十年后，重返中国得知此事，费慰梅做出了一个决定——找到手稿，将它出版。

辗转多年，她终于找到了手稿，并将之付诸出版。这一年是1984年，距离他们北平初遇已经过去了整整五十年，林徽因和梁思成早已泉下销骨，费慰梅也已经是七十五岁的老人。

在《图像中国建筑史》的前言里，梁思成写道：我要感谢我的妻子、同事和旧日的同窗林徽因。

这本书，是夫妻俩李庄岁月的最好注解，也是费慰梅与林徽因半个世纪友情的最佳诠释。

回想半个世纪前，在《我们太太的客厅》里，冰心曾那样尖刻地揣测两个人的友情：第一种是因为我们的太太说一个女人没有女朋友，究竟不是健全的心理现象；第二种是因为物以相衬而益彰，我们的太太和袁小姐（冰心对费慰梅的化称）是互相衬托的⋯⋯

能无话不说、能把臂旅游、能隔海不相忘、能生死不分离，活着时她乐意听你的一切絮叨，死去后她能替你完成你的遗志——倘若有这样一个朋友，还管其他人的闲言碎语做什么？

生前能高朋满座，死后仍有朋友守诺，才是真正的人生赢家。

爱是流动，不是偿还

□淡淡淡蓝

盘点一下最近收到的礼物：有文友寄来的她们当地农户自产的菊花茶，还有她喜欢的作家阿婆的侦探小说；有杭州姑娘给我寄来的猫咪的玩偶；有上海朋友网购的绿色桔梗花；有发小给我寄来的家乡的野生山核桃⋯⋯

想不到，欠朋友的深情厚谊，竟然有这么多了。放在以前的我身上，可能会为这么多的"人情债"产生沉重的心理负担。

你来我往，似乎是人与人之间交往的正确方式。"投我以桃，报之以李"。你送我一束鲜花，我回你一瓶香薰；我给你寄去我家乡的笋干，你回赠我你家乡的水果；我送了你一只好看的杯子，不几天，我收到了你寄来的棉麻长裙。

但长长久久的友谊，又何必急着还一时的礼物？毕竟，我们还有很漫长的人生啊！

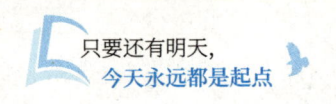

"学人精"也有春天

□ 梨饭饭

"学人精好讨厌!"深夜,张同学发了这条朋友圈。

我当然知道她说的是谁——近一年来一直在模仿她的那个女生,称她为"镜子"好了。

张同学是我们系众多美女中的一个,穿衣打扮样样不俗,直到有一天,她发现一个女生总是穿和她差不多的衣服,有好多人竟都误把她当成了张同学。这个女生就是镜子,虽然外貌上和张同学完全不搭边,可也凭着出色的穿搭被人夸过好几次。张同学很生气,却又无可奈何。

一次,张同学买了新的手账本,在朋友圈里晒了张照片。没过几天,镜子也发了自己制作精美的手账,还配字:新爱好。

张同学怒气值达到50%。

张同学生日,和闺蜜们去一家日料店聚会,回头跟我们说这家的刺身也太好吃了吧,不出一个星期,镜子也发了店铺打卡,而且拍的美食照片比张同学还要多。

张同学怒气值升至80%。

有天,张同学在刷微博的时候忽然刷到一张很眼熟的照片。点进去看,不出所料,是镜子的号。她靠着在微博里发一些穿搭、手账之类的分享,居然还有了小一万的粉丝。

张同学怒气值爆至100%。

"气死我了,学我的东西还出去装,她脸皮到底有多厚?"张同学非要盘算出一个让镜子露馅的计划不可。与此同时,镜子的生活反倒越过越滋润。

数学系有个每天喷发胶梳背头的男生,不知从哪认识的镜子,突然开始追她。于是,背头先生开始和镜子小姐一起上公选课。

张同学的追求者远远超过镜子,但看着一个靠模仿来得到喜爱的人,心里还是有许多不爽。

"学人可是有代价的。"张同学的报复还是来了:她悄悄发了一系列朋友圈,设置仅镜子一个人可见。有时是"Chanel的包包好好看哦",配上LV的图。有时是颠三倒四的穿搭推荐。

镜子不负所望,照数搬到了自己的微博上。很快,被熟悉的网友发现了马脚。继而张同学在评论里贴出了自己的照片,大家这才发现,自己一直追逐的"偶像",原来全都是学的别人。

镜子微博的粉丝每天都在减少。她不敢去看那些失望的或是骂她的评论,整天待在宿舍里不敢出门,直到背头先生给她打来电话。"你下楼,我有话对你说。"背头先生说。即使心里害怕,镜子还是简单地梳妆打扮了一番下楼找他。两个人坐在台阶上,背头先生问:"你知道我为什么喜欢你吗?"镜子摇了摇头。

"那是一个下着大雨的晚上,图书馆即将

闭馆。我看见你在大方桌上，噼里啪啦地敲着键盘，在微博上做一份份的穿搭攻略。从那时我就想，这么目标坚定又敢于执行的女孩子，一定很可爱。

"后来，看你抱着电脑往宿舍跑的时候，我就特别后悔，为什么没帮你挡一下雨。"

"可是，那些微博都是假的……"镜子抽噎着说。"但你是真的。"背头先生一把将镜子抱在怀里，"我爱你也是真的。"

学人精是我，也是你。小时候，见到漂亮女生总是先生出自卑，然后慢慢地想要向她靠近，想要让自己做出改变。想穿和她一样的衣服，想和她做一样的事情。仿佛这样，就可以拥有和那个人一样迷人而丰富的内心。没有人从一开始就是百分百的自己，而成长是一个慢慢拥有自己的过程。

后来，镜子小姐道了歉，删掉了所有的分享微博，转型做恋爱博主，三天两头和背头先生秀恩爱，连张同学看了也生出了"学"她的念头。"她也太可爱了吧。"张同学说，"为啥我就没有一份这么甜的恋爱？"

一直以来，我们受到的教育是这样的——模仿就是不如别人，模仿就是东施效颦。可是，不妨给"学人精"们一个学习的机会，随着时间的增长，每个人都会慢慢明白他想要的。即使是镜子小姐，也会有属于自己的爱情。

谢谢，冬

□陈文茜

冬天，一年的尽头，也是下一年的初始。

在冰天雪地中，我们活得如宋代汝窑的冰裂纹，在缝隙中我们看到过往的刻痕，然后想办法盼自己能过好下一年。

冰雪本来和冻结、寂寥、枯竭、冰冷刺骨相联结；但是在东方和西方，我们总是在冬季的冰雪中，迎接一年中最大的节庆。

东方是春节，西方是圣诞节。一片雪花纷飞中，人类既歌颂白色，又不甘于白色。中国人张灯结彩，日本人举行红滚滚的雪祭仪式，欧美世界闪闪亮灯。在最冷的季节，人与人之间，温暖共聚，合度佳节。

冬天因此蕴含矛盾。

它是冷，它是热情欢乐！

它是白，它是红，它是彩色。

它是即将过去的最后一笔账，它是即将开始的未知。

它适合尖叫，更适合沉思。

它使大地死寂，它使雪覆盖了等待中的花朵，来年好迎春绽放，牡丹倾城。

一年四季，人们既迎春也叹秋，但没人喜欢冷飕飕的长冬。

我们总是忘了冬季的好，正如我们经常忽略身边最忠实的伴侣。

冬，静静地、认命地年复一年伴着我们历经地老天荒，迎新送旧。

它折磨了我们，也应许了我们。

谢谢，冬。

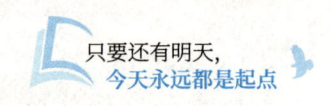

点赞之交

□孙 欣

单位升级了电子邮件系统以后的第二天，许多人都发现原本的邮件界面除了把一堆按钮换了位置以外，最大的变化是邮件旁边多了个大拇指符号——"点赞"功能。一个同事特别有求证精神，马上给所有人发了一封测试邮件。经测试，邮件上的点赞功能实实在在地存在着，发送者能看到哪些接收者点了赞。有远见的人们（包括我在内）马上指出：邮件点赞是麻烦之源，必须团结一致，绝不使用。

群发邮件里，谁给哪一封点了赞，一目了然。有了点赞之后，点与不点自然就成了分歧，赞与不赞自然就有了立场。本来藏在辞锋里的你来我往成了摆在明处的过招，对工作场合中的正常关系非常不利。

在朋友和陌生人之间有一类熟人，认识面孔也知道名字，仅限于此而已。在生活中遇到这样的熟人，只要打个招呼就算尽到社交义务了。如果不巧陷入不得不多交谈的场合（比如在食堂打饭刚好挨肩排同一条队），双方在谄笑满面的同时觉得尴尬难言。托网络的便利，社交恐惧症患者都会扎堆儿倾诉自己有多么惧怕与别人交谈。"遇上熟人不知说什么好"是社交恐惧症患者最喜欢的话题。这类熟人在社交网络上也存在，他们往往是没什么共同语言的同学、同事、见过一两面的朋友的朋友，这些人被过度热心的社交网络工具推荐添加进了自己的联络网，互壮声势，造成一种相交满天下的感觉。真正的交流其实谈不到，最多只是给对方点个赞而已。

给熟人点赞也不可能没有原则。一些人在生活中还算和气，网上却是立场鲜明，好像随时拿着个大喇叭在做宣传。时时给这类人点赞，就算是无心之赞，也可能让他们产生友军的错觉，拉你入伙。

不赞当然是比较稳妥的方式，但如果给一大串别人别的事点了赞，偏偏只是挑某些人的不点，多心的人一样能察觉到其中细微又明显的意味。所以最稳妥的点赞方式是只给最平和的消息点赞，比如生日、求婚、结婚、食物、自拍之类，逼人站队的信息一概不点。

肚里有话憋不住，在网下说给真正的朋友听，说完以后言语消散在风中。纵然不慎传开去，也还是可以坚决不认，不像社交网络上的一个赞，大拇指竖在那里有如铁板钉钉。如果《红楼梦》里有"脸书"，贾宝玉给薛宝钗某条信息点了赞，若是林黛玉刚好对那条不以为然，肯定就是一场风波。我们现代人当然不会像林妹妹那么小心眼儿难伺候。我们只会看在眼里，记在心里，牢牢把持住自己，有原则地点下一个赞或者取消一个赞。

你要勇于优秀

□顾晓蕊

命运中有些东西是冥冥注定的，由不得你选择，比如出身，你无法预知迎接你的是一个怎样的家庭。贫困的原因有很多，但没有人甘愿贫困，因而穷人的孩子早晓事，往往更具韧性和毅力，但若想通过知识来改变命运，这无疑是一条充满艰辛的不凡之路。

那么，你既然选择了，就不要退缩。要知道在人生的河流中，嘲讽或冷落，都不过是一朵朵激涌的浪花。你看那浪花飞起，细碎，微小，它打湿了你的心情，却也映照着岸边风景。

且愿你无惧又无畏，宁肯逆流而上，决不随波逐流。

当你无法改变别人时，不妨先做好自己，让一颗心沉下去，静下来，与自己相安。当你专注于当下，不纠结于某一事，不过于焦虑，心情自然会好起来。只有你心态平和，保持安然和喜乐，才能自信满满地迎接一个又一个挑战，让自己变得优秀，更优秀。

别人之所以会嫉妒，是因为你只是稍强于他人，还算不得优秀。这就好比一群人去爬山，你走得比别人快了些，有人会说些难听的话。可当你越过众人，将他们远远地甩在身后，站到山之巅时，他们对你就只有仰望，只有赞叹。

如果你不甘平庸，那么，就要勇于优秀。一个优秀的人，所要面对的不只是攀登的喜悦，还会有高处不胜寒的孤独。我们应当学会独处，须知一个人独处的时候，内心往往是丰富的、充盈的。独处让你在安静中思考，更能了解内心真正需要什么，也更加明确今后要走的路。

成功的路注定是条曲折而极窄的小道，越努力，越优秀，没有人能轻易地摘取成功的果实。所以不必伤叹，更无须抱怨，要知道如果你想要变得更好，所经历的这一切都并非偶然，而是必然。正如作家艾芜所说的那样，"人应像一条河一样，流着，流着，不停地向前流着；像河一样，歌着、唱着、欢笑着，勇敢地走在这条坎坷不平、充满荆棘的路上"。

不自弃，不放弃，永远在路上，向梦想迈进。结果固然值得期许，而过程同样重要，在逆境中不断修炼自我，让内心变得坚定而强大，这对你而言本就意义非凡，是一件非常美好的事情。

当然优秀并不意味着孤芳自赏，如果有人需要帮助，你理应伸出友爱的手，带动她跟你一起奔跑。多一个人陪伴，就多一份力量，相互照亮的同时，也能彼此成就。

相信总有一天，当你回望来路时，那些曾经令你苦恼不已，甚至伤怀失落的往事，都变得很轻，很轻，偶尔会在记忆中翻滚一下，但很快如浪花般湮没于生命长河，无声无息，没留下一点踪影。

到那时你会发现，在时光柔软的枝蔓上，开一朵花，又开一朵花，成长的小径上花香馥郁。

而你终于以喜欢的生活方式，努力活成了自己希望的模样。

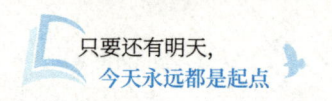

匿名寄出桂花糕

□猪小浅

那是兵荒马乱的高三。

我和大多数人一样,整天顶着黑眼圈,埋头于题海。

有天课间,我正被一道数学题弄得心烦意乱,却突然听到同桌说,周延下个礼拜要去美国。

她说这句话的时候,像说明天要月考一样平常,我却趴在桌上,难以抑制地哭起来。

周延并非多耀眼的男生,只不过他在我的眼里,一切都刚刚好。从眉毛到鼻眼,从发型到身高,全好看得恰到好处,也可爱得恰到好处。少一分乏味,多一分腻味。

不过很可惜,我和周延来自不同的世界。

周延家底殷实,父母都是高知,他从小看到的世界就比我的广阔。这些,让我在他面前自惭形秽,只能将那份喜欢藏在心底。即便同班两年,我和周延也几乎没有过任何交流。

闺蜜安慰我说,没关系,你可以像《初恋这件小事》里的小水那样,在接下来的日子奋发图强,努力让自己变得更好,然后在最好的时光和周延重逢。

闺蜜却忘了,生活不是电影。

很多的久别重逢,都不过是物是人非。所以,即便闺蜜将未来说成了一朵花,我还是难过了很长一段时间,缓不过神来。

周延去了美国后,有一天,我看到他在班级的QQ群里说,好怀念小城桂花糕的味道。

有同学打趣他说:活该,谁让你非要漂洋过海?周延也不恼,在群里留了个地址,附上一句话和一个可爱的表情:改天谁有空,给我寄块桂花糕呗。

我毫不犹豫地拿起纸笔,在草稿纸上记下了那个地址。

当时的我只有一个念头:无论如何,要让周延吃上桂花糕,缓解他的乡愁。

为了不被家里人怀疑,我只好去找旁人打听。弄明白费用及流程后,我有些沮丧。因为要想给周延寄桂花糕,我至少得攒够四百块钱。

四百块钱对那时的我来说,是个巨大的数字。除了父母给的零花钱,我还偷偷帮校外那家文具店拉生意。去邮局那天,犹豫了很久很久,我还是没有用自己的真实姓名。

不久,终于看到周延在群里说:哈哈,没想到,真有人给我寄桂花糕呢,只是某某是谁?我们班好像没这个人吧?

这话刚说完,马上有人起哄说,肯定是暗恋你的呗。

一群人七嘴八舌议论开来。

后来,周延说:虽然不知道你是谁,但还是非常谢谢你。

很多年后,我和周延终于在聚会上重逢。即便我很努力,也还是没有优秀到足够和他相配。有些东西,与生俱来,并不是努力就能改变其中的格局。就像有些距离,永远难以逾越。

所以,我和周延之间永远隔着时差,他的白

天是我的黑夜。

自始至终，周延都不知道，我就是那个花三百块钱邮费，给他寄一百块钱桂花糕的，傻傻暗恋他的女孩。我在他的记忆里，只不过是旧时光里一个平凡的女同学，仅此而已。

有人在歌词里写：暗恋是一种礼貌，暗地里盖一座城堡。当你喜欢的那个人，你永远不可能靠近的时候，不如就将那份小小的喜欢，打包封存，藏在旧时光里。对你喜欢的那个人来说，这是一种礼貌。

不打扰，是我们最初的温柔。

愿你学会笑着低头

□李月亮

在电影院排队买票，我前面是一对年轻恋人，刚排到他们，一位妈妈领着孩子急匆匆地挤过来，直接冲售票小姐说："我们的已经开场了，先给我们出票吧。"

我前面的姑娘不乐意了，说："您排一下队好吗？"

那位妈妈置之不理，直接递钱给售票小姐："孩子急着看，麻烦你先给我们出吧。"

姑娘有点火，伸手去挡。

眼看要闹起来，旁边的小伙子轻轻拉过姑娘，笑着说："让她先来吧。"然后示意售票小姐先给那对母子出票。

姑娘生气。小伙子笑着拍她肩膀："不要紧，我们又不急。"

我顿时觉得这小伙子真帅。

有时候跟讨厌的人顶上了，非要较真的话，讲理讲得赢，打架也打得赢，虽然赢了一件小事，却损失了时间和心情，划不来。不如低低头，让她过。

而重要的是，低了头，心里也不拧巴，还开开心心该干吗干吗，这就是种境界了。

去年我的朋友大妮单位集资盖房，盖好后大家抓阄分房，大妮运气不错，抓到三楼。正美呢，领导找她，说："单位一个老大姐抓到五楼，觉得年纪大了爬着费劲，非要换，你愿意跟她换换不？"

大妮说："我孩子才三岁，爬五楼也费劲。"

领导挺为难，说："那大姐特难缠，天天打电话找，关键她妹夫是公司的直管领导，不好得罪。"

大妮想了想，说："那就换吧。"

领导有点过意不去，说："委屈你了。"大妮说："没事儿，就当抓阄抓的五楼了，而且天天多爬两层还减肥呢，孩子过两年大了，爬五楼也不是事儿。"就这么换了。换完大妮也没觉得委屈，跟那位老大姐还乐呵呵地处得很融洽。大姐挺感动，跟谁都说大妮好。她领导也领情，今年有个去英国学习的名额，二话不说就派给大妮了——这里面可能有其他成分，但换房事件功不可没。

其实人都不是圣贤，对大妮来说，到手的利益要拱手让人，没点胸怀、没点格局做不到。而让出去以后还能想得开，不怀怨恼，真挺不容易。只是她做到了，好事儿就跟着来了。

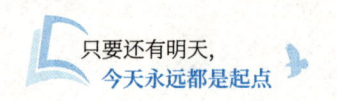

成功的机遇

□ 青 丝

现代心理学家用多年研究的成果得出一个结论：智力与理性，并不是天然重叠的。很多聪明人，遇事的时候做出了错误的预判，由此做了蠢事。若以这个现代理论对一些历史事件做评估，也可以得出合理解释，如果在历史的某一瞬间，有些人于机会面前能表现得更为理性，就不会错失了本应取得的人生成就。

最著名的例子是北宋词人柳永，年少时就广有才名，但他多次应试不第，又薄于操行，经常偎红倚翠、买笑追欢，以至于声名狼藉，虽然屡得朝臣举荐，却一直未获任用，直到50多岁才中了进士。而这个年纪进入仕途，若是依照品级、资历循序升迁，发展空间无疑是很小的。所以，柳永也很希望能以自己擅长的诗文博得皇帝的好感，由此迅速晋升高位。

有一个姓史的宦官很赏识柳永的才华，恰巧此时又逢天有异象，老人星出现。这在古老的神话传说中是国泰民安的象征。宋仁宗很高兴，遂下诏命人作文赋诗，以纪其盛。于是，史宦官推荐柳永应诏，给了他一个展示才华的机会。

奉诏而来的柳永志得意满，挥毫写就一曲《醉蓬莱慢》。可是，词呈上去，仁宗看到第一个字"渐"，就很不高兴（"渐"有指皇帝身体不豫之意，皇帝病危叫"大渐"）。读至下阕"宸游凤辇何处"，又与真宗晏驾时仁宗御作的挽词暗合，被勾起了伤心往事，仁宗的心绪更是不佳。及至读到末句"太液波翻"，便再也忍耐不住，斥道："为何不写作波澄？"遂将词章掷在地上。本想拍马屁讨得仁宗欢心的柳永只得悻悻而退，此后再也没有获得过仁宗的召见。

宋仁宗生性温厚，属于持盈守旧、无意开拓创新的保守皇帝，他在位期间，王安石曾向他提出变法的建议就被他拒绝了。仁宗最反感的就是偏激急进、轻狂放浪的人，之前他即听闻过柳永的恶名，心中已有一定的成见，此时如果柳永进呈的词写得四平八稳，显得老成持重，或许还能博得仁宗的好感。然而，柳永存心卖弄一番，用字也就难免有得意忘形、轻佻浮华的痕迹，结果不仅没有讨得仁宗的欢心，反而捏到了痛处，使得仁宗认为，柳永的年纪虽然大了，轻浮的个性却是丝毫不改，这样的人为官难堪大用。所以，柳永最后困顿偃蹇，以终其身，也是跳到了自己挖的坑里，怨不得别人。

相反，从另一个例子又能看出机遇对成功的重要性。清雍正年间，上海举人顾成天进京参加会试，寄住在宗人府丞蔡嵩的家里。不久，蔡嵩因事下狱，雍正翻看蔡嵩的案件卷宗，从蔡家的书信笔札里看到顾成天的一首《皇城草》诗，觉得诗中有着隐含的意旨，似有讽刺朝廷之意，遂彻查顾成天的所有诗作。

没承想，雍正看了顾成天的刊行诗集，见有六首情真意切、哀悼康熙殡天的挽词，顿时被感动得潸然泪下，对左右大臣说："这种尚未登第入仕的人，也能有这种感恩戴德的诚心，可见其秉性善良，居心忠厚。"于是不再追究《皇城草》诗是否有违逆之意，反而下旨让江南督抚把会试落第、已回到上海的顾成天送到京城。第二年，顾成天赶到京城时，庚戌科会试已过，雍正破格提拔，将顾成天由举人身份直接擢至三品翰林编修，成为轰动一时的奇遇。

虽然顾成天获得的恩遇纯属误打误撞，并非刻意追求所得，但也是有时代背景的。雍正继位以后大兴文字狱，著名的曾静、查嗣庭、吕留良诸案，一时间导致人心惶惶。加上雍正对自己兄弟、儿子也是惩治残酷、毫不容情，给世人一种刻薄寡恩的印象，所以，他也很希望通过某种方式来展现自己"仁君"的一面。顾成天悼念康熙的挽词，就给雍正提供了一个表现自己"孝悌"的机会，犹如饥时饭、渴时浆，可谓正挠到了他的痒处。雍正借此事件大做文章，擢用顾成天，就是昭告天下，他也是一个有仁心的君主。顾成天是在恰当的时候、恰当的需要下出现的一个人物，获得恩幸也就在情理之中。

而这，也非常符合现代运用大数据分析得出的结果：一个人在社会影响下获得的成功，有很大的运气成分。

体谅对方的小虚荣

□痴情小木子

北洋军阀首领曹锟早年家境贫寒，靠卖布度日，虽然生活在社会的底层，但他依然羡慕有钱人出门有马车，吃饭进馆子的生活，于是只要一挣钱，他就拉好友进馆子享用。

一日傍晚，他请一朋友吃饭，此时还没有客人，便点了一盘花生、一盘咸菜，再加一瓶酒。过了一会儿，又进来几个人，他们点了一桌子菜还有几瓶老白干。几个人喝酒划拳，热闹非凡，伙计跑堂报菜名都非常热情。两桌一对比，曹锟那桌就显得凄凉寒酸。

突然，伙计端了几盘菜过来，热情地说："客官，您要的菜来啦。"并依次高唱菜名。店里掌柜的拎了一壶酒过来说："来，今个我请客，咱们也划拳，好酒好肉吃着。"曹锟这一桌的呼喊声渐渐高涨起来。

晚上，饭店打烊了，伙计问掌柜："今天店里客人本来就不多，你还搭上那么多菜请那两人，咱这的买卖是要赚钱的，今天不赔了吗？"

掌柜说："今天店里就两桌客人，两桌一对比，曹锟那桌显得很寒酸，我知道曹锟这个人好面子、爱攀比，遇到今天的事他肯定会觉得特没面子，吃饭肯定不是滋味。我们是开店的，都是回头客，就要照顾他们的消费情绪，体谅对方的虚荣心，更何况曹锟还是回头客呢。"刚说完，就听见有人敲门，是曹锟来了，放下两块大洋走了，后来曹锟发迹后，与掌柜情似兄弟，给了他很多帮助。

我们与人交往，不要总想着自己的利益，而置别人于不顾，这样就会失之偏颇，凡事都要静下心来，站在对方的角度思考一下，体谅对方的小虚荣，为他人排忧解难，你就能收获更多的友谊。

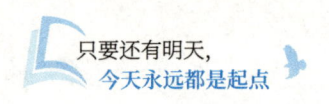

中国父母的必修课

□ 林宛央

前段时间，我和老公非常无奈地去了三亚陪四位老人（我们各自的爸妈）度假。

其实，最初的打算，是让四位老人自己去，我和老公负责帮他们订好机票和酒店即可。可临近启程，因感受到了他们不同程度的恐慌，我和老公不得不一同前往。

他们会有意无意地提及这些问题：平时很少坐飞机，会不会晕机？异地他乡，会不会迷路？大半个月都在外地，会不会对那里的环境不适应？以及一个更严重的问题：如果我们不在，他们应该做些什么？

结果，一同前往后，仍然出现了很多问题。集中表现为：他们四个一旦离开我和老公，就或多或少地会显得焦虑，不愿意去体验新的环境，也没兴趣尝试新的事物。于是，仍然和在家里时一样，四位老人围着我们两个团团转，复制他们一生的模式：为了儿女生活。

他们动不动就搬出这样一句话：爸妈这一生，都是为了你们，只要你们好，我们怎么样都无所谓。我突然意识到：比孩子更需要独立的，其实是父母。有时候，不是孩子离不开父母，而是父母离不开孩子。

最重要的是很多父母都错误地认为，他们的牺牲能够培养出独立优秀的孩子。

我见过这样的父母：为了孩子的教育，节衣缩食，换了一套又一套房子，儿女在哪儿，自己就住在哪里。为此失去了更好的工作机会，渐渐地，和朋友之间的距离越来越大，然后开始整日怨天尤人。

所以，不是孩子离不开父母，而是父母离不开对孩子的关怀，或者说他们潜意识里享受被需要感。心理学上有个专业词语叫"Co-dependency"，即"关怀强迫症"。说的就是依赖别人对自己的依赖，喜欢关怀别人时那种感觉。在我看来大部分中国父母都有这种"关怀强迫症"。他们总觉得孩子是离不开自己的，但事实可能恰恰相反。

为什么那些孩子在离开家长独立执行任务时，往往会显现出超乎寻常的潜力。是因为孩子本身的独立人格在父母的过度关怀下会渐渐退化，但一旦离开父母，那种独立性就会被激发出来。

所以，如果希望孩子独立，不如先做独立的父母。只有父母与孩子都越来越独立，每一个人才能够越来越自由。在这样的自由下，才不会让亲子关系缺氧窒息，也才能够产生真正的亲密感。

世界上最难吃的鱼

□ 曾　颖

我童年住的小街上，有一座桥叫善施桥。

在桥边临河的小院里，住着洞洞娃一家，全家五口，爸爸妈妈和三兄弟，洞洞娃排行老三，和我年纪相仿，与我交往更多一点。

洞洞娃的爸爸是一家单位的炊事员，做得一手好菜。洞爸最拿手的菜，就是鱼。洞爸做鱼的时候，空气中的味道，以及院子周围小猫小狗的表情都不一样。

洞洞娃三兄弟，都是捉鱼好手，大的卖钱，小的送猫，独留中不溜的七星麻鱼和桃花斑，剖洗干净，交到洞爸手上，不出十分钟，便满院生香，变出一锅美味的鱼，热气腾腾地摆在饭桌中间，全家人喜气洋洋，一人一只空碗，嬉笑着吃鱼，用手拎起一条鱼，筷子夹住两边，轻轻一捋，白花花的鱼肉就翻卷着落入红灿灿的汤汁中，端起碗来，饭一样扒入口中。整个院子都洋溢着幸福的气息，色香味形声，全有。

但这样的场景没有维持太久。在洞洞娃和我差不多十岁那年，一场无妄之灾夺走了洞爸的生命。洞洞娃没爸爸了。那座充满香气和笑语声的小院，像被人掐了线的电视机，顿时没了气息。不再有热火朝天的炒菜响动，不再有喊端菜抬凳子的吆喝，不再有挠得人鼻子和心眼发痒的菜香，不再有准点流着口水来守嘴的小孩和狗狗……

不再有鱼！最后这一条，是最关键也最要命的。洞洞娃三兄弟和他妈妈，都离不了这一口。

现实是，爸爸做过的菜，菜谱上都有，唯有鱼是他自创的，用了哪些佐料，火候如何把握，没人知道。

世上的事，奇就奇在，越是得不到，越心心念念。

在父亲去世一个月之后，洞妈和她的三个儿子，决定做一锅鱼，以此来怀念洞爸，并开始新的生活。

那天，善施桥下的鱼成群结队地进了他们的网，小半天就装了满满一盆。太大的和太小的，都重新放回河里，只留十多条巴掌大的七星麻鱼。

最先拿炒勺的是洞妈，她站在锅前沉吟半晌，转身把勺子给了老大。

老大鼓起勇气走到锅前，端起鱼，又放下，拿起菜刀，又不知该切啥，一脸求助地看向老二。老二的表情，比他更无辜。而老三洞洞娃，则一脸羞愧地埋头往炉下添柴，烧得一屋子乱烟。

大家突然都想哭。后悔父亲在世时，没有认真看他炒过一回菜。他们从没想过父亲会以那么突然的方式与他们告别，像熟视无睹的空气突然消失。

早知如此，就该多看一眼做菜时的父亲，至少知道那些可口的菜，是怎样来到他们嘴边的，其间又走过了什么样的路程。

那天，生起的炉火灭了几次。一家人在炉前回忆父亲做鱼的细节，有没有加藿香？酸姜是先放还是后放？勾芡时加没加面粉？

几个人努力回忆，分歧、争论、摸索、探讨，最终煮出一锅又咸又腥、焦煳不均的混合物。

那是世界上最难吃的鱼。

我每次从那里经过，都会想起洞爸和洞洞娃，以及那锅世界上最难吃的鱼……

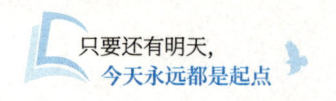

与大少爷的相爱相杀

□ 杜克拉草

这是自大少爷叛逆以来我和他和平相处的第一个假期。为此我不止一次感到郁闷和不安。

大少爷是我弟。他还在娘胎里时，我妈去做B超，医生说是个女孩。然而大少爷来到这个世界时却出乎所有人的意料。

我是你的专属"陪睡"

大少爷小时候是和爸妈睡一起的。我家从我两岁起就以种菜为生，几乎每天凌晨两三点，爸妈都要起床去收菜，这也就意味着凌晨时没人睡在大少爷的旁边照看他。

每天凌晨，爸妈起床后的第一件事，就是来打开我房间的灯，把我从床上叫起来，把眼睛都没睁开的我拎去大少爷的床上。还有一年冬天，好好睡在大少爷旁边的我，一翻身就从床上摔了下去。我那时也是坚强得很，居然没哭，直接爬回床上躲进被窝里。怕他着凉，还特意帮他扯了扯被子。

这一扯就是五六年，一直到我上了初中开始住宿生活才停止。

大少爷都不知道这些事，也不会知道我每天睡觉稍微清醒就一定会帮他掖好被子。

小心眼的倒霉蛋找不着女朋友

大少爷在三个乖巧又内向的姐姐的英明带领下，理所当然地活成了一个乖巧又内向的男孩。我妈为了锻炼他的胆量对他放养后，大少爷显露出自己的本性，经常和村里的同龄人一起玩，开始不着家。

有一次，他去网吧玩游戏，还去村里很脏的池塘游泳，被村里人告诉了我妈。于是那天晚上，大少爷被我妈打哭了，直接跑出了家门，许久未回。爸妈火急火燎地先是去了村里和他玩得比较好的朋友家，又去了隔壁村的同学家，都没找到他，后来才发现他就躲在我家门前一个不起眼的黑乎乎的角落，静静地看爸妈着急。

大少爷真的是被宠坏了！我对他这种行为嗤之以鼻。这么小心眼儿以后是找不着女朋友的，我义正词严地告诉他，如果再有下次，我就把门牢牢锁上，让他在门口蹲一夜。

可是我知道我不会这么做，不然为什么总要听到晚归的他进门才能安心入睡。

但是我和大少爷的不友好相处，也确确实实是从他叛逆的那个时候开始的。

最和平的时候，就是冷战的时候

我的脾气火暴得很，碰上大少爷的叛逆期，就像两座火山，只要两人一对话，必能引起火山大爆发。

两个极端的人相处是注定鸡飞狗跳的。所有的小事都能成为火山爆发的导火线。

我妈对我俩的大战一开始还难以饶恕，次数多了也习以为常。而在每次我俩吵架时，我妈总会回忆往事，从容淡定地告诉我，小时候她给我和大少爷算过命，村里很有威望的算命先生说我俩不合，什么都不合，相处不来。

我觉得我和大少爷不合不是在他叛逆之后才开

始的，应该是我俩能扯上血缘关系的那一刻起就不合了。我是四姐弟中出生时最黑的那一个，而大少爷偏偏是最白白嫩嫩的那一个，他后来觉得男生要黝黑才好看，愣是把自己晒黑了，可我即使各种遮阳不出门，还是一如既往地黑。

我一直怀疑，我妈怀我时吃的珍珠粉是不是全让大少爷给吸收了？我和大少爷投胎时，是不是性别反了？

与大少爷吵架的日子占据了我大部分的青春，敢情我青春时期什么也没干，就在家里心无旁骛地与他撕心裂肺地吵架了。一定是因为我们两个的相处刀光剑影，现在回忆起来才会觉得那段时光太耀眼。

比我高，比我白，比我漂亮

这是我读书以来和大少爷相处得最友好和平的寒假，绝对没有之一。当然我知道我们两个能够和平相处绝不是因为他长大懂事了，而是他有求于我：我手里揣着给他买衣服的大洋。

但这依旧让我感到很不安。而最让我不安的是，我成为第一个知道大少爷秘密的人，而且这个秘密是他欲言又止好几回拉着我非要我听的。

他谈恋爱了，还是女生先表白的。

恍然间发现，我与大少爷再怎么不合都逃不过所有姐弟的命运，他已经长大了，曾经那个一剪完头发就被我不停地摸头、坐在我自行车后面环着我腰的小屁孩已经长大了。

我想那女生一定是被他那富有年代感的中分发型和一口不标准的普通话所带来的风趣幽默吸引了。我对他早恋这件事睁一只眼闭一只眼，这么开明的我，一点也不想拿给他买衣服的大洋威胁他，真的。

大少爷光明正大地告诉我们三姐妹他恋爱的事，为的就是打击我们三个从来没有恋爱过的单身狗。

可是那又怎么样，当我说要把他恋爱的事告诉爸妈时，他不还是得拉着我的衣袖捂着我的嘴巴乖乖听我的。

返校的前几天大少爷忽然笑着跟我说："过几天你就要回校了，我可能会想你。"

"可能"是什么鬼，想我就是想我啊！怎么还有"可能"这种说法？

他笑嘻嘻地告诉我时，我觉得"想我"也许只是一个玩笑。可是为什么我还会鼻子一酸？为什么还会觉得他的一句"我可能会想你"比喜欢的男生跟我说"我喜欢你"还要动听千百倍？

我一定是看太多小说了才那么矫情，泪腺才那么发达。

我问他有没有返校礼物送给我时，大少爷一脸嫌弃地说没有，说大不了在我去学校的那天给我发个8.88元的红包，寓意"拜拜"。

可是大少爷食言了，他到现在都没给我发红包。

还是别发了，未来的日子也还是会继续相爱相杀的。

不过，只要有他在，怎样都好。

这是我的花园

□编译／邓 迪

我每次在花园里忙碌的时候，有一位邻居总会从他家的窗户探出脑袋。

他从不动手栽树养花，但他喜欢指导，常就何时播种、何时施肥、何时浇水等问题提出建议。

如果我依照他的建议行事，我就成了他的园丁，我的花园就成了他的花园。

我的花园最终会成为什么样子，一定是我自己用汗水浇灌它、用双手探索它、用头脑思考它、用心灵祝福它的结果。每寸土地都有其奥秘，只有园丁自己付出耐心和辛劳后才能破译。

如果我一味听信邻居的建议，我就不再关注太阳、雨水和季节，而只关注窗户里探出的脑袋。

真有意思，这个喜欢给我管理花园指点迷津的家伙，从来都不曾亲自打理过花园。

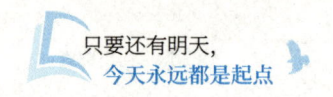

在父母面前装装傻，就是一种孝顺

□炉 叔

大北经常在办公室里发牢骚，说她妈自从学会用微信后，就变得特别烦人。一天到晚，不是在家人群里传谣言，就是在朋友圈里发养生文。好不容易周末落个清静，又给你私信发过来一堆"注册有红包""点击赚大钱"之类的垃圾信息。

她跟妈妈说了好几次，不要相信这些东西。结果她上一秒刚说完，她妈下一秒就跑到群里发了一条："抽烟之后千万别吃这种水果，小心中毒！赶紧转给你的家人朋友看！"

因为这些事，大北没少和她妈吵架。很多同事都劝她看开点，别把事情想得太严重，那些信息并没有对子女的生活造成什么实质影响，不要总和他们过不去。

每次别人这么说，大北都会回一句："我知道，但就是控制不住发脾气。"

类似的情况有很多。

网上看过一个帖子：为什么每次爸妈犯很幼稚的错误时，自己总是控制不住脾气想要指责他们？

回复里让我印象最深的一句话是：我们跟父母生气，气的不是他们做错了什么，而是气他们不该成为犯错的人。

以前他们告诉你不要和陌生人说话，结果他们现在对街边推销保险的人比对你还亲；以前他们告诉你没事不要乱花钱，结果现在超市一打折，他们第一个冲锋陷阵，也不管以后用不用得着，大包小包就是往家拎……以前他们跟你说了那么多，结果最后食言的却是他们。你之所以不快，是因为你从他们身上发现了太多不完美，并不像你所预期的那样。

两三年前，我妈突然迷上了旗袍，每个星期都要逛一次街，每次回家都要拎一两件回来，而且每件旗袍的颜色都逃不开红、绿、紫这三个主打色，非常"辣眼睛"。

那段时间，每次她换上一个新款式，都要站到我面前，问我好不好看。而我的回复每次都很敷衍："不好看，都什么年纪了，还穿这么闪。"

两个多月后的一天早上，我发现我妈在收拾她的旗袍准备送给别人，心里觉得不对劲，便问她怎么了。她叹了口气，很沮丧地告诉我："老了，穿不了了。"

那一刻我才明白，她之前为什么总要问我好不好看。我们之间隔着28年的时光，儿子的肯定，就意味着她还年轻。但我明白得太晚，无意间已经伤害她太多次。

王朔曾经写给女儿一段话："我不记得爱过自己的父母。小的时候总是怕他们，大一点开始烦他们，再后来是针尖对麦芒，见面就吵；再后来是瞧不上他们，躲着他们，一方面觉得对他们有责任，应该对他们好一点，但就是做不出来、装都装不出来；再后来，一想起他们就心里难过。"

世上最让人追悔莫及的事情，就是你自以为是地把一张臭脸甩给爸妈看，告诉他们：你们错了，你们真笨，你们真傻。

所以，别急着对自己的父母说教，有时候，在父母面前装装傻，就是一种孝顺。

年轻人选择"重置人际关系"

□ 小 e

你有想过重置人际关系吗？

对很多人来说，处理人际关系其实并不是一件容易的事，甚至让人感到疲惫。

如果能将人际关系定期进行筛选、整理、删除，或许会让人轻松很多，这就是所谓的"重置人际关系"。重置人际关系本质上也是一种断舍离，在行动上具体体现为删除通讯录中的联系人，或是注销自己的社交账号，以此来切断过往的人际关系。

那些已经淡出自己生活的同学、同事、朋友等，彼此之间联系渐少，与其纠结于这些没意义的人际交往问题，让自己困扰内耗，不如直接删掉来得干净。

尤其对于社恐来说，删除那些没必要来往的联系人，能帮助他们极大地减轻社交负担。

重置人际关系的确可以帮助年轻人以更清醒的眼光审视自己的人际关系，看清谁是对自己真正重要的人，从而不断调整与人相处的方式，建立起舒适的人际关系网。

只是说起来容易做起来难，一键删除或注销的手动操作倒是好办，但有些心理上的情感是难以割舍的。

当下年轻人想要重置的人际关系，大致归为两种：一种是建立在网络基础上的朋友和社群，也可以称为"网友"，彼此之间大多联系不深但维护起来很疲惫；另一种是现实生活中认识，但没必要或不想再有瓜葛的。

前者重置起来很简单，直接删除好友或注销账户，就像玩游戏一样，不想玩了就关掉，想玩了重新注册便可。

难就难在后者，要与那些现实生活中认识、有过交集的人彻底断了往来，这是需要下一些决心的。

一位网友分享了自己犹豫不决的原因，她说她曾经不是没想过注销社交账号重新开始，但很舍不得那群高中时期的好友，即使现在已经不怎么联系了，但偶尔看到她们的动态，还是会想起曾经一起度过的欢乐时光，而且总想着未来有一天大家会重新联络的。

在按下"注销键"之前，她纠结了很久，最后还是下不了决心彻底与曾经的好友们断了联系。

有人将重置人际关系看作一次人生的"重启"，但也有网友认为这是无病呻吟，自欺欺人。

因为不管重启多少次，只要一个人身在社会中，不管是学习还是工作都免不了会进行不必要的人际交往，通讯录和联系人永远在增多，若时常为不重要的关系纠结，岂不是自寻烦恼。

何况人也不是程序或机器，有的东西不是说重置就可以完全重来的，而且如果一直重置，很可能造成孤立无援，没有朋友可以依靠的情况。

曾经有心理学家对"重置人际关系"现象进行分析，将"病根"归因于网络。

现代网络社交媒体的发达让人们的联系变得更加便捷，但也使得人与人之间的情感变得脆弱、易变，所以会对没有情感根基的人际关系产生疲惫心理。

通过删除或重置社交圈只是一条短期有效的途径，说到底，要解决烦恼还是得自己内心坚定，不然重启多少次也是同样的结果。

只要还有明天，
今天永远都是起点

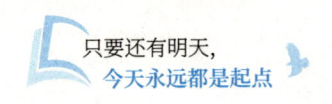

长大后的你，几乎每天都会失去一个朋友

□薯泥沙拉

之前看到一条热门微博："和朋友渐行渐远，是一种怎样的体验？"有人说："她经常出现在我的脑海里，却再也无法走入我心里。"有人说："偶遇之后打了一声招呼，就各自走了。"还有人说："看到这条微博，才想起来当初的那个好朋友。"你和那个渐行渐远的朋友，有多久没联系了呢？

我们从无话不说，到无话可说。

上高中时，我和朋友A特别要好。她和别人发生不愉快时，我还为她挺身而出，恨不得对抗整个世界，最后一起被处分教育，可那又怎样呢？那个年纪，是"朋友大过天"的年纪。虽然后来事态并没有那么严重，很快回归正常生活，但不可否认的是，我们曾是彼此最重要的朋友。

考试成绩不理想时，一起抱头痛哭，互相打气加油；流行明星贴纸海报时，一起疯狂追星，模仿偶像穿着打扮；青春期有躁动心事时，偷偷分享暗恋的人和一切生活小事，成为彼此最安心的树洞。

我们下课手拉手一起去厕所，中午一起吃饭，晚上一起放学回家。甚至翘课，也会并肩行动。

我们会猜想"到底谁会先结婚"，然后笑嘻嘻地约好做彼此的伴娘、小孩的干妈……

曾以为这样的日子，会长长久久，直到我们上了大学，又搬了家，天各一方。在时间不可逆转的洪流中，一切都发生了变化。

后来在朋友圈里，看到了她宝宝的照片，才知道原来她早已结婚生子。

当初约定好做彼此的伴娘，结果变成了说一句"恭喜"都显得多余。

我一度开始回忆，我们是不是没那么好过。

微信点开对话框，想问问她的近况，最后结束在她的一句："孩子在闹，有空再聊哈！"

我匆忙回复了一个"好"字，便知道这有可能是我们之间最后一次对话了。

"有空再聊""下次再说""明天再约"，是成年人不会实现的隐形诺言。

长大之后，我们的时间变得越来越不可控。

老朋友们，在一个猛子扎入各自的生活之后，朋友交际圈逐渐更新变换，彼此喜欢的东西，也来不及同步分享。

想问问你最近好吗，微信对话框打开又关上，好不容易下定决心拨过去的电话，结果发现已是空号。

我们信誓旦旦地以为，距离改变不了什么，但是原以为坚韧无比的友谊，实则戳一下就破了。

生活变得越来越忙，别说认识新朋友了，老朋友都很难维系好。

看过一个统计结果：在人的一生中，平均会遇到2920万人，我们会与其中的3000人结交。人类大脑皮层的能力上限是同时维护与150人的社交关系。

那么也就是说还有2850段人际关系，其中一批在未来等着我们，另一批已经消失在过去。

如此看来，一段友谊的消失似乎是必然的。

老话说："衣不如新，人不如故。"当时觉得蛮有道理的，可现在觉得，根本不是那么回事。

与朋友的渐行渐远，无关新旧，其实是彼此那段联结的关系没有了。

长大后的你，几乎每天都会丢掉一个不经常"联系"的朋友。

在那列我们称作生活的火车上，我们都是彼此生活中的偶然事件，当离去的时刻到来，我们都会感到遗憾。

网络世界纷繁复杂，花样百出，许多人熬着夜玩手机，最后发现越来越没意思。

隔着屏幕的朋友，总是少了许多温度。

比起大家在微信群里扯东扯西，更希望可以一个电话就约去一起吃火锅，然后在KTV里唱歌到天亮。原以为社交是浪费时间，但后来发现，和朋友在一起时，总要有些时间拿来一起互相浪费，才能体会到生活的热气腾腾。

再多的烦恼与苦楚，只要有朋友在，一切都变得轻松起来。

牛奶咖啡在歌里唱"越长大越孤单，越长大越不安"，成年之后的我们，总是想找寻"三观正"的朋友。其实背后的意思是"三观正好和我相同"。如若自己是天空中一颗黯淡的星，也会渴望另外一颗星的光芒折射。

永远不要把友情放在一个不可思议的高度，有些朋友就是在一个阶段带给自己美好东西的人，互相享受而不要互相捆绑。

遗憾千万种，各人皆不同。

在度过"朋友大过天的年纪"之后，在即使丢掉了那些"不常联系"的朋友之后，也不要让自己的心变冷。珍惜留住你的那一小部分，才是最重要的事。

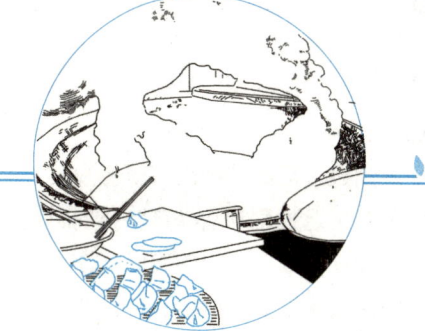

三瓢冷水

□ 冯　磊

母亲在世时，我还小。那时她得了心脏病，嘴唇都是紫的。大约是觉得自己命不长久，她有意识地教我一些生活的本领。比如，擀面条和煮面条。

外婆外公是蒸馒头的，母亲是他们最小的女儿，从小烧锅和面的活儿没少干。所以，也很懂得一些做面食的技巧。

母亲说，面条或水饺下锅煮，一开始要用猛火。大火烧开水后，要改用小火来煮。这些细节，其实很多人都懂得。还有一件事必须把握好：水沸后，面食在热水里翻滚，这个时候要舀一瓢冷水浇在热水中心，反复三次方可起锅。

至于为什么这么做，她没有说。三十年来，我一直用她教的方法煮饺子，终于知道把握火候的技巧：就像人的一生，在鼎沸的当口来一瓢冷水；在第二次沸腾时，再来一瓢冷水；在香气四溢即将出锅之前，再来一瓢冷水——这样的反复，能够成就食物的香气和味道。

人生，大约也是这样。

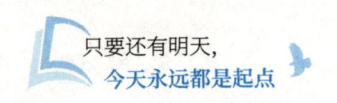

精神长相

□ 张冬青

哲宗元符二年（1099年），大文豪苏轼由惠州再贬谪儋州，年逾花甲，重疾缠身，在生活困顿、内心煎熬时纵笔："寂寂东坡一病翁，白须萧散满霜风。小儿误喜朱颜在，一笑那知是酒红。"须发皆白，满身风霜，英雄难掩垂暮。然而，诗人借三子苏过之口自嘲，曲笔一抖，诗境宕开，生出灿烂，酒后的醉容"虽红不是春"，却永久定格了洒脱放旷的东坡那一抹饱经世故而存天真的笑容。

这是令人仰慕的精神长相。

然而，人生海海，"每个平凡而普通的人，时时都会感到被生活的波涛巨浪所淹没"，路遥在《平凡的世界》里这样生动地描摹。我们恐怕都是海海人生中的一粒沙，面对生活的磨砺，作为平凡人，内心都会有微澜，投射到身体语言上，便是情绪。

我们身边有很多人，像行走的情绪垃圾桶，柴米油盐的一地鸡毛、管教孩子的鸡飞狗跳、工作的暗无天日、未来的一片茫然……随身荷载满满的负面情绪，随时倾倒情绪垃圾。经过的人闻到了腐败的气息，不良情绪快速复制传播，你无形中就会被情绪黑洞消耗能量。更有甚者，情绪暴躁、情绪失控，像一枚危险无时不在的情绪炸弹，让人望而却步。

情绪，就像机械的操作系统，是保持运转的底层逻辑。而稳定情绪的能力，才是一个人最卓越的实力。

一个成年人，稳定的情绪是自爱也是爱人的能力，只有随时保持情绪觉察才能做到情绪自洽。在自我管理上，很多人抱怨天资平庸、时运不济，放纵消沉，怒而无节；在管理别人的时候，无视被管理者的情绪，怒而过夺，喜而过予。这些都不是稳定的情绪管理。常言说，能控制好自己情绪的人，比能拿下一座城池的将军更伟大。的确，一个人自我博弈，是理性战胜情绪的无声厮杀，不见硝烟，旷日持久。我们经常会看到树干上有粗粝隆起的树疤，那是大自然赐给植物自我修复的秘密武器。而成年人没有观众的情绪消解则是一把未出鞘的剑，引气封喉，将藏起来的崩溃锻造成心灵的勋章。

"当时不杂、当事不杂"是拒绝精神内耗、重建精神秩序、达到精神自洽的标准。

杞人忧天、伯虑愁眠，似乎已成为现代人的通病。在快节奏、高压力的当下，拖延症、焦虑症、疲惫症把我们围堵得水泄不通。想想看，你是否经常为一件小事左思右想而不得要领，是否明明可以三下五除二就完成的任务偏偏拖延好久也不能下决心去开始，是否一整天什么都没干却感觉心情疲惫异常？这就是典型的精神内耗。过多的无效的思虑像一块块积木越搭越高，越摞越上瘾，让人在自我搭建的精神幻象里不能抽离，这种无谓的情绪劳动是世上最亏本的生意，除了搅乱生活节奏、干扰工作效率，一无益处。

晚清政治家、文学家、四大名臣之首曾国藩推崇：物来顺应，未来不迎，当时不杂，既过不恋。这与庄子"至人之用心若镜，不将不逆，应而不藏，故能胜物而不伤"有异曲同工之妙。庄子讲修养高尚的智者心就像一面镜子，不藏一切恩怨是非，来者即照、去者不留，所以能行事果决，随物而应。曾公说人就应该好好活在当下，不为眼前所牵绊，不为将来所忧患，也不因过往而苦恋，如能以通透的性情与清净无尘的心态处世，当下便是最好的圣境。

体貌之相经不起时间的噬琢，倜傥风华终会隐没于尘烟；心灵之相却会在时间的长河里历经淘洗，明媚生辉。精神自洽的人才配拥有精神长相，这是一种令人仰望的气场，它决定了一个人的精神厚度和精神力量。

林语堂说："一个心地干净，思路清晰，没有多余情绪和妄念的人，是会带给人安全感的。因为他不伤人，也不自伤；不制造麻烦，也不麻烦别人。"一切福田皆源心地。愿我们播种良善，做一个情绪稳定、精神自律的人，阅过万千凌厉，内心依然向暖；脚下荆棘丛生，眼中星辰闪耀。

爱的尊严

□ 梁小雨

卡尔维诺整理的童话故事里有一个叫《高傲的国王》。

故事里的国王长相极帅，常年戴着七层面纱，他总是表现得很高傲，似乎谁也不喜欢。

老商人的女儿偶然看见了国王的画像。那女孩爱上了帅气的国王，害了相思病，老商人便递上女儿的画像给老王后，恳求她给国王看一看。

国王不愿看画像，听闻那女孩天天以泪洗面，便赐给了她七条手帕，让她擦眼泪；又听闻那女孩为他要死要活，国王拿出一把小刀，"让她去死吧"。

老父亲不愿意看着女儿这般痴迷于冷血的国王，便将自己在王宫中受到的侮辱转告给女儿。女孩想了想说："我要一匹马，我要去闯世界。"

女孩带着钱和马，一路遇见了各种奇闻异事，她行侠仗义，扶危济困，用自己的智慧和勇气得到一笔笔报酬。她最后得到的礼物是一根魔杖，送礼的人知道她依旧爱慕着国王，说这根魔杖能实现她一切的愿望。但女孩并没有用魔法让国王爱上她。

她说："我要立刻造出一座与国王居住的王宫同样高大的宫殿。"

第二天清晨，国王惊讶地发现自家隔壁突然出现了一座漂亮的宫殿，窗边还站着一位美丽的姑娘——商人的女儿。

国王心动了，揭开自己的第一层面纱，对仆人说："拿着我最漂亮的手环去找这个女孩，代我向她求婚。"

女孩看见了，说："用它做我门上的门环吧。"

第二天、第三天……直到第六天，已经爱上女孩的国王每天都揭开自己的一层面纱，委托侍从送上世间最好的珍宝向她求婚。女孩不为所动，将每一件价值连城的宝物像普通的物件一样随意使用，连王后的王冠，也成了厨房里放锅的支架。

第七天，国王与她在窗口对视，他揭开了自己的最后一层面纱，露出了真容。

商人的女儿说："我答应嫁给你。"

商人的女儿有自己的尊严，她对世间的一切珍宝弃之如敝屣，不屑使用魔法获得心上人的爱。她想要的是尊重——我与你一般高，我们谁也没有面纱，就这样平等相见。

我爱你，但绝不接受你的侮辱或收买；我爱你，希望有一天你同样痴迷于我。

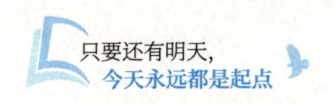

你退场的姿态，就是你的格局

□陶瓷兔子

1

一个做新媒体的小朋友刚离职不久，就在微信上拜托大家帮忙问问有没有合适的公司，想尽快入职。

我跟小姑娘打过两次交道，觉得她做事认真，能力也不错，就把她推荐给这段时间合作的一个平台，他们很快对接上，小姑娘欢欢喜喜地准备坐收入职通知，可那家平台的负责人，却偷偷来找了我。

一开口就是致歉，说小姑娘很优秀，但跟他们公司的定位不大吻合，所以很遗憾不能录用她。

这明显是个搪塞的借口，在我的再三追问下，那位负责人才发了几张图片给我。

那是小姑娘吐槽前公司的朋友圈：

天天晚上干到九点，周末单休还要加班，11点老板还要夺命连环call（打电话），完全没有自己的生活，这不是工作，这是卖身！

不就是弄错了一个文案吗？还要扣我钱，这公司是穷疯了吧？

老员工甩锅新员工挨骂，呵呵，这就是我们公司的文化。

连着好几条，都是她离职之后发的，点赞的人不少，有人在留言里打听那家公司的名字，她也不遮掩，如实相告。

你也知道我们这行，本来做的就不是钱多事少离家近的工作，加班挨骂熬夜还不是常态？她要哪天从我们公司走了，是不是也得在朋友圈把我们骂一通？那位负责人无奈地叹口气。

为了招一个人，坏了公司的名声，这责任我担不起，请你见谅。

我表示理解，同时委婉地提醒小姑娘，最好能删掉那几条朋友圈，或者改成仅自己可见也行。

没想到她却回得理直气壮：凭什么呀？我反正都走了，受了那么久的气，说说还不行？

对啊，反正都走了，没人能骂你了。

可是说了又能怎么样呢？除了吓走潜在的雇主之外，难道还能等到前公司的一句道歉不成？

2

一个做互联网的朋友，从毕业开始就在一家创业公司卖命，跟着老板一路从三个人的临时组合打拼到如今上百人的团队，漂亮地完成了很多盈利的项目。

去年年初，公司拿到了第二轮风投融资，开始商量股权分配的问题，可是于公于私都该属于他的那一份，却无端地缩了水。

不是不委屈的，他跟老板沟通了几次未果，正好猎头公司手上有一份更好的offer（入职邀请），他决定跳槽。

有次我们吃饭，席间有同行朋友听说了他的遭遇，纷纷替他鸣不平，有人支招让他把公司的机密文件拷贝一份，作为自己去新公司的投名状，有人主动提出在微博上替他曝光这家公司，让他趁早搜集一些对自己有利的证据资料，到时候来个漂亮的反手杀。

可无论大家怎么说，他始终摆手拒绝，说："我一毕业就进公司，从什么也不会到现在能独当一面，也是公司给我的平台和机会。虽然这样走了很遗憾，但也算是互相成全吧。"

他将所有与工作相关的文件归档整理好，手把手地跟继任的小姑娘做好交接之后才走。

他走的那天，老板专程追出来递给他一个沉甸甸的大红包，他也笑笑接了。

那一点钱，比起他应得的股权不过是九牛一毛，可那不仅是钱，还是一个人的歉意与领情。

他在新公司顺风顺水，几乎是以开火箭的速度做到了部门总监级别，有次跟公司的老板吃饭，感谢对方一直以来的提拔，而老板一笑：你知道吗？一开始我其实并不敢把这么多东西交给你，是×××拍着胸脯跟我说你没问题，×××那是什么人啊，能让他说好的人，肯定得非常好才行，所以才让你试试的，你果然没让我失望。

而×××，就是他前老板。

这两句简单的对话，让他惊出一头冷汗。

原来老板跟前老板是认识的啊！原来他们真的会在背后谈起我啊！

每个行业的圈子都比你想象的更小，正因如此，离开时更需要体面。

3

我一位女友，从小学芭蕾舞，老师教她们谢幕：脚尖要微微踮起，身体左倾30度，鞠躬抬头微笑眨眼，就连挥手的幅度都有要求。

她不胜其烦，屡屡在退场时随便摆个姿势完事，被老师拉出来特训谢幕三十次，她委屈巴巴地辩解：大家都等着看下一个表演呢，谁会注意我们谢幕的姿势好不好看？

而她老师的那句话，她记了二十年：如何上场，靠的是本事，可如何退场，靠的却是态度。

是啊！入场的时候，谁不是春风得意跨蹐满志，恨不得将最好的自己端着捧着展示给人看。可退场的时候，却往往难免因为不会再见，不必负责的告别感生出懈怠和轻慢。

而对大多数人来讲，那并不是不可为，而在于愿不愿意做。

你离开时的姿态，就是对自己最好的证明。

是否愿意在别人看不到的地方下功夫，才是一个人的素养之所在。

那是一个人的选择，更是一个人的格局。

正如《史记》中的那句话：善始善终，善作善成。

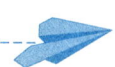

像核桃那样
见缝插针地成长

□[美]哈维·麦凯 译/陈荣生

如果把核桃与我们这个星球上生长的一些美丽而令人兴奋的东西相比，它似乎并不是什么了不起的创造。它普通，粗糙，没有特别的吸引力，当然也没有任何货币意义上的价值。此外，它很小。它的生长受到包裹着它的坚硬外壳的限制。这个坚硬的壳是它一生都逃脱不了的牢笼。

"当然，这是判断核桃的错误方法。请打开一个核桃，看看其内部。看到了核桃成长到填满了每一个角落和缝隙吗？它对壳的大小和形状没有发言权，但由于这些限制，它充分发挥了生长的潜力。"

如果我们能像核桃一样，在赋予我们的生命中的每一个缝隙里都能找到开花的机会并怒放，那该是多么幸运啊！

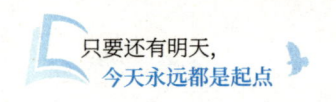

真正的高手都是悄无声息的摆渡人

□ 莜麦面

01

我的研究生导师有一个儿子，当时在读高三。那个男孩出类拔萃，在非常有名的中学读书，该中学有一个以前总理名字命名的实验班，他便是那个班的班长。

他学习成绩特别好，课外活动也很出色，每逢有领导到学校考察，他总被老师派去作为学生代表发言。因为太出色，每个人都觉得他非北大和清华莫属。

高中校长找到他，说学校每年都有几个保送北大、清华的名额，经考察，他符合条件，决定将其中一个名额给他。

他问校长："如果这个名额我放弃，可以给别的同学吗？"

校长对他的反应很惊讶，说："当然可以，名额是不会作废的。"

他说："那好吧！我身为班长，希望我们班能够多一些人考上北大和清华，我可以通过自己的努力考上北大。名额要是能给别的同学就更好了。"18岁的他从来没有想过自己会失败。我的导师因工作忙，几乎从未在细节上给过他指引。

他高考发挥失常，未能考上北大，最后被北京某大学录取。这所大学虽然也是国内顶尖名校，但与北大比还是有些距离。

在我们毕业答辩结束的当天晚上，导师请我们吃饭，他也一起去了。我问他："后悔当初的决定吗？"他说："从来不后悔，如果重来一次，我还会那样做。"

后来，他本科期间读了专业经典巨著，打算读完本科考研或者出国。

他请学姐学长推荐了一些书目希望早日做科研，争取在本科时写出不错的论文。

那年，他只有18岁。后来，我们再也没有见过面。我想，有这样思维和格局的人，不管人生的牌局怎样，他都会打出别样的精彩。

02

我有个发小，是个古灵精怪的女孩子。在小学，她总是把家里的书和玩具带到教室，与小伙伴们一起分享。中学，她总是早同学们一步把最常见的辅导资料做好汇总，然后给大家讲解它们的优点和缺点。她的周末都花费在对各种知识的梳理和总结上。

她的家人与数学老师有不错的关系。有一次，吃完午饭，我看她不高兴，问她怎么了。

她说："爸爸骂我。因为数学老师说，我经常跟班里的同学分享学习心得，这很浪费时间。可是，我真的做错了吗？我喜欢这样做啊！让我一个人闭门读书，那样的日子实在无趣。"

我安慰她许久。她很快振作，依旧改不了本性。后来，她读了大学。在大学里，她依然保持这种性格，热心助人。

在许多同学都只顾自己努力往前拼，准备考研、工作、恋爱时，她拿出许多时间为班级做许多事，不仅门门功课优秀，还经常帮助老师工作。

毕业时，她手拿7个offer，学校还推荐了她一个S交所的工作。这些战绩令她一度成为学校里的风云人物。她说，她不忍看见别人掉队，一个人走，走得快；一群人走，走得远。

真正的高手思维与常人不同，他们能够跳出一己私利的小圈子，帮别人摆渡，最终惠及所有人。那个18岁的师弟、我的发小都是摆渡人，他们悄无声息地帮助别人从此岸抵达彼岸，不求回报，可谓真正的高手。

姑娘，生活中没那么多"女士优先"

□ 花绚水静

前几年，我跟一个朋友的妹妹F合租房子。F是个能言善辩，又略带负能量的女孩。她常说的一句话是："我只是一个姑娘家，为啥要过得像男人那样艰辛？让我嫁个有钱人吧，我就不用过得这么狼狈了。"

对此，我是不敢苟同的。有次，我实在没忍住，跟她分享了自己的想法："你总觉得自己是个姑娘，所以不该为生活奔波，理应坐享其成。可是生活从来不会因为你是姑娘就会对你格外开恩。"

说完，我看到她脸上露出了惊愕的表情。我不是有意打击她，只是想让她明白这样一个道理：生活不会因为你是姑娘就对你笑脸相迎，即使作为一个女孩，也有努力的必要。

想起大学隔壁宿舍的女孩毛毛，上了大学之后，她就争分夺秒，学好专业知识，搞好社交，提升品位，哪项都没落下。有人问她："你这么拼命，不累吗？一个女孩那么努力干吗？"

她笑笑说："女孩更应该努力啊，于己，为了让自己有更多的选择权；于家，为了有更好的经济条件赡养父母。现在不累点，以后就是身心俱疲了。"

到了毕业季，当大家都在为写论文、找工作疲于奔命时，毛毛手里已经握着很多知名大企业的offer，在那里挑挑拣拣；而经济早已独立的她给自己和家人买各种贵重物品，还带着家人到处旅行。

毕业之后，出于对漫画的热爱，她选择走上创业之路，用大学积攒的资金开了一间工作室。经过两年的用心运营，工作室做得风生水起。后来，遇到了现任老公K，K对她体贴入微，婚后生活恩爱甜蜜，羡煞旁人。可以说，毛毛把"一个女孩子为什么要努力"用行动阐释得淋漓尽致。

亲爱的姑娘们，你可以有小女生的一面，但你也必须有爷们的气魄，有独自解决问题的能力；你可以有哭鼻子掉眼泪的习惯，但你也必须有汉子的勇气，需要把所有的困难都踩在脚下。因为，在晋升时，在考试中，在评优时，没有一条规定是女士优先。

生活不会因为你是姑娘就对你笑脸相迎，想要出类拔萃，自身必须努力，你要学会用自己热爱的方式生活，不堕落，不浮夸，活成岁月静好的理想模样。

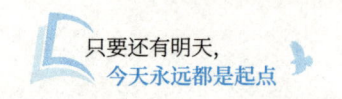

浪　漫

□ 蔡要要不吃药

我在想，什么是浪漫？

一杯热牛奶，打出细腻泡沫，当你喝一口，会长出白胡子。

两片苏打饼干，涂上浓稠酸奶在中间，最后装点上细碎的黄桃果粒，摆在你的电脑旁，等你随手取来。

三颗鸡蛋打成蛋液，用筛子筛去泡沫，蒙上保鲜膜蒸，就是最细腻的鸡蛋羹，记得出锅时用热油爆香一点小葱和红椒末，蛋羹上先浇一点生抽，随即倒上滚油，端到晚饭桌上，你会拍手叫好。

四朵香菇，四片雪花肥牛，一同入滚水，这时再下一小把龙须面，碗底还需要一小勺猪油，热而丰厚，给你当作天气降温的早上的鼓励。

五常大米煮饭，上面放一条老家寄来的香肠同焖，饭熟香肠也熟了，油脂浸入饭粒，只需要再烫一碟蚝油生菜，你就能吃完这锅里的米饭。

六只鸡翅，用黄酒、酱油、孜然、花椒粉一起腌上大半天，等晚上你看球赛的时候丢进空气炸锅，十五分钟后就是一道佐酒最好的香炸鸡翅。

七颗草莓蘸上巧克力，轻轻递到你嘴边，甜。

八两明虾拿来白灼，但醋碟子要精心，姜丝用料酒滚过，夹起来放进香醋里泡一泡，最后滴几滴豉油，你说这样最好吃。

九块麻将牌大小的五花肉，先过油煎酥了外皮，再配上小土豆一起红烧，八角桂皮丁香搁得足足的，老抽上色，啤酒调味，再放些大蒜瓣进去一起炖着，你说这样用来夹馒头倒是挺有趣。

十只菜肉云吞，吊一点高汤来煮，加上虾皮紫菜香芹碎，鲜是鲜的来，你会对我挑一挑眉毛。

让你说好吃，这就是我能做到的浪漫。

手的影子不一定是手

□ 黄小平

一次，在灯光的映照下，手影大师那双灵巧的手在墙上不断地演示出孔雀、乌鸦、绵羊、老虎等动物的造型。

手影大师精彩的表演让我认识到：手的影子不一定是手。手的影子，可能是美丽的孔雀、丑陋的乌鸦，还有可能是温良的绵羊、凶恶的老虎。

所以，当你被人奉承、被人吹捧时，要清醒地认识到那不是你，那只是你的影子；当你被人嫉妒、被人仇视、被人丑化时，要清醒地认识到那不是你，那只是你的影子。因为手的影子不一定是手，一个人的影子，也不一定是他本人。

苦而不言，喜而不语

□木 舟

做人的最高境界是什么？曾国藩说："做人要收敛。"

而我认为做人的最高境界是：苦而不言，喜而不语。

苦而不言不是要你打断牙齿和血吞，什么亏都吃下去，而是少抱怨，学会吃一点无伤大雅的亏。

少抱怨是因为没有人喜欢听你的抱怨。面对苦难时，很少有人真的想要了解你的苦难，苦而不言才是我们最好的选择。

"八百里分麾下炙"的辛弃疾，20岁便出入行伍，曾在万军中俘虏敌军大将，屡立战功，25岁便执笔上言平戎十论。但不久被贬，英雄沦落为田舍菜翁，其间幽愤落寞之情，有谁共鸣？

写下"而今识尽愁滋味"的辛弃疾，不想抱怨吗？他把他的一腔孤愤化为词中沟壑，酿成了青史留名的底气。

苦而不言，是不做无意义的抱怨，是让我们静静地蜕变。

喜而不语是不炫耀。花宜半开，酒宜微醉，做人宜低调收敛。

张爱玲曾和好友炎樱感情要好，但后来张爱玲受不了炎樱的无心炫耀，以至于绝交。

张爱玲去美国后，经济困难，炎樱却时常夸耀自己如何赚钱；张爱玲孀居多年，炎樱却大谈自己与丈夫的甜蜜恩爱……

喜而不语，不是说高兴不能分享，而是不能为了自己高兴，而让别人不痛快。

《菜根谭》中说："淡泊之士，多为浓妆者所疑；检饬之人，多为放肆者所忌。君子处此，固不可少变其操履，亦不可太露其锋芒。"

苦而不言，喜而不语，是一种智慧。

生活从来都是智慧的较量，最富有的人是智者，最宝贵的财富是智慧。

蝴 蝶

□左 右

秋天的栅栏很远。

蝴蝶是情人折断的翅膀。她躲过苍老的时光，弹掉翅翼上负重的鳞，千里迢迢，只为看秋天里娇艳的花朵一眼。

多情的蜗牛，为了吻到雨水惊鸿一瞥的唇，背着上一辈子的债，从木耳的骨头上爬过去，又掉了下来。蜗牛柔软的皮肤跌得很疼。

日复一日。

蝴蝶与天空，今生与前世，只隔了一米。

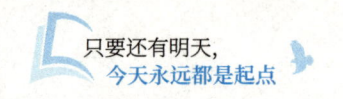

共生力，超能力

□ 连 岳

互相感染，共同进化的共生关系，其实不只存在于漫威的漫画里，它普遍存在于人类的关系中。漫画，只不过是把人类行为准则里抽象的信条具体化了。

中国古语"二人同心，其利断金"，说的也是这个意思，当两个人心意相通，合作无间时，能够产生无比巨大的能量，一加一大于二，一加一可以等于十，等于一百。

判断一段感情是不是值得，最好的标准就是，感情中的两个人状态都有提升，更开心、更富有、更强大，一加一大于二。你们是彼此的"毒液"，放大了幸福的能量。不值得的感情，两个人的状态剧烈下滑，互激出人性之恶，某种关系（主要是婚姻）又像一条难以斩断的链条，将你们这两只彼此仇恨的困兽锁在一起，醒了就厮斗，你们这团彼此的"毒液"，放大了不幸的能量。

任何亲密的关系中，夫妻、母子、父子，都能看到毒液的放大作用，正因为有姻缘、血缘的强力捆绑，两个人像是融合在一起，那些你不接受的可憎特质，才会引起你的强烈反感，因为它天天折磨你。一个陌生人的极度虚荣，不会影响你的生活，如果他不幸成为你的配偶，形成了共生关系，那他就可能摧毁你的人生。

人的奇特之处在于，他有独立的人格，永远在维护自己的疆界，无能力阻止入侵，他会痛苦。同时，他又无法离开他人，他永远在寻找合作者，无能力合作，他成为世界的弃儿，生存都成问题。他要独立，他也要共生。有些人无法建立良好的共生关系。

比如攻击性很强的人。这在社交媒体上有很多，各说各话，一言不合，可以整天吵架，甚至可以成为一生的仇人。理智的人觉得很奇怪，为什么有人要做这种毫无利益的事？耗费这么多时间，不相当于自杀吗？可能很多当事人也是痛苦的，难以自拔，不抢到最后一句话，就不甘心。

在陌生人关系网中，你有这种特质，那恭喜，你可以找到很多同类互激，一起沉沦。要注意的是，在小家庭里，在私密空间，太唠叨也是一种攻击性。

又比如嫉妒心很强的人。夫妻间、兄弟姐妹间，都可能被嫉妒摧毁，更不要说嫉妒朋友了。嫉妒只会指向身边圈子里的更强者，它的功能就是与这些强者结怨仇，人家要么不理你，真被惹烦了，还击你，你真会痛，毕竟人家强过你，还击力量肯定大。

建立良好的共生关系，你会发现，世界很慷慨。只要你接受，他人不会吝啬传递自己的智慧；你考虑他人的利益，你也将得到利益；你爱人，人也爱你。你像面对镜子，你看到的，往往是你自己。

和谁共生，和什么品质共生，这是人最重大的选择，是非此即彼的两种不同毒液，你的人生，由于不同的共生，要么是放大的好，要么是放大的坏。

第五章 家有萌宠

物质上我养它,精神上它养我。
参与一个生命,有幸共同成长

只要还有明天,
今天永远都是起点

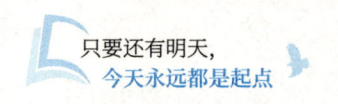

一只中国流浪狗的逆袭史

□滚妹本妹

2019年4月,巴黎马拉松人声鼎沸,来自世界各地的运动员们全副武装,摩拳擦掌。裁判员一声令下,所有人一齐朝目标奋力向前跑去——等下,浩浩荡荡的队伍中怎么混进了一只狗子?身上贴着运动员专属号码布,小短腿蹦蹦跳跳,萌翻了一票观赛群众。

如果你还不认识这只狗子,也千万不要小瞧她:她去过雪山戈壁,也见过草原海洋;她在中国的万里长城上奔跑,也在巴黎的埃菲尔铁塔下漫步;国际影星争相与她合影,公益组织亲自为她颁奖,英国女王点名邀请她觐见,好莱坞还要为她拍一部自己的电影。她的故事被写成书,译作17种语言全球发行,今年还来到了中国。

在运动圈,小狗Gobi已经是家喻户晓的"狗生赢家"。可就在三年前,她只是戈壁滩上一只翻垃圾桶的中国流浪狗。

2016年夏天,澳大利亚运动员迪恩远渡重洋,从英国赶来新疆哈密,参加这一年的戈壁越野超级马拉松。

尽管迪恩久经沙场,但戈壁马拉松历来被称为死亡赛道,为此他认真准备了三年,这场比赛的金牌他志在必得。

跑完第一程回营地的时候,他遇到了一只扒垃圾桶为生的流浪狗,又瘦又小,脏兮兮的,一直跟着他。

不想为任何事分心的迪恩,拎起狗子放到一边,转身回了帐篷。

本以为就此别过,没想到第二天前往赛道的时候,昨天撵跑的狗子竟然已经在起跑线等他了!迪恩迈开步子向前跑,狗子也跟着跑,寸步不离。在黄沙漫漫的沙漠,每一步都是煎熬,狗子一直陪迪恩跑到第二赛段的终点。他万万没想到,自己纵横马拉松江湖多年,竟和一只狗子结下了"革命情谊"。

"以后你就叫Gobi(戈壁)吧。"迪恩给她取了名,就这么组队上路了。

他觉得自己可能是疯了,随身携带的补给是精打细算过的,竟然还会分食物和水给Gobi。最可怕的是,从来不走回头路的常胜将军,竟然第一次在比赛途中回头了!

身形瘦小的Gobi被一条小河拦住去路,焦急地朝迪恩喊叫。

这一刻他再也不考虑什么第一,什么冠军,他回头跑去抱起Gobi,不惜浪费时间和体力:我不能丢下她!

"这是Gobi教会我的第一课,赢不是最重要的。"

最后迪恩赢得了第二名,Gobi也获得了主办方特别为她颁发的奖牌。

眼看到手的金牌飞了,迪恩却并没有后悔。

这么多年追逐名利,梦想征服全世界,他第一次发现,原来自己不是一个没有感情的跑步机器。看着Gobi在自己身边打转,他觉得心上有一块多年的坚冰悄悄融化了。收养Gobi几乎是顺理成章的事情了,因为办手续需要时间,迪恩把她暂时寄养在当地的朋友家,先回到了英国。可没过几天,Gobi却从家里走失了,得知消息那天迪恩彻夜未眠。

一只可怜的小狗子风餐露宿,伤又没好利索,

Gobi会遇到什么？他不敢想下去。

迪恩坐上最近的航班，什么也顾不上，就飞回到乌鲁木齐。在和Gobi相遇的地方，迪恩深切地明白，自己不能没有Gobi。他印了一万份传单，每个小区街道挨个查看，中文不好，他急得用手比画，指着照片哽咽地喊："Gobi，我的狗，丢了！"

太阳暴晒，没有一刻停歇，迪恩顶着暴晒每天要走二十多公里。汗顾不上擦，水也顾不上喝。

有志愿者被他们的故事感动，发动身边的朋友一起寻找，越来越多的热心人士帮忙提供线索，还惊动了央视新闻帮忙宣传。

他每天早出晚归，走遍乌鲁木齐的大街小巷，可一天天过去，Gobi依然杳无音信。

有人劝迪恩算了吧，你尽力了，但回想起那段戈壁奇缘，他坚信不论希望有多么渺茫，奇迹一定会发生。

"Gobi还在等我带她回家。"

终于在Gobi走失的第17天，传来了久违的好消息。

有位市民打来电话，在一个小区找到了疑似Gobi的流浪狗，迪恩激动不已，连夜跑去认领。

那狗子一见到他就使劲摇起了尾巴，嘴里还发出呜咽的嚎叫。

尽管她的皮毛杂乱狼狈伤痕累累，迪恩还是一眼认出了他的小家伙："真的是Gobi！真的是你Gobi！"他抱起Gobi蹭蹭她的小脑袋，再也忍不住泪水。

终于找到你，还好我没放弃。

走失期间，Gobi右后腿股骨头坏死，旧伤未愈又添新伤，必须手术治疗。

迪恩向老板请了6个月的无薪假，还推掉了一场南美的长跑赛事，留在中国照顾Gobi。

朋友们都不敢相信，那个执着于比赛成绩的运动狂人，有一天竟然会变成病床前端水送饭的老父亲。

"因为我承诺过，要带她一起回家。"

在迪恩的精心照料和陪伴下，Gobi恢复得很快，过完2019年的圣诞节就启程回英国了。

因为Gobi不习惯货舱，迪恩特意选择了允许宠物入舱的法国航空。为此辗转法国、比利时、荷兰，飞机、渡轮、汽车轮番上阵，折腾了41个小时才到家。

"虽然路有点长，但Gobi完全信任我，因为她知道我会尽我所能，带她平安回家。"

谁能想到6个月前戈壁滩上翻垃圾桶的流浪狗，会搭乘这么多种交通工具漂洋过海，在异国温暖的大家庭开始新生活呢？

迪恩带着她四处旅行，并把他俩的故事写成了书，没想到一下子打进畅销榜，被译成17种语言全球发行，多家知名媒体都来报道。Gobi一下子成了明星小狗，还圈粉了一拨名人大佬，受到英国皇室接见。2019年4月的巴黎马拉松，组委会第一次破例，允许小狗Gobi参赛。

迪恩的妻子说："不是迪恩收养了Gobi，而是Gobi收养了迪恩。"回想初遇的情景，迪恩感慨万千："在这之前，跑步对我来说就只是到达终点的荣誉感和满足感，几乎没有纯粹的快乐。但现在，我们享受奔跑在路上的感觉。Gobi让我成为一个更好的人、更快乐的人。"

炊烟升起来了

□Anly

一把蒲扇，摇凉整个夏天
穿上"的确良"的衣衫
感觉的确凉啊
那时和小伙伴去烧土窑
烩番薯
炉火照亮了我们的童年
那时我们在地上捡星辰
摘野菜
月亮就在鱼塘里游动
而现在，月亮游去了很远的地方
萤火虫消失了
头顶的星星取代了它们的光芒

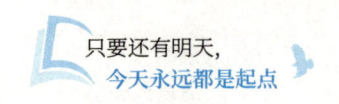

他去世后，收养的 21 头大象结队悼念

□青草令

一个暴风雨的夜晚，妻子接起电话，得知丈夫突发心脏病死亡的消息。她跌坐在床上，脑子里一片空白，一切来得太突然。

"轰隆隆，轰隆隆……"突然，屋外传来了震天动地的声音。

妻子诧异地打开了门，瞬间，强忍的泪水终于决堤。门外居然是成群结队的大象！而这些大象，是她和丈夫曾经一起收养过的……它们神色凝重，脸颊边缘流下了湿润的液体。

01 收养大象的故事

妻子名叫Corinna，和她的丈夫Lawrence是令人羡慕的一对。13年前他们辞去了收入不菲的工作，潇洒地去南非隐居，想把余生交给那美丽的草原与丛林。

然而，现实与梦想总相隔太远。他们刚在克鲁格国家公园附近定居，便听说此处有一群"烦人"的大象。它们异常狂躁，象蹄到处，庄稼遭殃。连动物福利组织，都对这群大象忍无可忍了。他们提出一个建议："要么找人收养这群大象，要么把它们全体枪毙。"在别人都为这个决策叫好时，Lawrence和Corinna，却做出了在外人看来疯狂的选择——收养大象，而且是全部！

对别人的嘲笑，他们从没解释过，只是若干年后人们才从妻子的自传里看到了一些片段。

这群大象为何如此易躁？其实是因为受到非法猎人的伏击，害得它们神经衰弱，对人充满敌意，大象的反常追根究底还是源于我们人类。然而令我们无奈的是，这个小镇的人，都不约而同地集体遗忘了这件事……

02 艰辛的收养之路

就在Lawrence四处奔波，为大象们的到来做准备时，一个电话让他仿佛一夜之间老了十岁……

"那个雌象首领太烦，我没忍住，一枪毙了它。"

象是群居动物，而象群的首领，是大象神圣不可侵犯的精神支柱。Lawrence和Corinna不敢想象这个刽子手，是以怎样的姿态，在大象的众目睽睽之下，杀了它们的首领。

在失去首领的暴雨夜，象群被三辆巨大的铰接式卡车送来了：两头成年母象、两头公象和三头小象。七头大象惊恐地尖叫着，在夫妻俩听来，撕心裂肺。他们想，好在象群马上就可以受到保护了，在他们精心制作的围栏之中，将没有人能再伤害它们。

没想到七头大象因为首领被杀，情绪激动，集体逃走。夫妻俩经历了炼狱般的十天，找到了这群被人类伤害过无数次，又刚刚失去首领迷茫无助的"孩子"。

Lawrence和Corinna还没来得及享受"失而复得"的喜悦，他们就接到了当局的警告，如果它们再次逃跑，一旦被发现就会直接枪杀……

当局的警告、外面的危险，看着那群大象，它们似乎还是那么无忧无愁。是啊！它们怎么会知道有多危险呢？

找回象群后，夫妻俩发现它们选出了新的首领——娜娜。但大象依旧每天躁动不安，平静不下来。饲养它们的Lawrence和Corinna，随时有可能被发狂的它们踏成肉饼。

多少驯象的专业人员都对这群暴躁的象束手无策，之前完全不了解大象的Lawrence，却想出了和它们的相处之道。他坚持用最简单、最真诚，也最蠢的方式，表达自己的善意：每一夜，他都守在围栏外，为大象们歌唱，好像它们是自己心爱的人；他把心里话讲给它们听，好像它们听得懂……有时他会一连这样搞好几个小时，直到声音嘶哑。

当地人把Lawrence当成了傻瓜，不止一次地对他说："你就算做到死，它们也不懂啊！"

Corinna说："我记得那是个炎热的下午，丈夫回到家和我说，你绝对不会相信发生的事。娜娜把它的象鼻穿过围栏，摸了摸我的手。"

03 奇迹

连他自己都没想到，他的傻真的创造了奇迹。

有一天，Lawrence把象群带到了野生动物保护区。没有围栏的保护，他随时有可能被象群踩死。Corinna很恐惧，但什么也没说，只是暗下决心，跟着他，生死与共！

出乎意料，有"人"一直在保护着它——象群的首领娜娜。来到野外的象群，高高举起的象鼻，传递着喜悦。

Lawrence开始向它讲述生活的点点滴滴，娜娜不仅耐心地倾听，还会用嘶哑的隆隆声回应……渐渐地，Corinna也被大象们当成了朋友，她像妈妈一样爱着每一头小象。夫妻俩和象群就这样和谐地生活着……

转眼间，10年过去了，大象从7头变成了21头。

04 送别

原以为日子就会这样安静地过下去，直到那个暴雨夜，丈夫因患心脏病骤然离世。于是出现了文章开头的那一幕……

21头大象，一个不少，全部聚在门口，它们哭泣着，似乎是在诉说："不要怕，我们一起来送他。"

Corinna说："我推开门，看见灰色的一片。"

据护林员说："最后一次看到它们是在最严重的风暴警报期间，那时它们距离我们还有12个小时的路程。"

但很快，象群就聚在了Lawrence家的后门。21头大象在门口呼唤着，显然激动不已。它们坐立不安地走到小屋的前面，在那里待了几分钟，然后再次绕到后面。从它们的脸上，Corinna可以看到一丝焦虑的迹象。大象的颞腺位于眼睛和耳朵之间，当动物受到压力时会分泌液体，这会造成它们哭泣的错误印象。它们没有哭，但是Corinna知道，沿着它们巨大的脸颊流下的潮湿的黑线已经显露了它们的情绪。它们好像还在等Lawrence出现，所以又回到了Lawrence所居住的地方。

它们是怎么知道Lawrence去世的消息的？

用科学解释或许没有答案，但万物有灵，感恩的心，让这一切理所当然。

有而不执

□[印度] 安东尼·德·梅勒 译/佚名

大师很有童心，对现代发明具有浓厚兴趣。他看到了一台小巧的计算器，饶有兴致地端详着，许久之后，大师意味深长地说："现在很多人好像都有这样的计算器，但是他们的口袋里没有多少东西值得计算。"

此后的一天，有人问大师教给了弟子们一些什么，大师回答："我教会了他们认识事情的轻重：可以有钱，但不要整天计算它；可以有一些经历，但不要武断定义它的对错。"

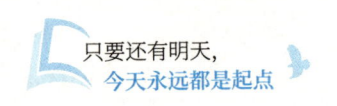

癞马传奇

□ 申 平

王成准备救那匹马的时候，南宋的天空残阳如血。

这时他的战友祝星对他喊："你不要命了？金兵就在后面……"

王成往前走了几步，他似乎听见那马低低地悲鸣了一声，他就停下来说："不行，还是救救它吧，咋能见死不救呢！"

这马，已经不像一匹马了。它瘦骨嶙峋，全身长癞，屁股上血肉翻出，正有几只乌鸦在上面啄食。看样子，它就要站不住了。

祝星瞪了王成一眼："救这么一匹癞马，值吗？要救你救，我先走了！"

半年以后，王成所在部队多了一匹人见人夸的战马。但是它的名字很怪：癞马。和它的名字一样怪的还有它的性格：它不肯和其他马匹在一起吃草，下河洗澡，别的战马都由主人骑着下水，只有它要自己下水。

又要和金兵开战了。王成骑着癞马随部队来到边关，再次看到了金人的旗帜。王成似乎已经嗅到了一丝死亡的气息。

鼓声震天，杀声遍地，两边的马队开始冲锋了。癞马驮着王成，一马当先冲在前面。王成挥舞长枪，一连刺翻了几名金兵。可是很不幸，他们冲得太靠前了，几名金兵围上来，将王成也刺于马下。这一仗，宋军再次败退。

金兵打扫战场的时候，看到了感人的一幕：宋军的一匹战马守着一名战死的士兵刨地悲鸣。金兵在啧啧称赞之余，把它拉回了军营。但是它不吃不喝，更不让人骑。消息传到金兵主帅哈日胡那里，他亲自过来察看。一见那马，他立即喊了一声："好马啊！"他屏退左右，走上前对马说，"我知道你是一匹宝马，非常忠于主人。可是你的主人已经战死了。你如果肯为我所用，我就厚葬你的主人，给你最好的待遇……"

癞马听了哈日胡这番话，仔细看了他几眼，竟然安静下来，而且俯首帖耳地被哈日胡牵走了。哈日胡作战胜利，又得良驹，高兴得手舞足蹈，放言要数月之内灭掉宋军。

哈日胡果然说话算数，他厚葬了王成，又把癞马养在最好的马厩里，经常骑着它外出视察，前进、倒退、转弯，那马对他的口令心领神会。营中有宋军俘虏，认得这是王成的癞马，纷纷叹息："畜生就是畜生，哪里有半点儿良心啊！"

却说宋军失利，挫了锐气，便在山上扎营，多日不敢应战。这天哈日胡骑着他的宝马，耀武扬威来到军前骂阵。

就在这时，谁也想不到的一幕发生了。突然哈日胡所骑的癞马一声长嘶，它奋起四蹄，直朝宋军营寨冲来。它迅疾如风，宛如一道黑色的闪电，就那么驮着金兵主帅冲向宋军的鹿砦。哈日胡反应过来后，在马上拼命地喊叫勒缰，可是那马越跑越快，根本就不理他。哈日胡只好抽出弯刀往马脖子和马头上乱砍，霎时血流如注。但是癞马并不停留，只管向前冲着、冲着……

宋军赶快移开鹿砦，将这一人一骑放了进来，祝星等人一拥而上，活捉了金兵主帅。宋军主帅立即下令："全线出击！"失去主帅的金兵乱作一团，大败而逃……

却说癞马进了宋营，便一头栽倒，奄奄一息。但是它总有一口气不肯咽下。直到祝星上前说："癞马，你放心去吧。你死后，我会把你和王成合葬在一起。"癞马这才停止了呼吸。

战后，宋军从主帅到士兵多人受到嘉奖，祝星更是因活捉金兵主帅而连升三级。可是癞马却无人提起，它默默地被人掩埋了。

为猫痴狂

□周云龙

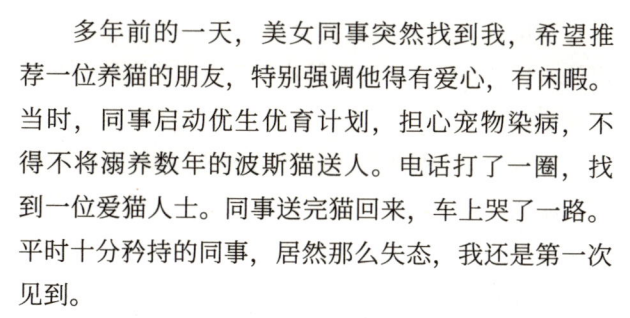

多年前的一天，美女同事突然找到我，希望推荐一位养猫的朋友，特别强调他得有爱心，有闲暇。当时，同事启动优生优育计划，担心宠物染病，不得不将溺养数年的波斯猫送人。电话打了一圈，找到一位爱猫人士。同事送完猫回来，车上哭了一路。平时十分矜持的同事，居然那么失态，我还是第一次见到。

一直以为这是蛮极端的情感案例。后来遇到"80后"同事"猫小咪喵了个咪"，发现她才是"大巫"。

她的网名都带着猫字，据说是纪念一只逝去的田园猫。中学时，一天下晚自习，被路边绿化带里声嘶力竭的野猫叫声吸引，她把猫抱出来，放到车篓里，带回了家。从此，这只猫每天等她放学，陪她写作业，有时还跟她逛街……前些年，轮到她开始备孕了，同事们纷纷提醒她，要猫还是要小孩？小心狂犬病、弓形虫病！几番洗脑之后，她的意志也开始动摇，心里七上八下，决定亲自到医院去抽血检查阴性阳性。本来可以给猫去抽个血的，她不舍得。

更夸张的是，猫小咪一次外出旅游，朋友见她的那只英国短毛猫可爱，便想借猫一用，拍些图片。哪知道猫没见过啥世面，闪光灯咔嚓几下，受了惊吓，逃之夭夭。茫茫人海，猫藏何处？猫生地不熟的，它吃什么？睡哪里？想想都后怕。那个拍照片的朋友深感责任重大，立即发动一圈好友过来帮忙寻猫，有个消防中队的朋友还带来生命探测仪，地震时常用的那种，然后探测显示，猫就躲在民宿的户外露台下面。千呼万唤，不出来。

没有办法，猫小咪临时租用一顶帐篷，睡在户外露台边，等猫归来。她在帐篷里守候了整整两夜，直到那只英国短毛猫出现。而她早已累瘫，等男朋友也没这么用心过。

听说过狂犬病，你……你这不是"狂猫病"吗？为猫而痴狂的一种精神病。因为惊奇，我有些慌不择"词"。猫小咪不屑一辩，人都是感情动物嘛。我这算什么？不过是"穷养"宠物。

还有"富养"的土豪？

她一个朋友，三十好几了，一直没要孩子，但是养了五只猫。最喜欢的那只叫大头，现在朋友固定每月往一个账号上存钱，想给大头存足三十万元。要是大头哪天不在了，准备拿这笔钱去克隆一只一模一样的"大头"。

真的假的？她心智发育正常吧？猫小咪依然不屑地回复我：不是"她"，是"他"！谁说养猫的都是女士？他的汽车后备厢里，常年备着猫粮，看到流浪猫就喂……

我有些凌乱了。"60后"和"80后"之间，果然隔着一条鸿沟：年龄、学历、财富以及消费观——不是我落伍，而是这世界变化太快。

我愿一生孤独，只为爱你如初

□ 王狮狮

在德国，有一只狗，名叫Capitan。自从主人Miguel去世，Capitan就一直守在墓碑前，无论刮风还是下雨，无论被骂还是被赶，都一动不动，坚定如初。

这一守护，就是整整十一年。

很多人都不明白，到底是什么让它如此坚定和忠诚呢？

这大概要从二十多年前开始说起。

2002年，Miguel为了给小儿子准备生日礼物，特地去了一趟宠物店。在那里，他一眼就相中了Capitan。

那时候的Capitan，拥有乌黑的毛发，大大的眼睛，跑起来一扭一扭的，可爱极了。

你相信命中注定吗？就是那种只隔空看了一眼，就认定对方的笃定，就像Miguel和Capitan这样。Miguel当即决定，要给狗狗一个家，还要给它最好的爱。

Miguel对Capitan有多好呢？他所有的空闲时间，几乎都花在了Capitan身上。白天带狗狗出去散步，在洒满阳光的乡间小路上狂奔。晚上下雨的时候，他直接从睡梦中惊醒，帮Capitan擦干雨水，然后安置妥当，还会说："抱歉，伙计，让你淋雨啦。"

都说陪伴是最长情的告白，Miguel和Capitan这一人一狗，在朝夕相处中感情越来越深。

想吃的时候有的吃，想玩的时候一起玩，这大概就是最简单的幸福吧。

若是能这样一直陪伴下去，也算是完美。可能上天还想给这段感情一个考验，就在他们相识的第五个年头，残忍地带走了Miguel。

Miguel去世了，这个消息对全家人来说都是巨大的噩耗，尤其是Capitan。

它敏锐地察觉到，那个总是陪自己玩的主人，好像永远躺在那里了，不管自己怎么喊，他都不会再起来了。

它悲伤地呜咽着，低声地鸣叫着，一遍又一遍。家里人摸摸它的头，告诉它："伙计，Miguel永远不会回来了。"

Capitan像是听懂了，又像是根本不想听懂，它只是呆呆地趴在那里，一动也不动，眼神里充满忧郁，再也没有了之前活蹦乱跳的样子。

直到举行完葬礼，家人突然发现了一件事：Capitan不见了！

大家找遍了附近的角落，包括它和Miguel常去的商店、小路和公园，仍然一无所获。

人们都认为，Capitan已经接受了Miguel离开的事实，转而去寻找下一位主人了。

毕竟斯人已逝，生活还要继续，大家开始学着放下，学着重新出发。

可当他们走近Miguel墓碑的时候，突然看到一个熟悉的身影，他们简直不敢相信自己的眼睛：那是Capitan！

原来，Capitan发现自己等不到Miguel回来，便走过大半个城市，去寻找亲爱的主人。

原来在所有人都能渐渐放下伤痛的时候，只有Capitan固执地守护在Miguel身边，一如往常。

那一瞬间，家人们都被Capitan感动了。他们根本无法想象，Capitan是怎样一步一个脚印，摸索着去一个从未到过的陌生地带。这一路上，它到底花了多少时间，又受了多少欺负呢？

而且，墓区那么多，墓碑那么多，Capitan到底是怎样找到Miguel的呢？

原来，Capitan用鼻子一个一个墓碑地嗅过去，一刻不停地闻了好几个小时，围着硕大的墓区走了一圈又一圈。

直到它走近其中一个，闻到了记忆中最熟悉的气息，是Miguel！Capitan叫了两声，把墓碑上的落叶叼走，然后静静地趴下来，心满意足地闭上了眼睛。

墓区的工作人员说，Capitan偶尔会出去找食物，但天黑一定会回来，什么都不做，只是静静地趴着，赶都赶不走。

家人心疼Capitan，想要带它回家。没想到，Capitan只是呜呜地哀嚎着，不停地在Miguel的墓碑前徘徊，怎么都不肯走。

家人终于明白，它只是想跟之前Miguel日夜守护它一样，日夜守护离开的Miguel啊。

当你遇见一个人，他给了你最温暖的陪伴和爱，让你此生都无法忘怀，那么接下来不管再遇见什么人，也只能是将就。

"情愿一生孤独，只为爱你如初"，Capitan就是这样。

它送走了离开的家人，然后重新回到Miguel的墓碑前，寸步不离地守护着。

没人知道Capitan为什么能坚持守候，也许是那些年相聚的时光足够幸福，以至于让它后来漫无边际的等待，都没有太过难熬。

第一年，它面对暴风暴雨不曾退缩，面对电闪雷鸣不曾害怕，不分白天黑夜，永远守护在墓碑前。

第三年，它年纪有些大了，腿脚也不再利索，有时候觅食很久都找不到食物。可一到晚上，它还是会准时出现在墓碑前。

第七年，它被查出患了肾衰竭，身体状况也一天不如一天，可它还是会拖着一瘸一拐的身子，像最忠诚的士兵一样，坚守岗位。

第十一年，它已经老得走不动，看也看不清了，它知道，这段陪伴到了该结束的时候。

2018年2月22日，在一个晴朗的早上，Capitan在主人的墓碑旁安静地离开了这个世界。

离开的那一瞬间，Capitan应该也松了一口气吧：

"十一年了，我的主人，我们终于又见面了。而这一次，我们再也不用分离。"

4年相伴，11年守候，Capitan用自己全部的时间，全心全意爱了Miguel一生。

"你只是来过一下子，却让我爱了一辈子"，如果Capitan能开口说话，也许它会这样告诉Miguel吧。

对它来说，爱是忠诚，是陪伴，是遇见你走到底，是爱一个人过这一生。

那么，对我们来说，爱又是什么呢？

当失去最爱的人，我们又会想念、等待对方多久呢？是一个月，一整年，还是一辈子？

我们听遍了喜新厌旧的故事，习惯了三心二意的感情，以至于常常忘记了，还有像Capitan和Miguel这样，最平凡又最感人的故事。

这世上最幸福的，其实不是长生不老，权倾朝野，而是有人等，有人爱，有人陪伴终生，爱你如初。

枯木之恋

□余 海

夕阳剥离事物的影子
沙滩零落白贝壳的骸骨
鹅卵石的头探出沙地
一截七字拐枯木躺在沙滩上
它是一截枯木
但有不枯的爱情
它的女神来看降落伞
闯入它的世界
在它的世界生长
海风习习，一朵金黄的蒲公英
静静为它跳一支舞

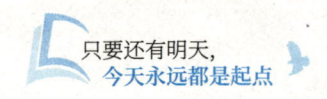

每个村庄都有一个小黄

□ 郭震海

如果你留心观察，在中国的农村，不管是南方还是北方，都生活着一个小黄。

尽管小黄只是一条狗，但它的幸福指数非常高。走东家串西家，它熟悉村庄里所有的人，村庄里的人也都熟悉它。吃百家饭长大的小黄，从来不用担心饿肚子，晌午谁家炖鸡，谁家做排骨，它站在村中央的大石头上用鼻子闻一闻就能知晓。

它不慌不忙地在村子里走着，像一位满腹经纶的智者。无论大人还是孩子，它见人就会摇头摆尾用自己特有的方式打招呼。张家大爷、李家大嫂、王家大叔，每个人的气味、脾气、秉性，它都清清楚楚。至于谁家这两天生了个胖小子，谁家和谁家刚刚生了闲气，它更是如数家珍。村里的老教师，用手扶一扶鼻梁上的宽边眼镜说："有些事或许可以瞒过全村的人，但一定瞒不过一条狗。"

吃饱后的小黄不会赖在谁家门口，而是会静卧在进出村庄的大路一边，或者是百货小超市前，总之都是些热闹的地方。进出村庄的大路两边是农舍，农舍墙下放着些石凳子，老人们会聚在墙下晒太阳。他们历经沧桑，奔忙一生，有讲不完的故事、说不完的过往。有时候，他们也会为了某年某月某日村里发生过的某件小事而争论，小黄就静卧在一旁，头放在两只前爪上，看似在睡觉，实则在偷偷地听。

进出百货小超市的大多都是中年人，当然也有买零食吃的孩子。中年人忙生计，孩子们要上学，他们大多不会坐下来"扯闲篇"，往往是匆匆进入超市，买了想要的东西就匆匆离开。当然，有些中年人也会站在小超市门口寒暄，或者说一些要紧的事儿，小黄总是一声不吭，听得非常认真。

在整个村庄里，谁家娶媳妇，谁家孩子摆满月酒，谁家老人亡故办丧事，小黄都会去捧场。主人家的亲朋好友来来往往忙忙碌碌，它也跟着进进出出转来转去。中午，村里人坐席吃肉，它在桌下吃骨头，散席后偶尔还能吃到剩下的半只鸡，甚至一只大肘子。办喜事的主人将剩下的肉菜倒给它时，偶尔也问它："小黄，你今天大肉吃够了，随礼了吗？"小黄听了两眼一眯，仿佛在开心地笑。

若有外来人，小黄会叫。它的头伸得高高的，望着天空叫，尾巴却在使劲地摇，仿佛是在通知村里的人："有人来了，有人来了。"等来人走到某家门口，屋子里的人热情地迎出来时，它就不会再叫了，摇头摆尾，仿佛在告诉主人："是我第一个迎接的客人哟！"来人在说话的同时，也会伸出手去摸摸它油光发亮的毛发，忍不住夸几句："看看，这狗养得可真好，胖乎乎的，每一根毛都在发光。"

村庄里的小黄，已经不是谁家的小黄了，是整个村庄共有的小黄。村庄里的小黄是最懂得人情世故的狗，一辈子都没有拴过狗绳，却也从来不会无缘无故去咬人，即使是放学后的孩子淘气地骑在它身上，它也从来不会恼。从小在村庄里长大的小黄，懂得整个村庄不管是张姓还是李姓，都是一家人。

橘猫送葬师，3年参加了100多场葬礼

□ 英国那些事儿

几年前，住在英国的Jones一家发现了一件怪事。Jones夫妇出门上班之后，家里的橘猫Paddy经常无故玩失踪。有时是一会儿，有时是一整天，甚至在3年前有一次，Paddy更是直接失踪了5天，最后急得Jones一家张贴了寻猫启事。

不久后，他们接到一通来自附近梅菲尔德墓园（Mayfield）的电话，电话对面说Paddy是在他们那里参加葬礼，耽误回家了……

Jones夫妇乍一听都蒙了，自己家的猫怎么会去参加葬礼呢？去参加谁的葬礼了？

随后，墓园的葬礼规划师Paton解释说："Paddy其实是这个墓园的常客。它就像有第六感一样，每次墓园承办葬礼的时候，它都会在典礼开始之前准时到场，然后安安静静地坐在椅子上参加葬礼。在葬礼结束之后，它还会像人一样，来到棺木旁边（有时候也在上面），对死者致敬。

"在曾经的一次葬礼上，一名客户一直想养一只小猫，她已经逝去的伴侣却一直没有同意，结果在葬礼上，Paddy出现了，它徘徊在棺木的周围，就仿佛是在安慰这个客户一样。"

看着自己家的主子，白天去超度逝者，晚上回家作威作福，Jones夫妇觉得有点奇妙。

于是在跟墓园的工作人员商议之后，这对夫妻决定不再插手Paddy白天的事业，而墓园一边，也给Paddy提供了一份正式的工作——首席送葬师。

每当葬礼开始之前，Paddy都会准时到场，坐在自己专属的椅子上，有时也会趴在棺木旁边的过道上，听完悼词之后，Paddy还会来到死者家属身边，安静地陪伴着他们，有时会发出呼噜声，有时候还会用自己的鼻子蹭蹭这些悲伤的家属。

偶尔，Paddy还会跟着棺木一起来到墓园，参与下葬的仪式。

这三年多以来，Paddy参加了大大小小100多场葬礼，也给葬礼带来了许多温暖和安慰。就这样，Paddy的大名传开了，许多人都知道有一只专业的送葬猫，在承办葬礼业务。

于是自然而然，也就有了慕名而来的人。2019年5月，64岁的兽医护士Jan失去了她唯一的女儿，Mel。Mel是一个爱猫的女孩，她养了一只名叫Mambo的小黑猫，而且总是跟Jan念叨，如果自己再养猫，一定要养一只橘猫。可就在2015年，Mel被查出患有乳腺癌，跟病魔抗争几年之后，Mel终于还是在2019年不幸离世了。得知Paddy的故事之后，Jan决定将Mel的葬礼定在这个地方。

结果葬礼的当天，Paddy果然出现了，它坐在它的专座上，参加了整场葬礼。

对Paddy的到来，Jan高兴极了，"这场葬礼不像通常的葬礼那样充满悲伤，因为Paddy的到来，葬礼变成了一个可爱的地方，充满欢笑"。

"现如今，当我们决定去墓园扫墓的时候，总是说，一起去看看Mel和Paddy，它现在就像我们的另一个家人一样。"

对生者，Paddy是一只带来欢笑的小可爱；对亡者来说，Paddy是一名特殊的送葬者。

也许有了这样一个可爱的小送葬者，那些已经离去的人，也会感到一丝慰藉吧。

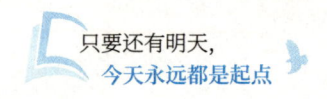

悍 鸡

□ 巩孺萍

小时候，家里经常养鸡，我记得最多的时候养了一百多只。它是我见过的最丑、最凶的一只。身上的毛因为经常和别的鸡打架几乎掉光了，只有几根粗毛支棱在翅膀上。我们常叫它"丑八怪"，并且故意不把玉米粒撒给它。它呢，似乎一点也不觉得自己丑，它是母鸡里的"女汉子"，常常欺负那些"淑女"，抢夺地上的粮食；对身强力壮的公鸡也毫不示弱，即便被啄得头破血流也不低头。面对这样一个强硬的主儿，公鸡们也只好避让三分。

悍鸡似乎越发张狂，有时候连老猫和狗也敢惹。好在我家的老猫温柔又有涵养，不跟它一般见识；狗比较绅士，懒得理它。不然，它可要吃亏了。

悍鸡脾气倔，认准的事情似乎很难改变。春天，我妈发现它总是待在鸡窝里，鸡冠通红，估计是想孵小鸡。因为家里的鸡已经够多了，母亲不想让它孵，便把它赶了出来。谁知悍鸡铁定了心，偏要孵蛋。母亲没办法，把它直接扔进了水塘里，心想让它多泡泡，看它还孵小鸡不！我在旁边直担心，要知道鸡可不会游泳啊！哪知，悍鸡不知哪来的力气，扑腾着翅膀，竟然在水塘里"踏波而行"，上演了一个母鸡版的"水上漂裘千仞"，一眨眼的工夫就上岸了，看得我和我妈一愣一愣的。

看悍鸡执意要孵娃，我妈心软了，弄了二十几个蛋给它孵。悍鸡遂了愿，整天乖乖待在鸡窝里，很少下来吃食，母亲的责任让它消瘦许多。很快，小鸡孵出来了，悍鸡咯咯咯那个得意。当了母亲后，悍鸡比以前温柔了，有什么吃的总是先唤小鸡，自己吃得很少。不过，要是谁想欺负它的宝宝，不啄你个千疮百孔绝不罢休！

为了孩子，再柔弱的母亲都会变得无比强大。这一点，在悍鸡身上表现得尤为突出。记得那年夏天的一个下午，暴风雨骤起，狂风吹得人都站不稳，闪电将天空撕开好多道口子，电线上火花四起。我妈在田里还没回来，我和妹妹赶紧四处召唤小鸡。数来数去，唯独少了悍鸡。我和妹妹站在屋檐下，非常着急，悍鸡会去哪里呢？这时，我妈回来了，浑身湿透了，进门就问："鸡都回来了吗？""还有那只丑八怪。"妹妹说。"还不快去找，这么大的雨，它会被淋死的！"我妈说着冲进雨中，我和妹妹也跑出去。伞根本打不住，我们任雨水淋着。四周全是雨幕，我们的呼唤声也淹没在雨水中。到哪里去找悍鸡呢？我和妹妹唤了一小会儿就跑回来了。

过了好一会儿，雨小了，我们走出门。我妈在土豆田里大叫："它们在这里！快过来！"我和妹妹跑过去。天哪！在一棵土豆秧下，悍鸡张开稀疏的翅膀蹲在地上，气息奄奄，翅膀下紧紧挨着一群小鸡。我妈赶紧跑过去，将悍鸡抱起来搂在怀里。我和妹妹忙把小鸡用衣服兜着。我从来没见过我妈那样难过。要是在土豆地里多找几遍，就不会这样了，我为自己面对暴风雨的怯懦而暗暗自责。

回到家，母亲用毛巾将悍鸡身上擦干，焐着，悍鸡慢慢缓了过来。又过了几天，它又像以前那样雄赳赳气昂昂了。经过这件事，我们越发对悍鸡另眼相看了，每次喂鸡都对它特别关照。在我们眼里，悍鸡俨然是一位英雄母亲，它让我们看到了母爱的力量，也看到了自己的卑弱。

我的动物"邻居"

□ 音乐水果

在美国弗拉格斯塔夫,我与各种动物比邻而居。最常见的是松鼠,学名"亚利桑那州灰松鼠"。这种松鼠喜欢早起,每天早晨我起床刷牙时,都能听到它们从屋顶爬过去的"嗒嗒"声。刚去弗拉格斯塔夫时,我觉得很新鲜,时不时拿花生米去喂松鼠,看它们用两只前爪抱着花生米啃,别提多可爱了。

只要一只松鼠知道我这里有花生米,周围所有松鼠就都知道了,它们会齐齐地从屋顶上跑过,在我家门口的大树上等我。我一出门,松鼠们立刻齐声叫唤,仿佛在说:"开饭吗?开饭吧!"如果我没有立刻拿出花生米,它们就在树和屋顶之间攀爬跳跃,甩动着毛茸茸的大尾巴,焦急地等我投喂。

有次出门遇见了房东,她当场制止了我投喂花生米的行为。房东说:"松鼠特别爱啃电线,还会顺着房顶的漏洞跑到家里来,可能会危及你的安全。"于是,房东请了专业的公司来检查维修房顶的漏洞,师傅们顺带修剪了前后院树木的枝丫,让最低的枝丫也与屋顶保持至少2米的距离,这样,松鼠就不会通过枝丫、漏洞跑到屋子里啃电线,我也不会遇到"一出门就被松鼠们围观"的场面了。

比较常见的还有臭鼬,生活在弗拉格斯塔夫的臭鼬身上有两道白色条纹,这两道条纹从头颈部、背部两侧一直延伸到尾巴,所以它的学名叫"亚利桑那州条纹臭鼬"。我以为臭鼬这种动物是"我不犯它,它不犯我",可现实却是我不犯它,它跑得太快,一头撞在了我的车身上,误以为我要攻击它,给我放了个奇臭无比的"毒气弹"后就跑得没影了,剩下我在原地对着臭烘烘的车身独自郁闷。我只好开车去加油站,拿起水枪对着车身狂喷,加油站的一位工作人员捂着鼻子闻"味儿"而来,还安慰我:"虽然洗车没有太大的作用,但三周后臭味儿就没了,也没其他办法,你忍忍吧!"

除了松鼠和臭鼬,生活中还常常有不速之客。冬季天黑得早,那天开车回家,我开了远光灯慢慢走,就在我拐入住宅区时,突然,一个黑影从路边蹿出来。我赶紧踩刹车,黑影的冲势却很猛,直直地撞上了我的车头,吓得我坐在车里不敢动弹:我是撞到了什么?没一会儿,黑影"顽强"地站了起来,我借着远光灯才看清楚那是一只鹿,想必是下山觅食,回山时跑得太快,这才撞了上来。它低着头,抖了抖蹄子,又小跑着消失在黑夜中。我下车后发现我的车头都被那只鹿撞得变了形。赶忙给房东打电话求救,房东帮我报了警,警察来后问询了情况,告诉我大家都时不时地会撞到鹿,车子需要自己去修。

次日,我开着车去了修理厂,修理厂的师傅一见到我的车头就乐了:"你也撞到鹿了?最近它们出没很频繁哪,我都修了好几辆因为撞到鹿车头变形的车了!"师傅告诉我,这种鹿是白尾鹿亚利桑那亚种,因奔跑时尾巴翘起、尾底显露白色而得名,在亚利桑那州内很常见。我想了想,的确,从亚利桑那州首府凤凰城到弗拉格斯塔夫约两个半小时的车程,路边的警示标志之一就是"小心撞到鹿",我所乘坐的小巴车司机也说,经常能见到鹿横穿马路,这时,要让鹿先行。

看来,与动物当"邻居",要互相礼让,才能和平共处啊!

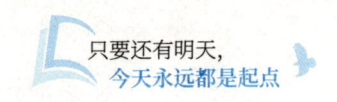

越狱的螃蟹

□ 李文浩

这只螃蟹肯定是成精了！它能活下来，实属偶然。

当时我捏着蟹爪一只一只往锅里丢，这只小螃蟹用蟹爪死命钩住盆沿，看那架势，除非把腿拽断，否则绝不进蒸锅。这么一来，引起了我家虎斑猫的兴趣，它围着小螃蟹转来转去，怎么赶都赶不走。我看了看这只小蟹，索性留下它给猫咪解闷吧！

起初，这只幸运蟹没显出特别之处。它瑟缩在一个不锈钢盆底，丝毫没有因为侥幸活命而开心的样子。盆壁光滑，尖尖的螃蟹腿一蹬一出溜，哪里爬得出去。但是，我晚上下班回来，竟发现厨台上的不锈钢盆里空空如也。这家伙竟然"越狱"了！幸好我关了厨房门，谅它也逃不出这间屋。果然，我在储物架最里面的角落里，发现了小螃蟹。

看来小盆是容不下它这尊大神啊！我一眼看见嵌在厨台上的不锈钢水槽。水槽比那个盆深多了，之前曾把其他河蟹养在里面，它们蹬了一夜也没能逃出来。这只蟹个头比那几个还小两圈，就更不用担心了。于是，水槽就成了小螃蟹的新牢房。

半夜，我听到床头底下"咔哧咔哧"轻响。开始我以为是猫，可抬头一看，猫咪老老实实在床脚蹲着呢。那这声音咋发出来的？我忽然想到什么，立即起身跑到厨房——嘿！水槽里的螃蟹又不翼而飞了。床头底下的声响十有八九是这小逃犯发出的。不过一有动静，它就停止动作。人还斗不过螃蟹？我决定来个"欲擒故纵""以逸待劳"，便上床熄灯假睡。

房间里恢复了寂静。隔了好一会儿，床头底下又"咔哧"起来。我屏息凝神，听到声音在外移，那家伙已经从床下出来了。我立即跳下床，打开床头灯——哈，小螃蟹裹着一身床底灰，正顺着墙根奋力划动着八条腿横着身子猛跑呢。比它个儿大腿长的都爬不出水槽，这家伙是怎么做到的？顾不得解谜，当务之急是再给它寻个稳妥的"监狱"。

这时，我瞥见一个盛放冰块的塑料桶，底小口大，高约20厘米，小螃蟹两边的腿都抻直了，竖起来也到不了20厘米。这次它总该无能为力了吧？可我又一次失算了。

第二天早晨，桶里又空了。当我再次从厨房角落里拽出这家伙时，几乎是赌气了。你不是能吗？我再给你加个盖儿！我恶狠狠地将一个大玻璃碗扣进冰块桶里，玻璃碗卡在桶半截儿，虽然不那么严实，但它肯定钻不过那小小的缝隙。中午下班回来，我赶紧推开厨房门看冰块桶……玻璃碗还扣在桶中间，可底下又没了小螃蟹的踪影。这次，我搜遍厨房的犄角旮旯，也没发现小螃蟹的影子。我挠着头坐在沙发上，既纳闷又丧气。这时候，猫咪悄悄靠近厨房门，对着门与门框之间的缝隙歪着头嗅来嗅去，还不停用小爪子去挠。莫非小螃蟹在门后？不对啊，刚才检查过，啥都没有啊。赶紧再看看，地上的确啥都没有。

我失望地仰脖叹气，谁知目光往上一扫，一幕奇景让我大开眼界——厨房的门由两个合页与门框连接，那只逃走的小螃蟹右侧一条蟹腿尖尖的爪尖紧紧钩在下面的合页上，整个蟹身伸展开，它就像马戏团里"空中飞人"那样，正悬在半空，难怪刚才没发现它!

我把它从合页上摘下来,看着它拼命划动八条腿,我心中竟生出了一丝敬畏感。不管命好还是命歹,这家伙从未停止反抗。它明知命数已定,却还是要尽力而为,直到最后一刻仍保持一种对抗的状态。这其实与生活中的强者一样,就算结果无法改变又能怎样?只要努力过,过程变得有意义、不同寻常,一切就都值得。

捧着冰块桶,我来到附近的龙河边,郑重地将小螃蟹倒入龙河水中,看着它飞快地向河水深处游去。虽然在龙河中它永远成不了龙,但它是我见识到的这世界上独一无二的小螃蟹。

一只老羊的告别

□王 炬

我们羊群中有一只母羊,她已经6岁了,我们管她叫黑头吉姆。她已经生了22只小羊,而且几乎每胎都是两只,还有一胎三只,一年生两胎。

她生了羊,不像别的母羊有拒哺的现象,她每次都是把自己的孩子照料得好好的,又肥又壮,直到他们长大。

记得有一次,黑头吉姆把孩子生在草原上了。那天刚下了雪,风又大,她把两个孩子生在草窝子里了,由于风雪大,谁都没有发现她。直到回到牧圈后,清点羊的时候,才发现黑头吉姆不见了。

我们打着手电筒钻入茫茫的黑夜笼罩的草原,风雪弥漫,大家对找到她没什么信心。正在彷徨间,听见了她微弱而焦急的叫声,循着她的声音,大家找到了她,只见她用肚子紧紧贴着她的两个孩子,那两只冻得瑟瑟直抖的羊羔。我们把她的孩子装进羊包里,背了回来,她们母子三个都得救了。

在羊群里,黑头吉姆是功勋羊,所以有时我们就格外对她关照些,她的奶水就格外充足,她的羊羔也就格外肥壮。按照她的情况,她还会生八到十个孩子。

意外来自一群大雁。

由于我们牧场挨着闪电河,那年雨水大,河水在我们草原上形成了一片湖,夏天,大雁来了,晚上住在湖水边。就有人生了歹心,下了毒药去毒那些大雁。

我们哪里想到湖边的毒饵?照例赶羊群去湖边放牧。

不幸的是黑头吉姆吃了毒饵。

她感到了痛苦,她跑到牧工跟前叫唤,牧工不知道她在说什么。于是,她突然冲出牧群,独自朝着牧圈奔跑。

牧工不知道发生了什么,也跟着她往回走,只见她奔回牧圈,找到她的两个幼崽,让她的幼崽吃她的奶,两个幼崽吃饱了奶,她倒在了地上,绝望地叫着,声音是那样凄惨,两只眼里不停地流着泪,我们围着她,兽医也赶来了,但大家一点办法也没有,她中毒太深,谁都帮不了她。她就那样叫着,声音愈来愈小,但还是那样期盼着什么,我们把她的两个孩子抱过来,她不叫了,伸出鼻子去嗅她的小羊,嗅了几嗅,低下头,去了。

我们都为她流了眼泪。

后来,我们安葬了这位伟大的母亲。

只要还有明天,
今天永远都是起点

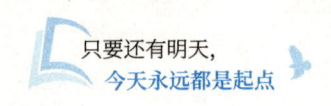

大咪、二咪和小花

□ 王食欲

我妈妈公司曾经养过两只流浪猫,一只叫大咪,一只叫二咪。

大咪是公司老总在自己的车下发现的。那时候是冬天,大咪躲在汽车发动机下面取暖过夜。

老总便让公司的保安给大咪用纸壳和破棉被搭了个小窝。员工们每天路过这个小窝,都会留下各种香肠零食。那年冬天特别冷,但靠着这个小窝,大咪侥幸地熬了过去。

开了春,大咪抖抖皮毛,溜走了。

老总看着空落落的窝,伤心大咪忘恩负义,又生气大咪不辞而别。

保安嫌猫窝太脏太乱,几次提议要把它拆了。老总仰天长叹:"90年代,咱们公司盖了半个朝阳区的住宅。没想到啊,我快退休了,却连个猫窝都盖不好。这用户体验不行,猫都不愿意住。拆了吧!拆了也好。拆了重新盖一个,盖个别墅。"

说来也巧,"猫别墅"刚盖好,大咪就回来了。

大咪身边还领着一只通体橘黄的小奶猫,那便是二咪。

二咪是不是大咪的孩子,公司里谁也不清楚。但看着不像。大咪太丑,二咪过分地好看。

公司里有位女同事,特别喜欢二咪,常常给二咪买各种昂贵的猫罐头和小香肠。

二咪的性格和大咪很不一样。大咪爱惹事儿,招猫逗狗,天天打架。二咪胆小,大咪一打架,他就蹿到树上躲起来。等大咪完事儿了,他才敢滑下来。

院子里的桃花开了又谢,金黄的银杏叶很快铺满了草坪。在设计师的零食关照下,二咪长大了。他的体格甚至比大咪还肥硕。

然而,身体强健了,二咪的胆子仍是很小。那年冬天,胆小的二咪犯事儿了,带回好几只流浪猫。

那天,员工上班时,院子里的雪堆上趴着七八只流浪猫,个个对大咪的"猫别墅"前的猫粮零食虎视眈眈。幸亏保安及时出手,才制止了一场鏖战。

不过,大咪和二咪虽逃过了这一劫,往后的日子却也不好过了。自打二咪泄露了住址,公司院里开始不断有流浪猫狗上门挑事儿。

大咪和二咪住不下去了。天气一回春,大咪便带着二咪离开了。

两只猫一走就是三年。

三年后的一个秋日黄昏,二咪独自回来了,带着一身的伤。血结痂在他的皮毛上,看起来瘦弱可怜。

那天设计师正准备下班回家,看到二咪,她立刻冲过去把他抱进车里,飞奔去了宠物医院。一番打针接骨,二咪才起死回生。二咪回来后，老总常抱着他问："大咪呢？大咪去哪儿了？怎么就你回来了？"

二咪看着老总，一声也不吭。

公司里都在猜测，经常打架斗殴的大咪，恐怕已经死了。

二咪治好伤后，设计师就在自己办公室的落地窗外给他搭了个小窝。二咪在外面玩够了，回到公司就有个窝住，还有小鱼干吃。

设计师特别疼他，每年公司带员工出国旅游，韩国的辣肉肠、日本的三文鱼、欧洲的猫罐头……她都会给二咪带点进口零食。

设计师救过二咪一命，二咪从此特别黏她。只要设计师不在外做工程，一回到办公室，二咪就会趴在落地窗前痴情地望着她。

后来，二咪身体变差了，便突然消失了。全公司连带司机和食堂大厨，统共四十几号人，下了班后都在附近的小区寻找他，生怕这只老弱病残猫出点什么意外。

一个月后，二咪回来了，身后跟着一只黄黑斑纹的小花猫。小花猫"喵喵"地叫着，特别讨人喜欢。设计师给她起名叫"小花"，和二咪养在了一个窝里。

小花来到公司后不到一周，二咪就死了。

二咪把小花带回公司，仿佛是给设计师留了一个伴儿。在自己死后，小花还能代替自己，趴在落地窗前，陪伴着设计师。

长牙野猪的成长

□ 程　刚

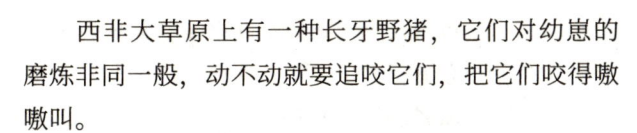

西非大草原上有一种长牙野猪，它们对幼崽的磨炼非同一般，动不动就要追咬它们，把它们咬得嗷嗷叫。

成年野猪追咬小猪崽归纳起来有三种情况：第一个是它们用嘴拱地时，有一些偷懒的小猪会遭到成年野猪的追咬。第二个是它们啃食树皮时，有些小猪崽很冲动，也不注意方法，嘴磨得出了血，当它们停下来不再啃食的时候，成年野猪也会强迫它们继续啃。第三个是在草原上狂奔是它们每天的必修科目，总会看见成年野猪狂奔追逐小猪，有些时候甚至看见小猪累得痛苦地趴在地上满嘴吐白沫，任凭成年野猪怎么咬它们都不起来。

小野猪被成年野猪追咬的情况会慢慢改善，随着它们渐渐长大，被咬的情况越来越少，这是因为，它们奔跑变快了，长出来的长牙越来越尖了，嘴巴的力量也越来越大，有时头一甩，就会有一大片草皮被拱出来。

猎豹是大草原上的强者，所有动物都有可能被它攻击，但只有长牙野猪，总会逃离虎口，而且会将猎豹搞得伤痕累累，有的猎豹甚至会失去奔跑的能力。原来，这一切都是成年长牙野猪在小猪崽幼年成长的过程中培养的结果，它们追咬小野猪就是培养它们奔跑的能力、拱地的力量，以及磨砺长牙的锐利，有了这些法宝，豹子来袭的时候，它们会轻轻松松将豹子击伤。

回顾长牙野猪的成长过程，它们虽然没有一个幸福的童年，但有一个安稳的成年。

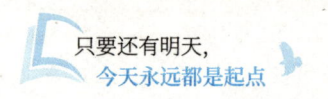

迁徙季的燕子

□项丽敏

到了寒露就是候鸟的迁徙季，夜半醒来，能听到从楼顶掠过的声声鸟鸣——启程时的相互催促、召唤，也有凄婉的告别之音。即使看不见也知道，浦溪河的白鹭和斑嘴鸭，此刻就在这迁徙的队伍中。

燕子迁徙得更早，乡下老家的燕巢九月底就空了。巢里的两只燕子是今年的新燕，懵懵懂懂的，外面的燕子头天就飞走了，次日它俩才醒悟，绕着堂前转了两圈，从门里冲出去。

母亲跟我念叨这事时，就像念叨小时候的我和哥哥：这两个傻瓜，也不知道能不能赶上飞在前头的燕子。

老家屋梁上的燕巢挂在那里已有几年。起初母亲不准燕子进家筑巢，用竹竿驱赶它们，把大门关着，不让它们飞进来。母亲有洁癖，燕巢在家，地上总见它们制造的粪便，进门出门，不小心就落一坨秽物在身上。

可燕子认定了我家，赶也赶不走，瞅着空子就衔了泥巴飞进来，很快在堂前屋梁圈下地基。燕子这么执着，母亲只好屈服，又实在气恼不过，转身责怪父亲，说是父亲故意开门放燕子进屋。

父亲装作没听见，从杂物间搬出人字梯，架在屋梁下，又拿出工具箱，爬上梯子，在燕巢的"屋基"下钉进两根长铁钉，搭上一大块硬纸壳，再用绳子绑结实。

燕子很聪明，领会了我爸的意思，乖乖地把泥巢筑在硬纸壳上面，这样粪便就落不下来了。

隔一段时间，父亲会给燕巢换一块干净的硬纸壳，也真是不嫌麻烦。

母亲这下没什么可抱怨的了，对燕子的生活渐渐有了兴趣，得空就坐在院子里，看它们飞进飞出，没多久就能认出哪只燕子是我家的，哪只燕子是外面的。

周末回家，母亲会把她窥探到的"燕子新闻"播报给我，有次母亲说到长大的新燕将老燕赶出巢："老燕一飞进来，两只新燕就冲过去，用翅膀死劲撞老燕，不让老燕进屋。"

"怎么这样？"

"新燕长大，燕巢就变挤了，再说新燕也到了要抱蛋的时候。"

"那老燕怎么办？"

"老燕就在外面屋檐下重新筑巢。"

"新燕真够自私的。"

"燕子就是这样，一代一代都是这样，老的总要把地方腾出来让给小的。"

母亲说这话的时候语气很平和，没有是非的偏见与区分。我喜欢这个时刻的母亲，忍不住想要上前搂抱她。要知道我的母亲并不经常这样，很多时候，她有过于强烈甚至是偏狭的情绪，这情绪伤害着她，也干扰着她身边的人。

母亲这么仔细地观察燕子，也是因为寂

寞吧。只有寂寞的人才会留意周围那些细微的东西。我能感受到母亲坐在老家院子里的那种孤独与寂寞，一闭眼就能看见，一伸手就能触摸。但我不能用陪伴来消除她的孤独与寂寞，只能怀着负疚心远远相望。

我也是那只自私的新燕，用和老燕保持距离来维护属于我的私人空间。我太需要属于自己的私人空间。只有在这空间里我才能有内心的自洽，有呼吸的自由。

燕子迁徙的目的地是哪里？它们靠什么分辨方向？在离开时它们会有眷恋吗？当第二年春天重新回到原来的屋梁，看见屋子里等待它们的主人时，会有重返家园的喜悦吗？——这些都是我不知道的，我也不想通过百度来了解燕子的生活。我更愿意保留这种神秘感，用自己的观察和想象慢慢靠近。

十天前的清晨，在浦溪河拍到迁徙途中的燕子，有上百只，在河面低空飞舞，扑向水中，又快速飞起，翅膀尖在河面撩起漂亮的水花。

这些燕子里有我家的那两只新燕吗？当然有——当我这么想的时候，我家的燕子就在其中了。

就像有时我走在村子里，看见一位老人孤单地坐在门口，心里会一动，想到母亲，那个时刻，在老人身上就看见了我的母亲。

胡 鼠
□ 程 刚

西非沙漠里有一种鼠叫胡鼠，这种鼠在沙漠中有强大的生存能力，而这种能力得益于它们强大的找水能力，也受制于它们独特的身体构造。由于胃部较小，容水量较少，消耗很快，所以，它们每天不停地奔走，几乎不停歇。

胡鼠也有停下来的时候，停下来的胡鼠特别有意思，只见它们四脚朝天躺在地上，一动也不动。

对这种现象，许多动物爱好者有不同猜测，但大部分人认为，这有可能是胡鼠太累了，想休息放松一下，因为不久后，它们又开始奔走，寻找有水源的地方，可它们休息为什么要四脚朝天呢？这个推测不太完美。

也有一部分人猜测说，这可能是胡鼠一次饮水过多了，身体承受不了，所以才要停下来。可是，这个理由似乎也站不住脚，按照胡鼠体内容水量，它们是不可能一次摄入很多水的。

一位动物学专家最终给出了答案，他指出：胡鼠突然间停下来，且都是四脚朝天躺在地上，是由于沙漠地表温度高，再加上它们一天奔走数十甚至数百公里，肚皮与沙漠地表一直在摩擦，导致肚皮温度越来越高，它们承受不了才停下来，然后四脚朝天散热，等温度降下来以后，继续奔走。专家也指出了胡鼠连续奔跑的里程极限：150公里。超过了这个距离，它们必然会停下来给肚皮散热。

胡鼠的休息方式给了我们深刻的启迪：有些时候，我们一直在努力奔跑，可当我们承受不住的时候，千万要学一学胡鼠。切记，适当地停下脚步，其实是为了走得更远。

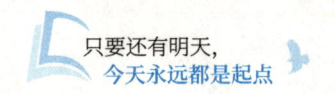

我的盖世英雄是一只狗

□不 一

网上有一个段子，"论吃货犬和军犬的区别"。一场比赛中，哨声吹响，吃货金毛犹如进了自助餐厅，吃得不亦乐乎。而同样一声令下，军犬直接奔向目的地，没有半点迟疑，对身边的玩具、食物视若无睹。

颇具喜感的对比背后，是无数次反复严苛的训练。身为警犬或军犬，就注定无法像其他狗狗一样，享受悠闲轻松的生活。每一只工作犬在去到各自工作岗位前，都必须经受严苛的训练。生活作息更是像军人一样严格。

Jess是搜爆犬，今年1岁半，因为上班时间绕着训导员撒娇转圈圈，被带至角落训话：身为一只警犬，不能撒娇，要认真工作。因为每天工作12小时，强度太大，3岁的警犬"噶雷"休息时间一直在打盹。但是在短暂的休息结束后，立刻又投入工作中。

它们不能偷懒，也不知道喊累，每一次任务都会拼尽全力，它们所付出的远比我们想的要多……

2018年6月下旬，四川茂县发生了严重的山体滑坡，一群搜救犬跟着救援队坐溜索过江，连续工作十几个小时不停歇。搜救犬"西岭"，十几岁高龄，在狗狗中已经算是老人的它，连续工作数十个小时后，在消防员的怀里睡着了。

搜救犬"安澜"，首次参加大型搜救，持续搜救20个小时，脚掌被玻璃划破也不停歇。连续高强度的搜救，只为获得一线生机。

丽水山体滑坡时，搜救犬"韦德"在一片泥塘边趴下，鼻子拼命向着废墟中40厘米左右的小洞嗅闻，洞口的碎玻璃和锈钉将它的左前蹄划开一道长长的口子，后来在那里找到了失联的人。

它们满身泥泞的样子，却像英雄一样帅炸了！

"金山"5个月大开始接受培训，1岁开始参加军事训练。

2016年7月23日，因为洪灾导致村民失踪，情况紧急，本为搜爆犬的"金山"也和搭档高涵进入山里展开搜救。在进行将近8个小时的搜救任务后，超出生理极限的"金山"永远闭上了双眼。

地处额尔齐斯河畔的北湾边防连是世界四大蚊虫聚集地之一，蚊虫密度最大时每立方米达1700余只。在这里陪着官兵走完巡逻路的，除了铺天盖地的蚊虫，就是军犬。

建连至今，先后有7条军犬因为蚊虫牺牲。无论如何，它们不该被忘记。

在深圳的梅林山武警广东省边防机动支队警犬基地，一墙之隔的青山绿林间安葬着21只功勋犬。它们有的牺牲在反走私、反贩毒、反偷渡现场，有的病倒在执勤岗位，有的为救战士，与2米长的毒蛇同归于尽……

历届官兵每年清明都会举行一次简朴而隆重的祭奠仪式，思念这些无言的战友。

有人说："我们之所以看不见黑暗，是因为已经有人为我们挡住了黑暗。"挡住黑暗的不只是人，还有这些狗狗，它始终默默无言地保护着我们。

紫霞仙子说过她的意中人一定是个盖世英雄，有一天会踩着七色祥云赶来。其实，每个人心中都有一个盖世英雄。而我的盖世英雄，是一只狗。

创造历史的100只猫

□ 贝小戎

许多人都把猫当作宠物，养在家里，对它们悉心照顾。小小的猫咪如何创造历史？读了法国多利卡·卢卡奇所著的《创造历史的一百只猫》发现，确实有许多猫参与了人类历史中的一些重大事件，去过南极、北极和太空，还参加过战争。

书中说，几个世纪以来，猫的身影一直没有停止出现在舰船上，而且这个物种正是凭借这种方式散布到全世界的。它们的使命何在？当然是灭除出没于船舱中的老鼠。15世纪起，热那亚保险公司就明白了猫的这一作用，如果哪条船上没有猫，他们就会拒绝赔偿老鼠给船主造成的损失。

第一次世界大战期间，超过50万只猫曾经守卫过英国军队贮存的食物。借助它们猎杀老鼠的才干，人们保证了战争供给。

养猫灭鼠真的靠谱吗？猫捉老鼠的数量能多到足以守护我们食品贮存的地步吗？1940年，一位英国科学家发现，猫确实能够阻止老鼠在一栋楼里定居下来，但除非先用鼠药把既有的老鼠都杀死。而且，为了防止猫去更快乐的猎场玩，每天要喂每只猫半品脱牛奶。这对战时的配给来说有点多了。

霍普金斯大学的一位专家说："我从未看到过猫杀老鼠。在都市中它们不是天敌，它们分享着共同的资源。"这种资源就是垃圾。在巴尔的摩，猫确实会光顾老鼠多的地方，但这仅仅是因为那里垃圾多。老鼠能吃的东西猫也能吃。猫扫荡垃圾并不奇怪。如果很容易就能找到吃的，猫就不会浪费体力、冒着受伤的危险去抓老鼠。

爱猫成痴的人有学者，如牛顿，还有许多帝王、首相。爱猫者觉悟很高，认为"并不是猫住在主人家，而是主人住在猫的家"。丘吉尔毕生都是绝对的爱猫人士。他养过的猫中，有三只名声在外：卡特、纳尔逊和乔克。有一天，卡特被主人训斥后，藏了起来，丘吉尔找了半天，随后在窗户上贴了一张大大的告示，上面写着："卡特回来吧，你做的一切我都原谅了！"不知卡特是否看到了这个消息，但它确实回到了主人家。

明世宗朱厚熜（1507—1567）是明朝第十一位皇帝，他对一只猫情有独钟，他为这只猫取名"雪眉"，这只幸运的猫身上戴着各种珠宝，用金盘享用精美的食物，乘坐铺着真丝软垫的轿子散步。有一天它抓到一只老鼠，皇帝还专门为此赋诗歌颂。

路易斯·韦恩是一位为猫着迷的画家，画过一万多幅猫，他把猫画成长着大眼睛、穿着人类服装、醉心于社交的疯子。他还经常参观猫咪展览，画了一组猫咪素描。在绘画的同时，他还主持成立了猫咪俱乐部。威尔斯说："那些长得不像路易斯·韦恩笔下之猫的英国猫应该为此感到羞愧。"

第一次把猫带进白宫的，是美国第16任总统林肯。这只猫是虎斑猫达比，主人对它喜爱有加，甚至让它坐在总统餐桌旁边的椅子上，用金质餐叉喂它吃饭。

如果猫不爱抓老鼠，它们至少还可以预报天气。书中说，如果猫把爪子放到耳朵后面，说明不久将要下雨。如果你家的猫睡得十分安详，连一根毛都不动一下，你大可以备好野餐篮外出游玩。

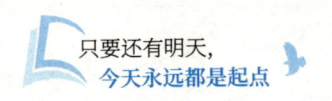

这世上的门

□潘玉婷

本来是想养一只猫的，像大文豪怀里抱着的那种，有明亮的毛色、忧伤的眼神，与人若即若离，不纠缠，不牵绊——实现生活在城市里忙碌的我们理想中的相处模式。

阴差阳错，我养了一条狗，非常黏人的那种。虽然它不是我心头的猫，但老实说，这家伙长得很萌，有柔软密实的棕色皮毛和一双滚圆含泪的眼睛，它会突然欢喜地跑过来蹭蹭你，躺倒在你的脚边，或者干脆趴在你的身上。它初次这样做时，我真有些受宠若惊。

可惜，享受完它的萌，我还需要一日喂它两到三次。不是随便丢一根大棒骨的那种投喂，你要保证狗狗的食物营养均衡、无盐少糖，你每天吃的那种垃圾快餐它可不能吃。我本身对吃没有太大的热情，晚饭随便应付一下就行，可狗狗眼巴巴地望着我，似乎在说"我在长身体啊，浑蛋"。忙活一番后，我看着狗狗狼吞虎咽的样子，再看看桌上狗都不吃的外卖，突然觉得对不起自己。

我还得管教它。它一派天真来到这世上，离开了妈妈，你必须对它负责。它小时候憋不住尿，每日随地大小便，你拖，它尿，你再拖，它再尿。终于，你瘦了，等它长大一些，你想让它在家尿，它还不乐意，大小便里包含狗狗的各类社交信息，它上蹿下跳、张牙舞爪，让你带它出门会朋友。有时候工作一天太累，想偷个懒，它泪眼汪汪地看着你，尿意骚扰得它面部变形——"求你了，带我出门遛遛吧"。

这时，你会看见一个如行尸走肉般的主人拉着一条欢脱的狗在草地上游荡。

某一天，我外出遇到其他狗主人，他们见我第一面就下了结论："年轻人养狗就是图个新鲜，到时候还得甩给家里人。"如鲠在喉，我说不出一句话，因为我真的有点后悔：我原本过得很潇洒的周末不见了，因为狗狗要出门遛遛；晚上惬意的"追剧"时光不见了，因为狗狗要你陪它玩耍；随意在地上堆放物品的习惯要改掉，因为狗会误食；我不得不跟大爷大妈打成一片，因为我的狗狗要和他们的狗狗交朋友……

一只狗绑架了我的生活，本要极力回避的人与人之间深深的羁绊、灼灼的期待，以及更多的责任，都从我养这条狗开始，加倍袭来。

似乎一不小心，我推开了一扇陌生的大门，内里是我不熟悉和不曾期待过的世界，这让人不安。

大约四个月之后，我发现了一些微妙的变化——我意外地习惯了"狗狗规律作息"，遛狗不再觉得痛苦，一路上还能赏花、锻炼；和几位狗主人成了朋友，周末相约爬山，除了聊狗还谈人生；给狗狗做食物久了，也开始为自己下厨。

这些变化自然而然，我甚至没有觉察。直到有天晚上加班，我突然觉得有些难过，因为想到狗狗在家等着我。我可以天马行空地创意、构想，和同事交流，或者跟家人通电话，但它只会在一片黑暗中专注地期盼我的归来。

它果然在等我。那晚我开门进去的瞬间，它把眼睛眯成了一条缝，耳朵收到两侧，比往日更热情地摇着尾巴扑向我，舔舔我的脸，围着我转圈儿，久久不肯离开。那个时候，我跟这个小小的生命，都觉得很幸福。

不养狗的人或许无法借由我的描述感同身受，因为很多感受和体会是藏在一扇扇门里的。一旦进到门内，你便会走入一个世界……

人由同样的物质构成，有着大同小异的五官，但内里千差万别——养了狗的我和过去的我不再是同一个人，因为更温热，更能承担；去旅行的你和不愿意改变的你不再是同一个人，因为看过了远方，心上的色彩会更缤纷；终于捧起一本书的你和每晚刷手机的你也不再是同一个人，因为只有安下心来的人才能读懂故事里的千回百转……

原来，尝试一件事，并稍微忍耐、坚持一下，就能推开这世上的一扇门。

顶级的情商，是懂得他人说不出口的话

□ 韩大爷的杂货铺

大学毕业前，与几个室友吃"散伙饭"，聊得兴起，大家想到了一个话题：彼此说说对方这四年里，让你印象最深的一件事。

当时轮到了老四说我，我美滋滋的，在心里猜他会表扬我什么：也许是我那次帮他打水？还是我在台上的哪一次高光时刻？

没承想，他脱口而出的却是一桩不痛不痒的小事："大哥给我印象最深的，就是他特别安静，尤其是在咱们睡觉的时候，但凡看谁上了床铺，他所有的动作立马静音，跟做贼似的。"

我尴尬一笑，心说这有什么？这不就是个习惯问题吗？难不成我确实乏善可陈，给人印象最深的，就是这个？

其他室友也不以为然，纷纷说这个不算，这事儿太小了。

老四解释道："这事一点都不小。我睡眠很浅，以前也住过宿舍，在集体环境里这个问题确实挺难把握。真有那种心里没数的，你休息的时候他们当你不存在，呼天喊地地干这个那个，要么就是正常分贝打电话，你这时制止吧，觉得不至于，毕竟大家都是同学，低头不见抬头见，说了显得自己挺矫情的；但不说吧，对方真的不罢休，比这更可气的是，有时你能明显感觉到对方心里是知道的，但算准了你不好意思说，便有恃无恐，只等你把那层纸戳破。"

大哥可能做过很多让人觉得他很强势、很优秀的事，但唯独这一件"心软"的事，让我觉得他是真正的"大哥"。

有人问我，你眼中高情商的人，都是什么样的？

我想了想，说出四个字：行止有度。

《西游记》片尾曲里，唐僧就地打坐参禅，一只蚂蚁过来了，它莽撞前行，就要爬到唐僧身上。

这时唐僧完全可以一屁股将其坐成标本，进而补充一句：哎呀，罪过罪过，不过也不怨我，意外而已，谁让你四处乱爬呢？但唐僧没有啊。

他左手掌摊开接过蚂蚁，传递到右手掌，轻轻地将它放下了。

蚂蚁不必学会说人语。

唐僧一念成佛。

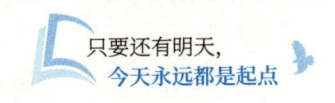

流浪猫鲍勃与铲屎官

□ 英国那些事儿

不久前，畅销书作家James Bowen发出了一条让全世界众多粉丝悲伤不已的推文："它将永远住在我心里，Bob……"

随后，多家媒体也证实了这一消息，《流浪猫鲍勃》的原型，橘猫Bob已于6月15日去世，享年14岁……

这条突如其来的消息，令粉丝措手不及：一只名叫Bob的橘猫，邂逅了颓废的流浪歌手Bowen，一人一猫相依为命，在守护和拯救彼此的同时，也感动了全世界。那场温暖世界的邂逅，要从多年前说起……

铲屎官Bowen于1979年出生在英国，童年时期，父母离异，Bowen跟随母亲频繁地更换生活的城市，Bowen很少能交到朋友，加上在学校经常遭受霸凌，少年Bowen的心理开始出问题，整个人也逐渐变得忧郁起来。

1997年，17岁的Bowen回到英国，和姐姐姐夫住了一段时间，因为不善与人相处，便离家出走，离家之后，Bowen开始了街头流浪的岁月，挂着一把吉他在伦敦街头卖唱，路人的施舍便是他全部的收入来源。这样无家可归的生活，Bowen不知不觉过了好几年。

2007年春，Bowen在街头流浪已经整整10年了，对周遭的一切早已麻木，只是每天拖着疲惫的身躯，行尸走肉般地过活。一天晚上，Bowen返回临时租住的公寓，在路边看到了一只虚弱的橘猫。第二天，Bowen发现橘猫还在原地。第三天，它还在那里……

Bowen注意到橘猫身上没有识别牌，它异常瘦弱，皮毛很不健康，脸上有一大堆抓伤，腿上还有严重感染的伤口，如果放任不管，它可能会有生命危险。

Bowen只好先把它抱去附近的一个兽医诊所治疗，诊所给橘猫开了一些抗生素，先治它腿上的伤口感染。可仅是这点抗生素所需的钱，Bowen掏光口袋也没能交齐。那一刻，原本一直浑浑噩噩的Bowen突然如醍醐灌顶，他猛然意识到，自己已经堕落到连给一只小橘猫看病的钱都付不起的地步了。流浪的10年里，Bowen第一次鼓起了奋斗的勇气。他决定，无论如何都要想办法把橘猫的伤治好。

他一扫过去的颓废，嗓音里充满激情和力量，说来也怪，周遭的人仿佛被他的歌声感染，纷纷给他投钱。这些辛苦挣来的钱，Bowen不敢乱花，全部攒起来给橘猫做完为期两周的康复治疗。眼瞅着橘猫的伤势好得差不多了，Bowen决定把它放回街上，然而没想到的是，橘猫却不肯离去，Bowen低头和橘猫对视了很久，最终下定决心："伙计，你就叫Bob，以后我们一起过吧……"

从那以后，Bowen的身边多了喵星人Bob，他们形影不离，无论Bowen去街头表演、乘车、散步，他身边总有橘猫Bob的身影。Bowen生平第一次鼓足勇气，担负起自己和Bob的生活。

说来也奇怪，一开始Bowen带着Bob，原本是想保护它免遭骚扰。但Bowen很快发现，Bob简直就是自己的幸运猫。

那时候Bob才1岁大，可爱活泼，一张大圆脸自带卖萌效果，每当Bowen开始表演，Bob总能为他吸引到更多的关注目光。一人一猫长期在科文特花园附近的一条街上表演，每次表演完一曲，Bowen和Bob的击掌，总能收获无数的掌声和投币。

从那以后，这个人猫街头艺术家组合逐渐声名鹊起，伦敦人常常看到一个背着吉他的长发男子，脖子上裹着一个"橘猫围脖"（Bob挂在他的脖子上），走到科文特花园或者皮卡迪利广场开始一天快乐的表演。所到之处，总能吸引无数人的目光。

Bowen和Bob的"人猫组合"名气越来越大，不少游客去科文特花园附近旅游，都要特意去一睹他们的风采。

许多人把他们的视频传到社交软件上，收获了大量的点击。几年下来，Bowen和Bob逐渐成了"网红"。

一人一猫每天元气满满的日子，让Bowen萌生了把他和Bob的故事写成小说的念头，于是2010年，《流浪猫鲍勃》完成创作并出版。

《流浪猫鲍勃》刚刚出版，光在英国就迅速卖出了一百万册，之后又被译成30多种语言出版，连续76周排在畅销书的榜首！就这样，离家出走，流浪街头10年的Bowen，在邂逅了橘猫Bob之后，短短三年时间，从街头艺人一跃成为世界头号畅销书作家。

这样的巨变恍如隔世，回顾遇见Bob后的三年里，Bowen不由得感慨万千："一切都要归功于Bob，是它走进我的世界，帮我走出泥潭。它对我的需要，超过了我对自我毁灭的需要。这唤醒了我。现在，Bob就是我每天醒来的理由，是它给了我正确的人生方向！"

2015年，《流浪猫鲍勃》同名电影开机，这部基于真实故事改编的电影，由Luke Treadaway担纲男主角，喵星人主角则由Bob本喵出演。Bob非常聪明，电影里面的大部分场景都由它亲自上阵完成。同名电影在全球取得了相当不俗的票房。

书籍和电影的巨大成功，令Bowen和Bob的生活发生了翻天覆地的变化，他们住进了大房子，Bob有了沙发可以躺，有了大院子可以活蹦乱跳。它可以像其他大橘一样，放肆地玩耍了。但Bowen和Bob从未忘记过去街头奋斗的岁月。一路从草根走到大明星，Bowen和Bob之间的感情永远牢不可破。它可以随意跳上Bowen的脖子，骑着铲屎官代步。

当然，作为一只大橘，生活好了之后，它也挥洒本性，放肆地吃吃吃。最近几年，有些发胖的Bob脸盘子越来越圆，越发呆萌。前几年英国封控的时候，一人一猫丝毫不受影响，在家秀起了恩爱，虽世事变迁，但Bowen和Bob永远是彼此最坚定的依靠。

然而，喵星人和两脚兽成为最好的朋友，就注定要接受生命长度"无法同步"的考验，2020年，已是Bowen和Bob相识的13年，Bob已经是14岁的年纪。它终究没能赢过时间，6月15日撇下Bowen，回到喵星去了……

巨大的悲痛之后，稍微缓和情绪的Bowen最终发出了如下声明，悼念逝去的喵星人朋友Bob，这一人一猫的故事，有了一个悲伤却动人的结局："Bob救了我的命。它给我的不仅仅是陪伴，有它在我身边，我找到了之前一直错过的人生方向和目标。我们通过书籍和电影共同取得了奇迹般的成功。Bob见过成千上万的人，触动了数百万人的生命。从来没有像它这样的猫，再也不会有了。生命中的光芒已离我远去。但我永远不会忘记它……"

人生流转

□ 翟永明

在一生之路
总有个赛末点
坐看，来来往往人
走向南，走向东
走向北，走向西
有人与你，在此点失散，有人还在
有人扯你到沟渠，有人陪伴
有人称为朋友或敌人，在此交换
你便知，都不重要
高下或对错
也在这个点上涣散

只要还有明天，
今天永远都是起点

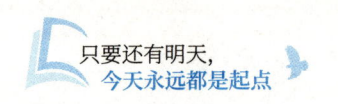

乌鸦抚养被弃小黑猫

□ 学 哥

1999年的一天，那是一个平静的日子，Collito老夫妻坐在门廊，像平时一样看着自己精心打理的院子。院子的一个角落，有个黑黑的小东西正在动，Collito夫人吓了一跳，还以为是只大老鼠，准备叫上丈夫一起赶出去。

当他们走近，却发现这是只还没有睁开眼睛的小猫咪。是流浪猫把小崽留在了这里？Collito夫妻犹豫了一下，决定暂时不去动这只小黑猫，防止它沾染了人类的气息被母猫弃养，悄悄退了回去。

然而，一天，两天，三天……好多天过去了，还是没有母猫把小猫咪叼走，Collito夫妻有点担心了。他们准备了一些幼猫猫粮，几天来第一次靠近小猫所在的角落。然而，还没等他们过去，一只乌鸦突然俯冲而下，冲向了小猫！Collito夫妻心里一惊，乌鸦一直是很聪明的动物，和流浪猫更是死对头，这只乌鸦如果要伤害小猫的话……

不过，这倒是他们想多了。小猫看到乌鸦过来，立刻开心地站起身，嗷嗷叫着张开嘴……而乌鸦，竟然把自己收集到的虫子，喂给了小猫。这只小猫不像是饿了三天的小幼崽，显然，它还很有活力。

Collito夫妻停下前去喂食的脚步，好奇地停在门廊后，看着一鸦一猫。那乌鸦在院子里走来走去，收集虫子叼过来喂给小猫，而猫咪就像是它的崽崽一样，乖乖地等待投喂。一鸦一猫完全不像天敌，反而更像母子。

Collito夫妻给猫咪起名叫卡赛，给乌鸦也起了一个名，叫莫赛。就这样，小猫咪卡赛在Collito夫妻的院子里，被莫赛一天天抚养大。

人，乌鸦和猫，也渐渐有了默契。Collito夫妻每天定时把准备好的猫粮放到卡赛身边，而莫赛也会过来一起品尝美食。

每到晚上，Collito夫妻就会招呼卡赛回到房间，享受"宠物猫"的奢侈生活。清晨六点，莫赛会来"敲门"，督促Collito夫妻把卡赛放出来和它一起玩耍。晚上，Collito夫妻负责卡赛的安全。白天，莫赛是它的监护人。

每当卡赛跑出院子走到车道上，莫赛都会尖叫并用翅膀把这只不知天高地厚的小猫咪赶回安全的院子。这样的相处方式，让动物行为学专家都啧啧称奇。他们认为莫赛应该是一名女性，在它第一次看到饥饿的小猫咪时可能刚刚喂走一窝小鸟，于是它觉得有必要照顾小猫。

Collito夫妻后面帮忙改善了卡赛的饮食，才没有让这只天天吃虫子的小猫咪营养不良。在莫赛发现卡赛怎么都不会飞的时候，大概也是很苦恼的……

这样美好的生活，持续了整整五年，乌鸦的寿命只有七年，Collito夫妻知道他们总有一天将会道别。而那一天，似乎莫赛已经预见到了。它一整天都和卡赛在一起，帮它捋毛，陪它玩耍，像是要给予它来自长辈最后的教诲。最后，它高高地飞走，再也没有回来……

又过了两年，Collito夫人也去世了，留下了先生和卡赛守着这个家。这样的美好故事，被一传十，十传百地传开。一位儿童画家，专门把卡赛、莫赛和Collito夫妻的故事画成了一本48页的儿童绘册 *Cat&Crow*（《猫和乌鸦》）。

乌鸦遇到被弃养的小猫，成为它的养母，将其抚养长大。一段超越物种的友谊，一个充满爱的故事，卡赛与莫赛将永远定格在书中。即使过去十年，二十年，依然感动着无数人。

第六章 心灵治愈

愿以温柔待花开，愿以慈悲等风来；倘若南风知我意，莫将晚霞落黄昏

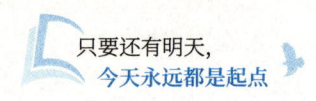

我要做一个粉蒸肉女孩

□溪梦鱼

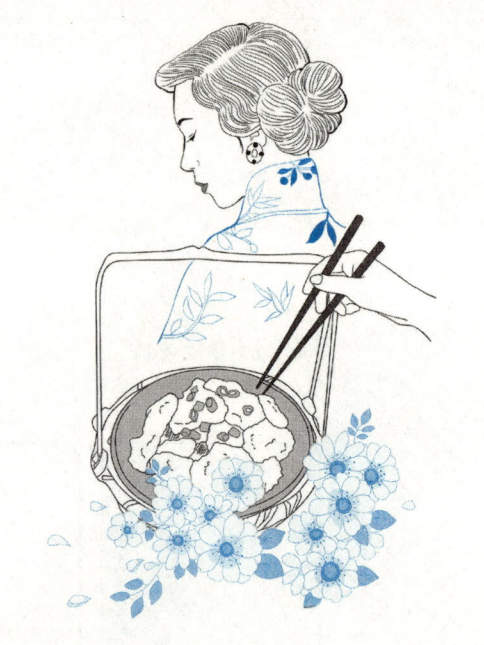

张爱玲在《第一炉香》中，说女主角的脸像粉蒸肉。以我的认知，惯会刻薄的她，此处是在盛赞。每每读到此处，我都在想象如若像粉蒸肉，肌肤该是多么润泽且白里透红呀！

当我还是一个小胖墩，最期待的就是每年除夕夜，奶奶亲自操办的一大桌年夜饭。我坐在爷爷腿上，仿佛一个裹着大红毛衣的肉球，每当我有往下滑的趋势，都被爷爷枯瘦的手臂有力地拦住。

"茜茜，这是红烧鳊鱼，这是芋头牛腩煲，这是红烧肉，这是藕夹，这是……"爷爷顿了顿，抿了口小酒，"这是，粉蒸yòu！"我抢答。爷爷咯咯笑着，手里的筷子微微抖动。

"对，对，这就是粉蒸'yòu'！"奶奶走了过来，手在腰间的围裙上抹了几下，抢走爷爷手中的筷子，"茜茜普通话说不准，就是跟你学的。成天瞎教！"说着，夹了块粉蒸肉放进我的小碗里。

碗口镶着小蓝花，一块粉蒸肉躺在里面，姿态慵懒。深红色在最前头，那是蒸熟的瘦肉的颜色，下面是等粗的一道雪白，那是肥肉，再下面是极细的一道深红，宛如一道起跑线提示食客下面即将进入一场赛跑，因为接下来才是五花肉的精华所在——大块的肥肉。那是齿的坚硬与肥肉的软香之间将要进行的殊死博弈。最后，酱红的糯米，包裹着五花的周身。上面还沾着葱花。宛若杨贵妃的红裙前系着一弯翠绿的蝴蝶结。原谅我太爱粉蒸肉了，晚上免不了两包"午时茶"下肚，才能拯救我被撑坏的肚子。

一年又一年，我慢慢长大了，不再坐在爷爷腿上趴在桌边等着粉蒸肉上桌了，一年又一年，爷爷去世了。爷爷去世后，奶奶很少亲自做菜了，粉蒸肉也消失在了奶奶家年夜饭的菜单中。

古语说"勤能补拙"，对我爸妈这类后天修炼成的做饭高手是十分贴切的。但我爸爸可能不同意，他一定认为自己是天赋型选手，之前种种黑暗料理只是因为工作太忙未施展开造成的。后来他工作闲了下来，便接过了粉蒸肉"掌舵人"的大旗。

爸爸做菜总是潇洒的，也可以说是随意的。清晨，他骑着小电驴到生鲜市场溜达，看到一块肥瘦相间的五花肉觉得十分合眼缘，于是迅速付钱装袋，顺便转了转旁边的摊位，就买好了家里的几天所需。

回到家，正式开始烹制粉蒸肉。将新鲜的五花肉切成半厘米厚，这时他便会叫我来观摩："看我买的肉，好吧，肥瘦相间，这才是五花！比你妈买的好多了吧。"厚切的五花顺着一个方向，红红的脑袋压在另一个雪白的腰间，懒懒地依偎在一起。

将肉放进大碗里。我爸妈这辈人做粉蒸肉比我奶奶那辈简化许多，而且现在市场上有现成的蒸肉粉，还自带卤料，不需要像我奶奶那样自己做糯米粉。

将卤料和糯米粉倒进碗里，然后用手为五花肉进行深度按摩。爸爸的大手干燥而白净，手法却十分豪放，酱红的糯米粉和卤料毫无章法地沾满他的手，我则在旁边将他的袖子挽上一个边。

这时他会洗了手给我妈打电话，问她几点下班，挂电话后朝还在厨房的我喊道："十二点开始蒸啊！""得嘞！"我赶紧去看钟，"现在十一点半，还剩半小时！"爸爸在客厅休息，架着一副老花镜弓着腰凑在笔记本电脑前看股票或者靠在沙发上拿着手机看新闻，我则一会儿去欣赏酿制中的五花肉，一会儿跑到客厅看时间。

十一点五十八分，我就高喊："到了，到了！"爸爸不慌不忙摘下眼镜看了眼客厅的时钟："好，开始上锅。灯变绿就好了啊。"

高压锅里加水，垫上小支架，将粉蒸肉的大碗放进去。这时我真希望我有魔法，能让高压锅的灯快点变成绿色。

粉蒸肉的香，很特别。糯米的甜香综合了肉类的鲜腥，糯香包裹住肉香，丝滑地在鼻尖徘徊，一点一点往人心里钻。

灯已转绿，无视我的胡搅蛮缠，老爸怎么说也要等妈妈回家才肯把蒸好的肉端出来。我只好守在厨房，静静等着，门铃一响，不是去开门而是赶紧开锅。

爸爸将蒸好的粉蒸肉端上餐桌，我则将砧板上的葱花零星撒上，也算是为这盘肉出过一份力了。"太好吃了！"我将一块块肉往嘴里送，摇头晃脑的样子把老爸逗笑了。"你只要吃到好吃的就摇头晃脑的，从小到大都这样。"老爸一边给我夹肉一边假装皱眉说，"这么能吃肉，以后谁敢娶你，都把人家吃穷了！"

几年后，爸爸的身体不太好，但他还是坚持去菜市场买五花肉，坚持在厨房把肉切成一块块的，用手将肉拌好。有一天，我偶然发现厨房中爸爸的腰弯得那么低。他说："你过来看着我做。"我说："我看着它能变得更好吃吗？"

再后来，爸爸去世了，我知道了他要我看他做粉蒸肉是为了什么。爸爸在世时，我亲手为他做过一次粉蒸肉。一辈子矜持的他依旧没有盛赞，但我看到了他嘴角的弧度，很欣慰的弧度。

现在，老妈也经常做粉蒸肉吃，味道居然和老爸做的相差无几，不知道是不是也被老爸培训过。虽然现在做粉蒸肉的方法没有老一辈那时繁杂，但是现代生活的快捷并没有冲淡温情，用心永远是烹制一碗好吃的粉蒸肉的关键。

不知是不是粉蒸肉吃多了的缘故，我的长相和性格也和粉蒸肉相似。皮肤粉粉白白的，性格软软糯糯的。这种风格的长相和性格似乎在这个什么都追求个性化的今天，显得十分没有个性。但谁说，"没有个性"就不是一种个性呢？

像粉蒸肉一样，接受看似格格不入的糯米，结果却米肉相融、浑然天成。

我要当一个粉蒸肉女孩，永远做一个吃到好吃的食物就摇头晃脑的馋嘴的孩子，以善意裹身，让自己溢满爱的醇香。

温 暖
□ 蔡要要不吃药

其实温暖是一个很虚无的概念，这只是一种内心的感觉，也许并不存在，却惹得每个人都想拥有。

经过一条小小的巷子，有一位年迈的老爷爷推着一辆小小的三轮车在卖烤红薯，味道也许并不那么好，可就是想要买一个，热热地握在手里，咬一口，一股暖流从嘴里一直烫到心里。

小时候的冬天要去上学，出门前，外婆忙不迭地端来一碗煮得热热的甜酒鸡蛋，放了很多糖，打上一个金黄的鸡蛋，飘着淡淡的酒香。外婆总是看着我一口气喝下去，再握握我的手，笑着说："嗯，这下暖了。哪怕外面刮着刺骨的北风，也是不怕的。"

和男朋友一起挤在沙发上看电影，外面飘着雪花，我们看着窗外，泡一桶方便面，泡面桶冒着热气，两个人你一口我一口地吃起来，电影演的什么早就已经忘记了，可是那盒面让我们记住了温暖，忘记了寒冷。

大多时候食物带来的温暖，会一直让你记住，就像阳光。

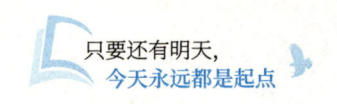

饮食里的爱情流派

□叶轻驰

我是鱼香肉丝的忠实粉丝，每次到饭馆吃饭，总要叫上两盘鱼香肉丝，再配上几碗白饭，令旁人侧目不已。久而久之，就成了一个胖姑娘。

一天早上，同事们在一起聊天，有个男同事打趣地说我是现代版的杨贵妃，浑身散发着古典的气息，连身材都向古人靠拢，可见爱情也只能走古典路线了。

同事们笑得喘不过气来，我差点气晕。自我感觉良好的身材竟然被取笑，怎能不气？我暗下决心，要脱离古典路线，找一份浪漫的爱情。

我开始相亲。

我先是碰到一位文学博士。他面貌清秀，眉宇间满是浓浓的浪漫气息。看了他的文章后，我更是被他浪漫深情的风格深深吸引。没多久，我俩便决定见面。

现代相亲，经常是从一顿饭开始的，饮食与爱情似乎也有了一些相通的气息。

我俩第一次约会，是在湖畔的咖啡馆里。那里有悠扬的夜曲、银色的月光和带着淡淡花香的晚风。装成淑女的我点了一杯咖啡，听文学博士滔滔不绝地谈了两个小时，心感乏味，肚子还不合时宜地叫了起来，一声接一声，还一声比一声响。看着文学博士诧异得有些扭曲的脸，我颓然地明白，自己和浪漫主义无缘。

果然，文学博士找了个借口，匆匆离开后，再也没有联系过我。

后来，我去和一位事业成功的男士相亲。这位成功人士走的是现实主义风格，饮食简单而快捷，用微波炉烤大个儿的土豆，配上香肠和牛奶，就是一顿饭了。营养、简单、方便，典型的现实主义流派。

这位成功人士经济基础雄厚，每次约会却很匆忙。他不说情话，不玩浪漫，时时刻刻都是一副把爱情当事业来经营的面孔。这段所谓的爱情，仅维持两个月，便夭折了。

那是一个周末，我带着这位成功人士去见住在郊外的父母，车刚出城便坏在了路上。他拿出计算器计算了一下，告诉我，因为车子是在去我家的路上坏的，所以修理费要和我AA……我终于醒悟，自己和现实主义也有着一段不小的距离。我果断地将现实男拖进了黑名单，从此各走各路。

接连几次相亲，从一开始的充满幻想到最终的灰溜溜结束，让我颇受打击。由此也证实了，饮食的流派多元繁杂，爱情也是如此，我可能与任何流派无缘。一想到这里，我的心情变得非常低落。

而这段时间里，唯一能让我感到快乐的，便是我开始恢复了对鱼香肉丝的喜爱。渐渐地，我又开始光顾住处楼下的那间小饭馆。那里的鱼香肉丝做得特别地道，店主是一个小青年，自主创业，身兼店主和伙计两种身份。

没想到有一次，吃完鱼香肉丝，店主竟红着脸向我表白了。他说，他本来不太会做鱼香肉丝，发现我爱吃这道菜，于是翻遍了各大食谱，又请教了很多同行，才做出如此美味的鱼香肉丝。有一段时间，我没有出现，他以为没希望了。可最近我又开始光顾他的店，让他心里重新燃起了希望。

我心里突然萌发了一种难以言喻的温暖。

这个传统的小男人，正如那道鱼香肉丝，散发着香而不腻的气息。他不浪漫，却有着一颗为爱量身定做的心，传统而实在，这是古典主义的爱情，如同鱼香肉丝，怎么吃都不腻！后来，我成了那间小饭馆的老板娘，日子平淡而甜蜜。

爱情如饮食，有不同的风格，现实的、浪漫的、古典的……没有哪一种最好，而向别人看齐也未必是好事。只有寻到适合自己口味的那个流派，方可成就一生的幸福。

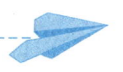

最好的样子，是被爱出来的

□陶瓷兔子

我认识一个女孩，是超级没有安全感的那种类型，即便是女性朋友聚会时聊到一个她不了解的话题，她也要落泪：你们是不是都不喜欢我了，我是不是多余的？

怎么说呢，女孩子过了20岁，这样的性格总是不够讨喜的，她谈过几场恋爱，无一例外都因自己的小题大做而分手。再浓厚的情谊，也抵不过一次又一次的抱怨和怀疑。

后来她又谈了一场恋爱，听说她男友常常把她的好挂在嘴边，今天夸她温柔大度，明天说她独立坚强。有种情人眼里出西施的滤镜吧，大家笑笑，谁也没当真。

我再次见到这个女孩差不多是一年之后，她跟男友手挽着手走在街上，看到我们老远就热情地招手："好久不见，一起喝杯咖啡？"

我们在一家冷饮店坐下，她男友马不停蹄地帮我们点餐、拿甜点，她坐在那里笑嘻嘻地看着他跑前跑后。我挺惊讶的。相识6年，这样的大方和爽朗，自信与平静，我从未见过。她就像是一只炸毛的猫被捋顺了毛，终于收敛了一身煞气，温柔地伏于那人肩头。

我旁敲侧击地打听他们的恋爱史，她只简单地说几句两个人相识的过程，就羞涩地低下了头。她男友坐在一旁，看她时满眼都是宠溺，轻轻覆上她的手背："我女朋友，哪儿哪儿都好。"

我瞬间读懂了她的改变。他坚定的爱意像是她的盾，让她第一次知道，无论自己跌落何处，都有他的支撑。当她的好与坏统统落入他眼中，而他接受的时候，她就是他眼中最可爱的那个人。

一个人最好的样子，一定是被爱出来的。

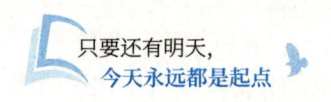

我不支持你，但我依旧会陪你

□巫小诗

周末去听了一场演唱会，坐我前排的是一对父女。女儿是中学生模样，全程热情很高，不是大声合唱就是不停挥舞荧光棒。一旁的父亲，头上戴着荧光蝴蝶结，膝盖上放着女儿的外套，认认真真地，低头玩了两个小时手机象棋。觉得这位父亲有点可爱，这大概就是"我反对你追星，但你非要去的话，我也会陪你"。在真挚的情感面前，反对往往是无效的，这种无效不是说我失去了自己的立场，而是，因为在乎你，所以愿意走进你的立场。

我读高中的时候，女生流行烫直发，头发烫直之后，又垂又顺，像瀑布一样，看得我也跃跃欲试。那时候我是学霸，听老师的话，听家长的话，所以决定烫发之前，我先在饭桌上问了母亲的意思，她黑着脸说："不行，高中生烫头发像什么样子，应该把心思放到学习上才对。"我说："我周围的女生都烫了，不会影响学习的。"她继续坚持："不行就是不行。"那天我特伤心，觉得自己母亲是老古董，觉得自己无法拥有平等的青春，吃着饭还哭起来了，然后一个人关在房间里生闷气。

于是我做了一个叛逆的决定，我拿出自己攒的零花钱，决定自掏腰包去烫发，在我准备出门时，母亲问我去哪儿，我赌气说"不用你管"。毕竟是亲生的，我不说她也知道我要去干吗，她说让我等她一下，然后她穿上外套拿上钱包，跟我一起出门了。在路上时，母亲说："有些理发店很黑的，看你是小丫头就宰你，或者给你用很差的药水，我陪着去会好一点。"后来，她就在理发店里，陪了我一个下午，那时候人们不怎么玩手机，她就什么也没干地看了我几个小时。我当时有点嫌母亲"为何不一开始就答应，弄得这么不愉快"，现在想来，还挺感动的，她自始至终都没有支持过我烫发这件事，但我非要去的话，她还是会陪我。

大学同学的闺蜜曾经去见过网友，当时同学劝她别去，说女孩子容易有危险。闺蜜说没事的，就吃顿饭看场电影，彼此了解一下。同学还是对她不放心，闺蜜讲："那你每半个小时，假装找我有事给我来个电话，这样就能确定我的安全了。"同学说："傻瓜，你真遇上事情的话，我给你打电话也来不及了。"最终，见闺蜜执意要去，同学决定，假装路人甲，坐在同一家餐厅的不远位置陪闺蜜吃饭，闺蜜看电影的时候，同学就坐在大厅里玩了两小时手机，电影散场后，同学假装偶遇，这样子才把闺蜜从网友手中拉走"一起回家"。讲真，这样陪吃陪等的"电灯泡"，我做不来，大部分人应该也做不来。只有关心你到极致，才愿意冒着被嫌弃的风险，厚着脸皮在背后守护你啊。珍惜每个陪伴你的人，他们也许不支持你，但他们真的很在乎你。

你吃你的苦，我吃我的苦

□ 吴晓波

那年，你说想创业开一家宠物店，我建议你先去做一个市场调研。你真的跑了二十多家宠物店，然后弄出了一份挺漂亮的"可行性报告"。

后来我同意你开店了。我说："这应该是一条不错的赛道。如果万一，哪天店关掉的时候，我希望你最后一个离开，去拉掉那个电闸。"

说这话的时候，我目光闪烁，不太敢看你的神情。

店开了。半年后，店长离职，在不远的一条街外开了家新店。有一次，一位女顾客买了只小狗，两个月后找上门，说狗狗有基因病，不但要求退款，还要索赔两万元。还有一次，顾客上门提意见，身后居然带了好几个电视台的记者。

这样的事情，都不在那份漂亮的"可行性报告"里，却隔三岔五就会发生。一家小小的宠物店，居然装得下人世间所有的世态炎凉。

我站在旁边，默默地看你一口一口地吃下每一种意料不及的苦，却束手无策，无能为力。

有一句话，很多长辈讲过，我也讲过——"我们吃苦，是为了下一代不吃苦"。

这句话欺骗了我们，以及我们的下一代。我们吃苦，是我们的人生，它不意味着我们的前辈们没吃苦，更不意味着我们的后辈们将因此少吃苦。甚至在两个代际之间，有一些你自以为的苦，竟或许是下一代人的酸或甜。其实，每一代人都不可能真正"理解"上一代和下一代的苦。

这些浅白的道理，是这些年看着你办宠物店，渐渐明白的。

有一本国内发行量很小的书——《中产阶级的孩子们：60年代与文化领导权》，讲的是20世纪60年代美国家庭的代际冲突。那个时代，是美国在二战后高速发展的黄金期，让两代人对世界和自我的认知发生了重大的裂痕。

"反复讲述自己的艰难经历，会使讲述者本人在道德感上变得崇高，也会使没有这种生活体验的听众感到愧疚。谁都厌倦充当这种抑郁的听众角色，一旦父母的苦难叙述变得絮絮叨叨，在孩子那里唤起的将不是感激，也不是道德激励，而是厌倦和反感。"

在那个时代的美国家庭，父母们人手一册发行量高达2000万册的《育儿手册》，而孩子们的抽屉或被窝里则是一本塞林格的《麦田里的守望者》。上代人的期待成为下代人的压力，在这样的心理对峙中，"不成为父母期待成为的那个人"变成了年轻一代的反叛起点。

"我们吃苦，是为了下一代不吃苦。"这句话最要命的误读是，说话的人自以为可以为下一代分担或承受生命之苦，而被传达的人则可能以为，在父辈们的庇荫下，将会有一个由甜蜜构成的未来。事实则是，命运在不同的牌桌上发牌，你吃你的苦，我吃我的苦。

所以，我会非常感恩那个充满挫折感的宠物店。你在那里吃的苦，仿佛让我回到了青春的彼岸，隔岸眺望，若得若失，终于在平行的岁月中再次目睹了成长的意义。

你不是我的倒影，我也不是你的上一个车站。岁月漫长，我还将继续我的苦旅，而一脸胶原蛋白的你以及你们这一代人，也将遭遇我们这代人无法理解和触达的欢悦与苦痛。

这也许是最合适的距离和陪伴。

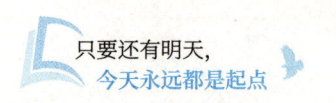

受伤的树

□ 青 弋

　　小区里的行道树是香樟。它们的动人之处在于一年四季常青，推开窗户见到它们绿意盎然的叶子，这一天看什么都会觉得眉清目秀。起初我误以为常青的香樟树是不换叶子的，它们就像塑料花一样永恒开放。

　　后来仔细观察才知香樟树比较特立独行，是在春天开花、结籽、换新装的。换叶时，老的还没掉落，新叶已长出，所以，不用心的话肉眼几乎看不出它们之间的岁月更替。其实春天的香樟树叶子清新黄绿，冬天则是老气横秋的墨绿。

　　去年初夏妈妈来沪小住，指着窗前的一棵香樟对我说，这棵树要死了，不信你看着，它活不了多久的，叶子都已经枯黄。我一看，果然，它的叶子色泽比别的树要浅好几个色度。因为之前小区为了增加停车位，缓解日益紧张的停车难矛盾，遂把地面道路拓宽，牺牲了部分绿化带，把所有的行道树切掉一半的根茎修成路，这棵树可能根部受伤太深了。

　　我忙问妈妈，有什么办法救活吗？妈妈说了一件陈年往事。以前，我外公家院子里一棵大的板栗树，年年结满树的栗子，自家吃不完就送人。结果，惹得邻居禾木子大叔心生妒忌，在两家发生一次争吵以后，禾木子大叔就在某天夜里偷偷烧了一大壶开水，直接浇在板栗树根部。可怜的树，被烫得再疼也不会像人一样大哭大叫，只是慢慢枯萎死去。外公自然心疼不已，竭力抢救，就隔些日子煮一锅肉汤（外公家条件不错），把肉吃掉，拿肉汤去浇板栗树。结果，奇迹还真的发生了，一年后，板栗树复活了，后来，又开始一年一年地结板栗。我当然记得在那棵板栗树下，童年的我没少捡开着口、似刺猬般的板栗剥着吃，但我从没想到它丰饶的一生还有过这样的劫难。

　　于是，我也想拯救这棵垂死的香樟树。给它喝点什么才有营养呢？煮肉汤太麻烦，不如给它喝牛奶吧。记得水养的铜钱草，曾经被我忘记加水而枯死了，然后，经朋友点拨，让我把自己喝过的鲜牛奶盒用清水荡一荡浇在铜钱草上。过了一两个月吧，它们又开始冒出新生的圆叶子，葳蕤自生光，一副营养充足的样子。那天我是在阳台上看书晒太阳，突然间发现它们活过来的，真是"漫卷诗书喜欲狂"！如今这盆铜钱草已被我分装成三个花瓶，每一个都是一道迷人的风景。

　　就这样，我开始每晚把牛奶盒里的剩余牛奶加水稀释后再装进矿泉水瓶子里，积到满满一瓶时，就跑到香樟树下喂它。一直坚持到今天，快一年了。从一开始，它的叶子比别的树淡几个色度，到现在只是有一点点色系差别，我在想，到底是我喂牛奶的功劳，还是它自己挺过来了呢？无从知晓。我也不想知道答案，只要它活着就好。

　　受伤的树不会说话，然而，妈妈却听见了它的呐喊。而我，在这个安静而特别的春天里，与一棵受伤的树结下生死情谊。

妈妈的符号

□张君燕

这是一个略带悲伤结尾却很暖心的故事。

一个小男孩四岁时，随着妈妈去城里赶集，拥挤的人群挤散了贪玩的孩子和忙着采购的妈妈。嘈杂的喧嚣，杂乱的人群，孩子像一颗掉入大海的石子，一旦脱离视线便再也找寻不到了。

寻子的道路艰难而漫长。一晃十年过去，妈妈依然没有找到孩子。

一次偶然的机会，妈妈到外省探亲。中午，和一大桌亲戚家的亲友围在一起吃饭。席间，总感觉有一道目光在自己身上来回移动，她抬起头，却找不到目光的来源。后来，当这道目光再次投射过来时，她及时捕捉到了。那是对面一个十四五岁的男孩子，他的目光是那么炽热，而且好像充满期待和询问。当他们的目光相遇时，男孩子索性不再躲闪，直直地盯着她看，而她似乎也在男孩脸上依稀看到了记忆里旧时的轮廓。

最后，男孩子走过来，问她是不是丢过一个孩子。这一刻，激动万分的她一下子泪流满面，她忙不迭地点头，然后紧紧握住了男孩的右手！她根本没有想到，兜兜转转这么多年，竟然会在这样的时间、这样的场合找到自己的儿子！

后来，有人问男孩："你怎么会想到她是你的妈妈？"男孩羞赧地笑了："我也不知道，我就是看着她感觉很亲切、很温暖，而且她身上好像有一种特殊的东西深深地吸引着我。我想起了我妈妈，和幼时记忆中的一模一样！"是的，也许每一个妈妈的身上都有一种特殊的符号，即使隔着岁月的漫漫风尘，依然可以让孩子清晰地认出自己。

说起妈妈的符号，我突然想到看过的一个国外的视频。那是一个关于亲情的测试，研究人员找了六个三到十岁的孩子，然后把他们的眼睛蒙上，让他们在一群人中找到自己的妈妈。妈妈们似乎都有些紧张，可孩子们却显得镇定自若。测试开始了，孩子们依次走上前，摸着面前站着的人的头发、面颊、手。摇头，接着来到下一个测试者面前。而最终，这些可爱的孩子全部找到了自己的妈妈，包括最小的那个孩子！

当询问孩子找到妈妈的理由时，孩子们各有各的回答，其中一个孩子的回答非常奇妙：我摸到了妈妈的微笑！

大家在惊叹的同时，也不由得露出了会心的微笑。每个孩子心中都有一个独属于自己的妈妈，在妈妈身上会有一个特殊的印记，它是一种独特的心灵符号，甚至可以无形无色无声，外人根本无从探寻，子女却可以深谙于心，那里包含一种深入骨髓的血脉与传承。

我突然想到了自己的妈妈，想起了她身上独特的符号，你呢？

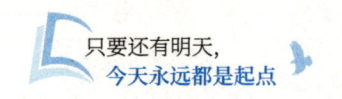

孩子也是父母的人生导师

□ 赖佩霞

过去，我一直以为，只有那些年纪比我们大、学历比我们高、比我们优秀的人，才足以成为我们的人生导师。但事实上，只要是能够给予我们重要的生命启发的人，都是我们的人生导师。比如，我那两个可爱的宝贝女儿。

先说我的小女儿。

我与先生都是第二次婚姻，我们两个人各自带了两个孩子。很多年以前，我的先生因心脏病住院开刀，他在美国的两个孩子就来中国台湾看他。因为这是我们第一次见面，所以我心里很忐忑，也很担心。我对我的小女儿说："OK，妈咪准备好了。如果哥哥姐姐不喜欢我，那也没办法；如果他们喜欢我，那才叫奇迹。"

这时候，十来岁的小女儿看着我，说："妈咪，这个世界上怎么会有人不喜欢你？你对人那么好，哥哥姐姐如果不喜欢你，那是因为你的角色，而不是因为你这个人。"

她的这段话，让我醍醐灌顶，忽然间，我心里的一块大石头放了下来。我没有想到，我心里藏了那么久、担心了那么多年的事情，因为她的一句话而得到了疏解。孩子单纯的眼睛，能够一眼看穿成人世界的复杂。

我来自一个单亲家庭，从小没有兄弟姐妹，家里只有我一个孩子。我小时候长得很可爱，大人们特别喜欢我。但是，我经常受到其他孩子的欺负，他们冲着我喊："你这个没爹的孩子。"每当听到这样的话，我的心就像被撕裂一样。这种挥之不去的隐痛纠缠了我很多年。

直到有一天，我的伤痛被我的大女儿神奇地"治愈"了。我大女儿大概5岁的时候，有一天她对我说，有个小男生想请她到家里去玩。那个小男生的家里，还有一个比他小1岁的妹妹，他们年纪相仿，所以我们就到他家里去玩了。

那天，我和那个小男生的妈妈在客厅里聊得正开心时，忽然听到房间里传来一声凄惨的尖叫，我立刻冲了进去。推开门后我一下子愣住了，只见我的女儿双手抱着凌乱的头发，号啕大哭。另一边是那个小男生的妹妹，她双手紧紧抓着从我女儿头上扯下来的头发。

那一刻，我心如刀割。问过才知道，原来那个小男生把他最心爱的超人披风披在了我女儿身上，而这个披风他从来不准妹妹去碰。所以，这个小女孩的嫉妒心爆发，无法自控地去扯我女儿的头发。

听到这里我的心都碎了。那天回家的路上，我女儿一直在哭，她非常伤心，我也含着眼泪不断地去安慰她。

但是，让我意想不到的事情发生了。过了几天，我女儿对我讲："妈咪，那个谁谁谁又找我去他们家玩。"

开什么玩笑？前几天的一幕记忆犹新，我怎么可能让我的宝贝女儿再踏进那个有着痛苦回忆的地方？我本能地想要制止，但看着她充满期盼的眼神，我停了下来，问她："宝贝，你真的想去吗？"她咯咯地笑得好开心，说："是啊！"她的这句话，让我茅塞顿开。这不就是宽容吗？

有人也许会说，这可能是孩子的忘性大吧。不是，直到今天她都记得那天发生的痛苦的事情。

我和我的女儿，我们都在童年时受到过伤害，而她做到了宽容，我却无法释怀。这正是我一辈子需要学习的榜样。

孩子不只是单纯天真，很多时候，他们就像一面镜子，能照见我们父母身上的不足，他们会教导我们，成为我们生命中重要的人生导师。

爱自己，才是一生的罗曼史

□你看起来很美味

朋友约我去逛街，我说："我没空哦，我要去看一部爱情电影。"

"跟谁去看电影啊？"

"我一个人。"

"你一个人去看爱情片？脑子有病吧？"

于是我就想不通了，我一个人，为什么不能去看一部好电影？我去看这部电影，并不是打了谁的主意，要借助电影的氛围感动得一塌糊涂泪眼涟涟的时候跟谁拥抱亲吻，而是，我想看这部电影。

我不能因为我单身，就放弃一部好电影。我不能因为我单身，就放弃享受生活。我15岁的时候不会再期待5岁的时候想得到的洋娃娃，20岁的时候不会再期待15岁的时候想得到的MP3。所以你不要来得太迟。等到我最美丽的时候都过去了，你还来干吗，带领我参加夕阳红合唱团吗？

学校门口有一家很棒的咖啡屋，我路过的时候经常买点喝的，买两个蛋挞做零食，于是好几个小时都沉浸在奶油和咖啡的香味中。等有你以后，我会顺便给你买一杯热气腾腾的奶茶。

学校门口右转有家书店，没有课的下午，我就带着茶杯去那里度过一个充实的下午。估计等你来的时候，我大概能读完一整个书架。

我每天都给家人发短信打电话，分享一天当中好的坏的事。我奶奶上了年纪，耳朵有点背，所以每次我跟她说话就必须特别大声，一字一顿地重复，然后她还是听错，但是没关系，知道我在想着她就好。

我去过了一些想旅行的地方，有时候是自己一个人，有时候是跟朋友。我要去看海了，我不等你来了。可是我不介意，很久以后跟你再看一次。

我说这么多，就是想跟你说，在没有你的日子里，我生活得很好。离开你我活得下去，也可以活得很好，但是有你，我会快乐很多。

今天下午我去看了那部电影，然后我真庆幸我没有错过它。看好电影是不分跟谁在一起的，就像是过令自己愉悦的生活，不需要非得有什么硬性条件。

我会爱未来的你，但是会更爱我自己。因为，爱自己才是一生的罗曼史。

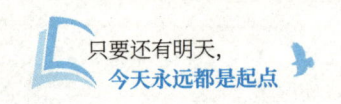

喜欢一个人，不需要那么多废话

□ 尹惟楚

我用缓慢的、笨拙的方式爱你。几乎不说话，仅有只言片语。（《冬天的诗》）

你有没有这样爱过一个人？

他宿落在你内心最柔软的角落，在你眼里他是完美的、光芒闪耀的。但你又像守着一个古老的秘密，无法袒露，不愿声张，在言语或者肢体接触的时候亦总是陷入僵硬。

或者，你有没有被这样的人爱过？

他不善言辞，看你时总是冗长的沉默，但不掩眉宇间尽是温柔。唇齿间从未吐露哪怕一丝爱意，却在每个烈日当空的午后，执拗地走在你前面，将你包裹在他颀长的影子里。

01

曾有朋友跟我抱怨，说自己的老公太闷，不会讲浪漫的情话，情人节从来不送玫瑰和巧克力，结婚纪念日也没有烛光晚餐。

参加聚会时，别人的老公要么妙语连珠、能言善道，要么见识广博、多才多艺，唯独他经常默默地坐在旁边，少有言语。

我说："如果可以让你老公和他们对换身体外的一切东西，性格、三观、才能……你愿意吗？"

她不假思索地回答："当然不行。"

我问为什么。

她说："因为我爱他，他也爱我啊。"

说完，似乎感到有些不好意思。她说："我下班比他晚，他每天回家的第一件事情就是打开热水器，然后做饭。当我回到家里的时候，通常饭菜刚好做好。等吃完饭，热水也烧得刚刚好。他没有突出的特长，也没有特别喜欢的东西，但只要我喜欢的他都喜欢。无论发生多大的事情，只要看到他在，我就一点也不担心。"

朋友的言语间尽是甜蜜。

爱情是一种很奇怪的东西。有些人热情似火，恨不得将对方揉进自己的心脏；但也有些人含蓄无声，总是在对方看不见的角落里静静注视。

02

老一辈人的爱情大抵如此吧。

奶奶从小体弱多病，只能做一些轻松的手工活。嫁给爷爷后，爷爷从未让她干过重活，在六七十年代的农村，这是无法想象的，一大家子八个人，全靠爷爷一个人养活。但爷爷从未有过怨言，父辈们都说爷爷其实并不是一个好脾气的人，在我的印象中，他从未对奶奶说过一句重话。

老两口都喜欢打麻将，但只要奶奶在场，爷爷都是坐在旁边默默观战。

爷爷有时说话做事不对，奶奶埋怨他几句，他通常就不再发声。

几年前奶奶病危，医生表示无能为力。听叔叔和姑姑他们说，爷爷经常一个人躲在外面偷偷抹眼泪。对老一辈人的婚姻，我们想到最多的词就是"父母之命，媒妁之言"。有时候我们根本不会将"爱情"二字与他们联系起来，既由于时代，也因为年龄。

爷爷2014年因为车祸意外去世，奶奶仿佛瞬间被抽空了所有的力气。身体也每况愈下，直到年初奶奶去世的前两天，我陪她聊天。她说："如果不是你爷爷，我活不了这么久的。"

他们一辈子最美好的时光，都挣扎在物质匮乏的年代里。爱情这个词语，于他们而言是抽象的、陌生的。没有动人的情话，没有甜蜜的约定，没有催泪的誓言。同样没有造作，没有虚假，没有油腔滑调，一切都很自然，但举手投足间全是爱情。

03

在网上看到一篇女生的相亲日记。女生是在第十一次相亲的时候碰到的男生。他们俩有很多共同点——都相过很多次亲，都不想结婚。

相亲的那天，女生故意没化妆，穿了件旧衣服，男生顶着鸡窝头，戴着一副黑框眼镜。女生说觉得红酒、牛排很贵，男生立马表示赞同，于是他们退掉了高档餐厅，去吃了火锅。选锅底的时候，两个人不约而同地选择了辣锅，他们相视一笑，仿佛在对方的身上看到了自己的影子。

鉴于双方都不想再被家里催着相亲了，他们约定做一对"表面情侣"。除了对外宣称正在交往之外，女生只有在需要救场的时候才会联系男生。比如同学聚会、家庭聚会的时候，比如家里停电的时候，再比如缺一个饭搭子的时候……男生总是随叫随到，收拾的十分精致，从不掉链子，也不掉面子。

后来男生跟女生告白，女生问："你不是说你也不想相亲吗？"男生回答说："是啊，见到你之后，我就再也不想相亲了。"再后来，他们结婚了。

你看，爱就是渗入对方的生活，出现在她需要的任意场所。

04

有人说，暗恋是世界上最美妙的体验。

隐忍的冲动，沉默的好感，喷薄欲出的爱意被压制在胸间，冲撞着，翻滚着，欲罢不能着。那么我想，被一个含蓄内向的人深爱着，而恰好他又是你喜欢的人，那也不失为一种幸福的体验吧。

就像一个小心翼翼地守护着糖果的小孩，你的一切情绪都直接投影到了他的世界，欣喜你的开心，感伤你的难过。

我没有妙语连珠的口才，说不出感天动地的誓言；我没有妙笔生花的文采，无法给你写华丽冗长的书信；我没有磁性迷人的嗓音，不能为你唱动听撩人的情歌……我只会用缓慢的、笨拙的方式爱你！

几乎不说话，仅有只言片语。

树一直在长

□赵宽宏

在树林中，树会奋力向上探出头，它要跟同伴争夺阳光；树也会将根尽量往深处扎、往远处伸，它要与同伴以及其他植物争夺水分和养分。

树长成了一棵大树，可以用来造屋盖房了，人们夸赞它是栋梁，但树不知道。

因为空间的影响，因为时间的造化，因为机遇的青睐，树也可能长成风景，让人悦目，引人赞叹，但树也不知道。

树一直在长，至于是否能长成栋梁，它从没考虑过；是否能成为风景，那是望风景之人的事情。它不知道自己会长成什么模样，哪怕最后只能用来生火，它也乐意。

它的心思只有一个：只要活着，就一直生长。

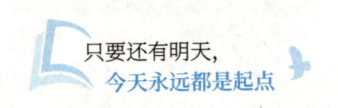

父亲是个"爱哭鬼"

□李兴慧

一

父亲哭鼻子的历史还要从我出生时算起，我出生那天，父亲在产房门口来回踱步，当医生把哇哇大哭的我抱出来时，父亲瞬间泪如雨下，其他家属和医生看到又哭又笑的父亲一脸茫然。当然这是后来母亲告诉我的。

或许从那时开始，在我心里父亲就注定是个爱哭的男人。我小时候淘气，记得11岁那年跟小伙伴打赌，从他家仓房顶上（两米多高）跳下来。双脚狠狠地戳在了水泥地上，但为了逞能，我强忍住疼痛一脸得意，小伙伴还夸我是大英雄。

回家后，我的腿越来越疼，因为担心被父母责骂，便早早地躲进卧室睡觉了。后来，小伙伴将我的"英雄壮举"告诉了他母亲，他母亲又告诉了我父母，我父亲一听急忙走进我的房间，将那双粗糙的大手伸进我的被窝，一寸一寸地从大腿摸到脚踝，摸到小腿肿胀的地方，我睁开眼睛偷瞄了父亲一眼，父亲的眼泪已经呼之欲出了。

躺在床上的我，心里对父亲多了一丝鄙视，这么点小事还哭鼻子，太丢人了。父亲使劲把我摇醒，拉着我去医院挂了急诊。医生摸了摸我的腿，问我疼不疼，我只好如实说疼，医生让我们先拍片，然后对父亲说："确诊骨折的话是需要做手术的，手术后如果恢复不好很可能会影响孩子走路。"

走出医生办公室，父亲的眼泪仿佛晨起禾苗上的露珠，轻轻一碰就要落下来。母亲安慰父亲说："医生都是危言耸听，把最坏的结果告诉你。"父亲一路没说话，用手偷偷地擦拭着已经滚落的泪珠。

结果出来后，没有骨折，只是轻微的软组织受伤，医生开了一些活血化瘀的药就让我们回家了。眼角还挂着泪痕的父亲舒了一口气，这才想起我这个调皮捣蛋的罪魁祸首，父亲责怪的眼神中透露着宠溺，嘴上却说："看我回去怎么收拾你。"

我撇撇嘴，心想："大男人，哭鼻子，没出息。"

二

村里的很多年轻人高中毕业后就外出打工，我无心学习只想混个毕业证，可父亲还抱着一线希望，最终我的高考成绩自然是惨不忍睹。担心被父亲批评，我把眼睛揉红，佯装大哭了一场。父亲从工地回来后，看到我"哭红"的双眼，不禁眼圈一红，声音颤抖地说："没事，明年一定能考上。"说完就转身出去了。我愣了一下，心想："大事不好，父亲是让我复读啊！"

为了将痛苦之情装到底，晚饭后，我一句话不说躲进卧室呼呼大睡，半夜我被父母房间里的嘀咕声吵醒。父亲说："我听说人家市里的孩子都报各种补习班，难怪考得好。"母亲叹了口气："是啊！我担心他就算复读也考不上。""他考不上大学就得跟我一样扛水泥，都怪我这个当爹的没本事，对不起孩子。"接下来就是一阵啜泣声。

第二天，父亲照例早出晚归，没再提复读的事情，我正为此庆幸，可一周后，父亲却不由分说地把我带到了补习班。父亲开门见山，问哪种补习效果最好。"当然是一对一补习，不过这种也最贵，普通老师每小时一百元，名师两百元。今天是活动的最后一天，现在交钱以后每个月都可以享受优惠……"接待员像炒豆子似的说了一大堆。

我忍不住打断道："抢钱啊！我爸扛一个月水泥才挣两千元。"接待员笑着说："等你将来考上大学，就不用像你父亲这么辛苦了。"说完就给父亲看了很多家长预约的登记表。

这时，我看到父亲伸进衣服兜里的手又伸了出来，额头上不知什么时候已经冒出密密的汗珠。接待员看出父亲的钱不够，立即换了一种说辞："今天只要先交500元定金，上课时补齐即可。"

交完钱回到家后，父亲让母亲翻出几个存折，一共是两万多元。父亲说："这是给你将来结婚用的，现在考大学要紧，这些钱够你上好几个月的补习班！回头我再多扛点水泥，你不用担心钱的问题。"

复读那年我住校，每个月回家父亲都会将补习费和生活费准备好。我每天早起晚睡，刻苦学习。功夫不负有心人，我考上了大学。我把录取通知书交给父亲的同时给了他三万多元钱。父亲一脸茫然地问我钱从哪里来的，我笑着说："我只上了一个月补习班。"父亲愣住了，不一会儿，眼眶就湿润了。

三

大学毕业后，我顺利应聘到一家知名外企工作，薪资待遇很好，父亲高兴得不得了。

一天，我正在上班，忽然接到母亲哭着打来的电话："儿子，你爸在工地干活，从三楼摔下来，钢筋插入了腿里，正在医院抢救。"

我赶回家时，父亲已经做完手术了，母亲哭着说手术很成功，正在ICU（重症监护室）观察，不让家属进去。我在ICU门口急得团团转，一想到钢筋插入父亲的腿里，便不寒而栗。我恳求医生让我进去见父亲，起初医生不肯，但看我一个大男人嘴皮子都快磨破了，便破例答应我进去看一眼就出来。

父亲见我进来，愣了一下，然后微笑着说："你咋进来了？"我声音有些哽咽："我不放心，求医生让我进来的。""不用担心，医生给我打了止痛针，一点都不疼。"看到父亲一脸轻松的样子，我松了一口气，打趣道："应该不疼，要不然你早该哭鼻子了。"

医生让我抓紧时间出去，我安慰了父亲几句就往外走，快走到门口时，我就听见医生大声说："不行，疼也得忍着，打完止痛针才一个小时，至少隔四个小时才能再打，否则会产生依赖性。"我回头看见父亲正把手放在嘴边对着医生做着"嘘"的动作，然后望向我的方向。父亲瞥见我正回头看着他，有些不好意思地笑了笑，然后摆摆手让我出去。

走出ICU的一瞬间，我再也忍不住泪如雨下。父亲忍着如此剧痛，还在微笑着安慰我。那一刻，我终于明白，父亲所有的泪都是为我而流。我出生，父亲流的是激动的泪；我的腿受伤，父亲流的是心疼的泪；我高考失利，父亲流的是自责的泪。我是父亲的软肋，总能触到父亲身体里最柔软的部分。我是父亲的"泪点"，每一次"风吹草动"都能让父亲泪如雨下。

此刻，父亲的那些泪水仿佛千斤重，砸在我的心里，很疼很疼！

你是我羽翼下的风

□ [韩] 宋贞渊 译 / 赵 杨

贝特·迈德尔的名曲《你是我羽翼下的风》的歌词十分感人：你是否知道，你是我的英雄，我一直渴望自己能和你一样，纵使我能飞得比鹰还高，那也是因为你，你是我羽翼下的风。

每次听到这首歌，我都会想起父亲，是父亲的风让羽翼未丰的我飞了起来，不论是在他生前，还是他去世后的现在……

父亲生前，我每每遇到困难的时候，他总是对我说："爸爸在你身后，别怕！"它让我感到无比心安，意味着有人帮我托底。

父亲去世后，再遇到困难时，我也总能想起这句话，虽然父亲不在了，但父亲遗留的风还在，我就应该再高飞一次。

幸得冰叔慰平生

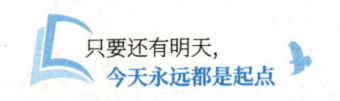

□人之初

"室内禁烟,聊天低语,困了有沙发,渴了有茶,通宵开门,不消费无所谓,笔桨书舟,载君一程。"苍山下彩云旁,有一间永不打烊的书房,大冰的小屋里,一块黑板上粘着冰叔可爱的字体。倒也算不上书店,因为那里不卖书,只通宵开门提供免费阅读。

与冰叔的结缘,且听我娓娓道来。八月火辣的阳光映得整个图书馆毫无保留的明亮,我从一座座书架前路过,走走停停,嗅到的是一缕缕书的清香,视线被一本蓝色外壳的厚书吸引,取下来一看,有些旧了,书名叫《好吗好的》,听起来很有意思,我便挑了一个角落,开启第一页,却不料就此被冰叔"走天涯,闯天下"的故事所吸引,渐渐无法自拔。那些真实又刺激的故事,毫不生硬又略带喜感的文字,运用得自然流畅的口头禅,字里行间无不透露着他的坦率与淡然。偶然间关注了冰叔的微博,身高一米七几的东北大汉,浑身散发着稳重老练的气息,与粉丝零距离互动,什么偶像包袱,名人架子,在他那通通不存在。

冰叔一直否认自己是明星、作家,笑称自己不过为一个说书人罢了,五年的时间完成了与读者的100万次握手,立志做最牛的背包客。因悲观,故求诸野;因知苦,故苦里觅甘。

"几号开学?学校远吗?负担重吗?路费够吗?"每每临近开学,他就跳出来问这一系列问题,给学生和读者买机票已成为了开学季的惯例。随之而来的,评论区则全是他的回复:支付宝账号给我。无一多语,简单明了,霸气侧漏。有一读者说今年没买着票,不能回家过年了,冰叔急了,"怎么可以不回家过年,快把你的支付宝账号给我,现在买机票大年三十到家应该没问题"。读者拒绝,他却一顿吵,拗不过他,便让他买了机票,回家过了个团圆年。一个小护士说"今年值班不能回家",语气里是隔着屏幕都能感受到的失落,冰叔马上就打了一点钱让小护士买零食和同事吃,还不忘送上些安慰的话。冰叔平时也会跑来给读者交点房租,说是拿去应应急;给正在打工的读者凑一点学费,说是愿求学之路少一点心酸。因为穷人家出身,所以懂得穷的苦,为了每一本书定价不超过40元,与编辑争执良久……

冰叔的好数也数不完。他就那样默默地温暖着每一个"穷读者"的灵魂。

大声宣扬着想过"既可以朝九晚五,又可以浪迹天涯"的生活,走过很多路,见过许多人,看过到处的风景,他却活得明明白白,从未被世俗的思想牵绊,于是我第一次把"众人皆醉我独醒,众人皆浊我独清"用到了一个人身上。网友都问:"冰叔,你就不怕有人利用你的善心吗?"他佛系地回答:"行骗者自有天收。"他说:"我只想讲故事,只会讲故事,只是讲故事,文学或文艺皆与我无关。"将自己置身名利之外。

于是,各大城市,大冰的小屋正式营业。不售书,只读书,有沙发有被子,夜晚困了可以睡上一夜,屋里有只猫,有歌手。他自己说:"年少的时候一直想开一家24小时免费书房,人到中年,夙愿得偿,雨声沙沙,茶烟袅袅,久违的舒心和安详。"对读者怀一颗感恩之心,"幸蒙诸君不弃,肯读我,赠我温饱体面,伴我笔耕砚田"。

与君同船渡,书聚如共舟,我们不过是这个太过匆忙的世界上,思想有共鸣的两个灵魂。"于无常处知有情,于有情处知众生",人间烟火气,最抚凡人心,冰叔常言"幸得诸君慰平生",于读者而言,又恐怕是诸君幸得冰叔慰平生。还多谢冰叔写的游记,留下的脚印,一路的故事,鼓舞着我们前进。在这物欲横流、利欲熏心的世界,多谢"大冰的小屋"给路人一处落脚地,一处心灵栖息地,让这个似乎有点凉薄的世间变得暖意盎然,开出一树繁花。

鞋里的小石子

□米 哈

我们必须承认一个事实:完全没有压力的日子是不可能实现的。

哪怕我们一生处于顺境,但生活中的小事情,例如塞车、吃意粉弄脏了白衬衫、忘了支付账单等,往往比大事件更让我们沮丧,正如拳王阿里曾说的,"有时候让你感到疲惫不堪的就是鞋里的小石子"。

《强韧心态》一书的作者萨曼莎·博德曼提醒我们,与其幻想自己总有一天(如退休后)可以生活在一个"零压力"的世界,倒不如从当下开始学会与困难共存,并培养内心的韧力,让压力和辛勤工作转化成生命的力量。

博德曼是美国威尔康奈尔医学院医学博士,也是该院的精神科临床讲师兼主治医师。她在书中旁征博引,引用了不少实验、案例与理论,指导我们如何训练强韧心态。

首先,我们要明白,同样的困难,落入不同人的生活,可以产生不同程度的压力,而这取决于大家内心的强韧度。换言之,面对同样的困难,有些人会被击沉,甚至影响到生活的其他部分,有些人却能在心理上将困难封锁起来,继续在生活的其他部分好好运作。

宾夕法尼亚州立大学教授大卫·阿尔梅达认为,人的心理倾向有两类,就像魔术贴的正与反。"反向人"倾向于在困难之中陷入消极情绪,疏远他人。当"反向人"遇到挫折时,他们很可能会放弃原有的约会、课业、娱乐节目,而沉迷于暴饮暴食或疯狂追剧之类的活动,却又于事无补。

相反,"正向人"充满活力,善于计划,又可以随机应变,让自己尽可能参与更多更好的活动,丰富生活经验,而在面对失败时,"正向人"倾向于寻求他人的帮助与支持。

博德曼引用这一理论,旨在指出:内心强韧,不等于要孤军作战。内心越是坚强、越是积极的人,他们越是懂得寻求他人的支援与帮助。训练强韧心态的第一个行动,就是走出自己的心理牢房,与别人分享你的想法、不安、恐惧。

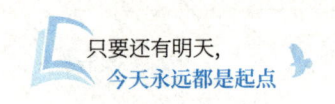

真诚的赞美

□ 贾小凡

2018年,有个名叫陈安可的中国小女孩从海外火到了国内。这个钢琴小神童在澳大利亚的节目里,面对台下乌泱泱的外国观众,一点都没有怯场。虽然不懂英语,交流只能靠翻译,陈安可却一直笑眯眯地和主持人有问有答,还时不时在沙发上笑得仰过去。说着说着她更是突然放飞自我,点评起主持人大叔的鼻子和我们中国人的不太一样,胡子也是白白的。小姑娘的思路就像脱缰的野马,主持人和台下的观众都被她逗得前仰后合。

陈安可弹起钢琴来却是一副酷酷的认真样,浑身都是6岁孩子身上少有的专注和严肃。所以,这样一个孩子会在国内引起关注实在是太正常了——我们的传统教育擅长培养腼腆安静、守规矩的小朋友,大人都不能在公众场合毫不紧张地跟人互动,一个落落大方、动如脱兔的小天才,就显得难能可贵了。然而奇怪的是,这么珍贵的特质,却不是所有人都欣赏得来。在很多人感叹小姑娘的天真和灵气时,另一种声音显得格外刺耳:"这孩子,坐没坐相,一直乱动,不仅评价人家长相,说话时还伸手指。"总之说来说去就是,我知道这孩子有天分,但实在是看不下去她"没家教"的样子,"这会毁了她的"。

可是,一个年仅6岁的小孩,你要她如何在社交时做得滴水不漏呢?

"比起优点,更容易看见他人的缺点"这种事,生活中每天都在上演。有那么一类人(数量并不算少),不管看到什么,首先想到的是别人有哪10%做得不完美,却对那已经足够得到称赞的90%非常吝啬赞美。

就算是在亲密的关系里,赞美也是稀缺品。一方面,我们明明想夸,却又嫌赞美的话太矫情、肉麻,给自己找到的出口就是毒舌,相比赞美,我们更习惯把"能无情吐槽"当成真感情的标志。另一方面,我们本身也羞于接受直白的赞美。想象一下,要是哪个朋友热情似火地夸你今天的发型真好看、你这篇文章写得真好,好多人得愣一下,然后脸一红,接着连忙谦虚地表示"哪里哪里"吧?

也许我们都或多或少地得了"赞美缺失症"——无论是容易用苛责的眼光看别人,还是不擅长在亲密关系中表达、接受称赞,真诚的"赞美"在人际交往中都少得不正常。

仔细想想,如果一代代人都在缺乏赞美的环境中成长,他们长大后又怎么会大大方方地欣赏别人呢?在很多人的童年回忆里,大人都是这样一种泼冷水的存在:你兴致勃勃地做了点什么事,首先被他们拎出来的重点却是你在这件事里做得最不好的地方,批评和不满总是大于鼓励和称赞。就连考了一次100分,得来的都不是家长的称赞,而是"一次满分说明不了什么,次次都考满分才是真本事"。这样的潜移默化更来自全社会对"标准"的热烈追求,家长总把我们和"别人家的小孩"对立起来,也无非是遵循着社会默认的"各年龄段做人守则",希望自己的孩子能长成"该有的样子"。

可是,死板的守则和流水线只能造出缩手缩脚、千人一面的螺丝钉。说到底,也许我们真正渴望的夸赞不是别的,只是一句大声而真心的:你这个样子和别人不一样,但我能看到你的好。

手掌里的清凉

□段奇清

树荫下，有一大一小两个孩子，大的约七岁，小的看来不到三岁。

树下有几个用砖块砌起的墩子，大的孩子以砖墩当桌子趴在上面做作业，小的也拿了一截铅笔在一张纸上胡乱画着。

他们是兄弟俩，大的孩子放了暑假，从农村到这座城市打工的父母便把兄弟俩从家里接来，与他们团聚一些时日。

风是一个淘气的孩子，爱恶作剧，越是酷热，它越是要把自己藏起来。

弟弟受不了那酷热，满脸通红，有汗水从腮上掉了下来。这时，哥哥像变戏法一样，拿出一把扇子。确切地说，那不是扇子，只是一小块三夹板，拿绳子绑上了一根小木棍做柄。哥哥捏着那柄一个劲地给弟弟扇着。

热热的风让兄弟俩感觉不到一丝凉快。这时，哥哥两眼直直地从街道的缺口处望过去，他渴望有风吹过来，可是没有。哥哥显得非常失落。他下意识地四处瞅着，视线突然就落到了一个地方，那多像一块侧立起来的池子。也许他思绪的鱼儿已经游回了家乡，他家门前有一个池塘，不管多热的天，只要坐在池塘边树下的青石墩上，将双脚伸到水里，就会有一股透心的凉从脚下一直凉到头顶。

哥哥来到了那"侧起的池子"前，他是认识的，那是一块玻璃。下面是墙砖，玻璃有些高，他踮了踮脚，仍然够不着那玻璃。随之，他"吭哧吭哧"地搬来几块砖头，顺着墙根站在砖头上，这下他能够着了。他将双手贴在玻璃上，感觉到了阵阵凉意。

这时，他突然想起什么，赶紧将弟弟抱了过来。他要抱着弟弟站到那码好的砖头上，可就是上不去。努力几次后，他放弃了——因为他明白，凭着自己的力量，是不能抱着弟弟上到砖头上去的。他想了想，将弟弟抱回树荫下，把自己的双手在玻璃上贴了一会儿，然后赶紧去握住弟弟的手。几乎在两个多小时里，哥哥就一直重复着这样的动作。

直到快中午了，在工地上做饭的母亲来叫兄弟俩去吃饭，哥哥的这一动作才停止。妈妈问哥哥："孩子，你为什么要这样做呢？"哥哥说："我不能让弟弟热着，再说弟弟要是热得哭了起来，会影响爸爸妈妈工作的。"

妈妈的双眼不禁红了，可哥哥似乎没有看到妈妈的表情，只顾高兴地说下去："妈妈，我知道阴处的玻璃会是凉的，想不到城里的玻璃会这么凉。"

妈妈本想告诉儿子：玻璃之所以会这样凉，是因为玻璃后面的屋子有大功率的空调。可妈妈没说，她相信能将一手清凉传递给弟弟、一心想让父母安心工作的孩子，无论将来如何，他都是人间最富有的。

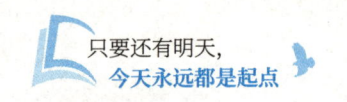

一位女医生眼里的爱情

□ 李懿慈

我和女友相约共进午餐，超过约定时间很久她依然没到，只收到潦草的微信：病人家属谈话，15分钟后到。

15分钟后她准时到达，落座后主动开口："今天我对病人家属局部说了假话。"

假话说在和一位宫颈癌病人的丈夫沟通病情的时候，这是一对婚龄超过15年的夫妻，妻子刚刚确诊宫颈癌，中晚期，情况不太好。

女医生和病人家属做病情说明，对方一直铁青着脸，不是伤心、难过、关切中的任何一种情绪。果然，不到5分钟他便不耐烦地打断女医生："大夫，你只要告诉我这个病是怎么得的。"

女医生瞬间明白了他想了解的内容："不是所有的宫颈癌都由于性行为混乱，这种病的成因很复杂，你不要想得太多了。"

男人明显松了一口气，说："我知道了。"

不知道他"知道"之后，会怎样对待他的妻子。

我们都有点伤感，默默地吃饭。

突然，女友抬起头问："还记得去年你告诉我C离婚的时候，我一点都不吃惊吗？"

C是我们共同的好朋友，结婚10年，C和丈夫是朋友圈里的模范夫妻，去年突然婚变让所有的人震惊。我至今还记得，我告诉女医生这件事情的时候，她淡定地吃着面条，只是"哦"了一声，当时我还纳闷：她怎么这么不关切？

今天，她放下筷子接着说："当时我不吃惊的原因是，我认识C10年，10年里她找我看过至少20次病，她老公没有陪过一次。我知道感情好有各种表达方式，不必苛求。但是，老婆生病时不陪不问，绝对不是爱情的表现。在我们医生眼里，所谓的爱情不过是让他陪你看一次病。

"和你们女作家摆事实、讲道理不一样，打动我们女医生的爱情，都在医院。"她说，"前两天有一对小夫妻，老婆生孩子出血有点严重，我们只是正常告知她老公。一米八的北方男人当时就急红了眼，拽着医生的袖子大嗓门嚷：'老婆最重要，万一有问题保大人。'说完瘫在手术室外的椅子上，捂着脸开始哭：'老婆，你受罪了。'大人孩子推出来，他顾不上看孩子，先握老婆的手。

"还有一位特别有名的企业家，外面都传多么花心不顾家，可是老婆或岳母每次生病他都陪着。有一次岳母动手术，我刚说完病情，老婆哭了，他立刻搂住老婆：'别担心，有我。'这样的男女，说实话，无论别人怎么非议，感情差不到哪里，就怕C那种夫妻，人前光鲜恩爱，人后你们看到过C一个人看病、拿药、吊水、做胃镜的难过和寂寞吗？"她的分析不无道理。

"医院才是去伪存真的生活百态，平时给你多少钱、给你多少所谓的情，和吵了多少架怄了多少无谓的气一样，在生病面前都是小事。你生小病他陪着，你生大病他不离不弃，才是我们医生眼里最牢固的爱情。"她很少一口气说这么长的话。

生病时，他的陪伴就像爱情的保险。你不是娇气不是矫情不是不能自理，你只是在身心的低潮期需要依靠和陪伴，而那个人，应该在你身边。

就像20岁时你爱的是送你保加利亚玫瑰的男孩，40岁时珍惜的是病床前为你准备好温水的男人。

爱情不仅仅是灵魂的伴侣，更是肉身的彼此照料。

请相信，这并不仅仅是一位女医生眼里的爱情。

跳伞的盲人

□［美］欧恩·乔 译／李安章

我和妻子去费城的一家跳伞俱乐部接受培训。我们十几个人穿戴整齐，站在机场上迎接跳伞挑战。没多久，有个戴着墨镜的中年男子在一只导盲犬的引领下，也来到我们身边。

"你需要帮助吗？"一个年轻人问他。"不，我有导盲犬，我不需要帮助。"中年男人说。

"你也是来参加跳伞训练的吗？"妻子小心地问。"是的，我是来参加跳伞训练的。"中年男人回答。

"酷！"大家惊呼。

中年男子爽朗地笑笑说："你们是在好奇，一个盲人怎么跳伞吧？"

看到他如此爽朗，大家纷纷问："是呀，你怎么跳呢？或者，你怎么知道什么时候开始跳呢？"

"我虽然看不见，可是我能听见，跳伞广播号令一响，我就抱着我的导盲犬跟你们一起排队往下跳就行了。"中年男人说。

"这似乎真不难，但是你怎么知道什么时候该拉开降落伞呢？"又有人问。"教练教过我，从跳下的那刻开始数，数到'12'的时候拉开就可以了。"他笑着说。

"但是，你怎么知道什么时候将落地呢？那可是跳伞最危险的一刻。"我也忍不住问。"这个更简单，当我的导盲犬吓得歇斯底里地乱叫，同时我手中的绳索变轻时，我就做好标准的落地动作，一切不就都解决了吗？"中年男人说。

看着他轻松的神情，我们都惊呆了，让我们万万没有想到的是，那天的跳伞训练结束后，教练走过来对我们说："这次训练中，动作最标准、神情最从容、得分最高的人，是迈克，他是你们当中最优秀的跳伞员。"

"谁是迈克？"我们不约而同地问。"是他。"教练指着那个牵着导盲犬的中年男人说。

没错，那些看起来无法克服的障碍，往往是虚张声势的假象，最难以突破的局限其实是自己，只要能战胜自己，任何人都可以创造奇迹。

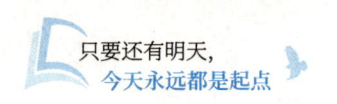

硕士擦鞋

□ 文 嵊

晚上散步时，发现小区拐角处多了一个擦鞋摊，摊主是一个年轻小伙。

几次驻足观察，我发现小伙擦鞋一丝不苟，找他擦鞋的人还不少，有顾客多给他钱，他总是坚持不收。

周末我从鞋柜拿出一双皮鞋，走向这位神秘的擦鞋匠。

到达时，摊位前几个客人在排队交鞋，小伙接过检查后用手机拍照并录下一段语音。轮到我了，他接过鞋子一看，嘿嘿一笑说："先生，鞋子干净不用怎么擦的，但皮面起毛了，我帮你上下油吧。"我说："好的。"问了价钱，他说："不用钱啦。"我说："那不行，你弄好我一会儿来拿。"他说："十一点半前随时来拿都可以。"

我等到十一点一刻过去，想赶在他收工前和他聊一会儿。

我到摊位时，发现小伙正低头看书，我的鞋子和他收拾好的工具袋摆在他面前——他干完活在等我。我突然很不好意思——如果不是我，他可以早点走的。

小伙把鞋子递给我就要走，我问他收多少费用，他说如果要给，就给10元吧。我拿出手机微信扫码付钱，当发现我多给了10元时，他一定要退给我。我说："在深圳，时间就是生命，效率就是金钱，你专门等我，这10元是补偿。"他说："我已经有赚了，不能多要。"我说："小伙别紧张，我是大学老师，10元换一份心安，不是施舍。"小伙子嘿嘿一笑："那好吧，谢谢老师。"

小伙扶起附近一辆倒地的摩拜单车准备走。我问他："你刚才看的是什么书？"他把书从背包里拿出来——重庆出版社出版的《量子纠缠》，说他本硕都是学这方面的。

我笑问："读量子力学的怎么干起擦鞋活？"他又嘿嘿一笑："刚毕业，慕名来改革前沿城市找工作，带的钱不多，申领了一万元人才补贴，老家爷爷奶奶突然生病住院，不得已大部分寄回去。以前大学里打工学过擦鞋子，所以白天求职，晚上干这个赚点生活费。"我问他有什么打算，他说网上投了不少简历，还报了几种公务员招考，白天跑面试和泡图书馆。我祝小伙早日找到工作，加了他微信，告诉他可以随时联系我。

后来一位邻居告诉我，小伙住在附近城中村一个楼梯下倒三角形的逼仄空间，不到两平方米，钻进去只能坐和睡。

我问了好几个熟人是否需要用工，但都说暂时不需要。小伙的朋友圈一直静悄悄，突然有一天发出四个字——"感恩深圳"！

我们小区业主微信群里喜气洋洋，大家"奔走相告"——小伙考上市里公开招录的紧缺专业公务员，成为副科级干部，被派来我们社区挂职锻炼一年，还兼任了我们居民楼的楼长。

小伙的照片贴在公告栏楼长的位置，下面是他的微信和手机号。

照片上，他微笑着，笑容腼腆而坚强。

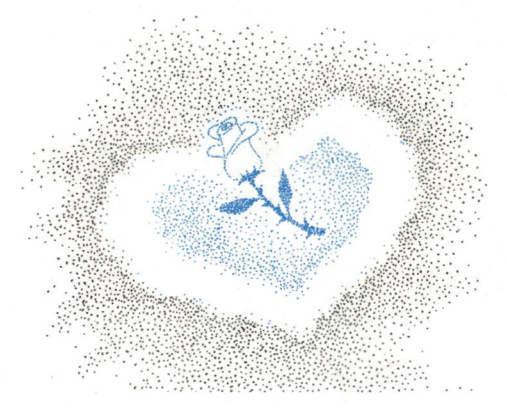

瞬间的意义

□ 韩浩月

一部电影有这样一个情节：男主角在一辆旧式汽车的驾驶位上打开一张字条，迅速地扫了一眼，然后移开视线。

不必担心，作为观众的经验会告诉我们，字条上的内容，他一定在那个瞬间烙印般刻在脑海里，敌人的严刑拷打，不会使他吐出半个字，但对自己人，他能一个标点符号都不错地复述出来。在这之后，字条里的内容会陪伴他至死，直到带进坟墓。

他必须在最短的时间内毁掉那张字条，那不仅仅是毫不起眼的一张纸，它关系着一场胜利或失败，并与众多人的生死相关。他不能让那张字条"活着"，字条多存在一秒钟，就意味着风险会增加。因此，他看都没看带来字条的同伴，几乎以本能的反应，从兜里掏出一个打火机，点燃了字条。看着字条烧起来，能明显发现他绷紧的身体松弛下来。

男主角当然要有男主角的样子与力度，在字条燃烧至末端，将要炙烤到指尖的时候，他做了一个揉搓的动作，把尚有余火的灰烬，卷进自己的手掌心，紧紧地攥了一下，用汗水吸收灰烬最后的热量。

他使用的办法是"阅后即焚"，《鬼谷子·摩篇》中说过，"微摩之，以其所欲，测而探之，内符必应。其所应也，必有为之。故微而去之，是谓塞窌、匿端、隐貌、逃情，而人不知，故能成其事而无患"。简而言之，就是要善于揣摩别人，要擅长保密、掩盖、藏匿、逃避，如此才能在别人不知道的情况下，做成大事且不留隐患。

后来，饰演男主角的演员说，那场戏他拍了三次，用了三种处理办法，最后觉得，"阅后即焚"的最好处理方式是不让任何灰落在地上，这样才更符合人物性格。

这个角色的一生或长或短，都不影响"阅后即焚"成为他一辈子的高光时刻——那个瞬间的使命感，足以让任何一个普通人拥有神性。

另一部电影，讲了这样一个故事：一个从劳改农场逃出来的犯人，紧紧追随着一名电影放映员，因为在电影正片开始前的新闻简报里，他的女儿作为先进典型出现了一秒钟。

被劳改犯"软绑架"于放映室的放映员，找到了那一秒钟的画面。放映员半是讨好半是使坏地用放映技巧，使得那段胶片可以重复放映。当劳改犯入神地观看女儿的画面时，放映员溜了出去，报了案。

一秒钟在一个人的一生中不值一提，但有时候一秒钟就是一个人一生中最重要的时刻。劳改犯的那一秒钟就是他向去世的女儿告别的最后机会。

心怀愧疚的放映员，在劳改犯被抓走之前，偷偷往他手里塞了用旧报纸包着的一格胶片——女儿永远停留在那格胶片中。可惜，一阵风吹来，胶片被深埋于沙漠之下，世界收回了那一秒钟。那一秒钟，从此不复存在。

点燃一张字条需要一秒钟，永生铭记或刹那间遗忘也只需要一秒钟。时间越短，越尖锐，幸福感或者伤害性就越强。如果不能理解瞬间的意义，也就无法体会永恒的滋味。

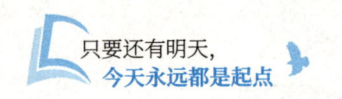

妈，此生有你，我很幸运

□李月亮

1

夏琦，二十三岁，一年前的某天，在南京财经大学读大三的她忽然晕倒在宿舍，被送到医院后，确诊为尿毒症。她第一次觉得自己离死亡这么近。肾移植是唯一希望。

可是这个农村孩子面临两个巨大难题，第一没肾源，第二没钱。

她妈妈汪春红两年前刚做过一次大手术，但依然瞒着女儿去医院做了配型，结果配型成功。妈妈当即决定把自己的肾移植给女儿。女儿心疼，怕她吃不消。

妈妈的回答感动了万千网友："能给你第一次生命，就能给你第二次，我确定。"后来母女俩做了手术，妈妈的一个肾移到了女儿身上，一切顺利。

2

一个女人在超市偷东西被抓住了。她偷的是些薏米、红豆、鸡腿和儿童图书。民警觉得奇怪："一般小偷都偷名烟名酒，你偷些杂粮干啥？"女人小声说，她有一个七岁的女儿，有肾脏病，脸都肿了，要吃杂粮才能消肿。"那书呢？""明天是儿童节，想送孩子做礼物。""鸡腿呢？""孩子一直想吃鸡腿，一只鸡腿要七块钱，太贵了，好多次我都没买……"说到最后，女人哭了。

半信半疑的民警跟着女人去了她的住处，见到了那个脸肿成了球的小女孩。他心酸不已，几欲落泪。因为涉案金额只有94.59元，没达到立案标准，也考虑到这位母亲的难处，民警依法对她进行了训诫和教育后放行。这位好心的民警后来还给母女二人募捐，让孩子终于看上了病。

这件事曾引起很大争议。有人说无论如何不该偷，有人说一个走投无路的妈妈还能怎么办？

法律和母爱，这是个永远没有正确答案的选择题。

3

我有个大学同学，爸爸很早过世，她跟妈妈相依为命。大学四年，她妈一直骗她说自己工资虽然不高，但是有理财收入，供她不费劲。毕业好几年后她才知道，根本没有别的钱，她妈就是给人包饺子，一个月两千四百块钱，自己花四百块，省出两千块来供她。

有一次她妈去体检，查出肺不好，疑似肺癌。医生建议做进一步检查，她妈不去，说啥癌我也不治，我得把闺女供出来再说。后来她姨无意间知道了，硬拉着她妈去查。结果发现是良性的，没事儿。拿到结果她妈高兴啊，跟她姨说的第一句话是：看来我一时半会儿还死不了，还能帮我闺女把她孩子看大。

4

有个网友讲了这样一件事：因为癌症，妈妈在医院住了整整一年，我签过三次病危通知书，每次都侥幸地想着不会的，只是医生让我做心理准备而已。妈妈走之前的日子已经意识不清，也认不出人了，有天她突然醒过来，直直地盯着我，我当时惊喜地以为她好转了，把耳朵凑过去，妈妈费劲地含糊着说：

"对不起，囡囡，妈妈没办法陪你出嫁了。"那是妈妈最后一次叫我的名字。瞬间泪目。

其实说什么对不起啊，就算这辈子相聚太短，但能做你女儿，已是三生有幸。非要说对不起的话，也该是女儿说啊，因为此生都没有机会报答了。

张爱玲说："妈妈们都有个通病，只要你说了哪样菜好吃，她就频繁地煮那道菜，直到你厌烦地埋怨了为止。"

其实她这辈子，就是在拼命把你觉得好的都给你，爱得不知所措了而已。而正是这不知所措又无休无止的爱，这有点混乱又有点盲目的爱，让这个冰冷坚硬的世界变得柔软，安全，阳光灿烂。

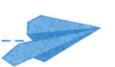

用心良甜
□辉姑娘

我们常说"用心良苦"，可每次真的品到那种苦涩时，还是忍不住皱起眉头，周身不适。

儿时家境并不好，我却特别喜欢吃西瓜，每到夏天最热的时候，吃不到西瓜我就开始哭，瞬里啪啦地掉眼泪。母亲哄我的方式很简单，她把便宜的黄瓜蘸上白糖水给我吃。别说，我一吃，觉得口感不错，就不哭了。非常管用！长大以后我听母亲说起这段往事，自己还笑母亲太傻，小孩多好打发啊，随便拿个东西转移注意力就行了，哪里需要用黄瓜蘸白糖水这么麻烦？

母亲却摇摇头，笑着说："你是我女儿，哪怕敷衍都要用心一点啊！"

外婆和母亲之间也发生过这样的故事。母亲小时候喜欢养小鸡，觉得它们毛茸茸的，很可爱，结果养着养着却养死了。小鸡死的时候母亲没在家，外婆先发现了，就把小鸡掩埋了。母亲回来时发现小鸡没了，问外婆怎么回事，外婆说："你的小鸡喜欢上隔壁的那只小鸭子，跟人家结亲了，走了。"

母亲那时还小，但也懂得结亲是件喜气洋洋的大事，于是觉得自己的小鸡有了好的归宿，喜滋滋地开心了好几天。

"要是当时外婆直接跟你说小鸡死了，你会怎么样？"我问母亲。

"我啊……"母亲想了想，一边抚摸着脚边的小狗一边说，"可能会哭个半死吧，以后再也不会养小动物了。"